高等职业教育模块式教学改革规划教材

静态网页设计与制作

主　编　胡汉辉　孔　岚
副主编　周浩慧
参　编　李　娜　张芙蓉　宫蓉蓉
主　审　陈承欢

机械工业出版社

静态网页设计与制作是计算机网络技术、多媒体技术、动漫设计与制作、视觉效果设计等专业的必修课程，也是许多计算机爱好者所希望掌握的技能。本书基于Dreamweaver CS3、Photoshop CS3等工具，详细介绍了7个不同特色网站的设计和制作过程。全书共分7个模块，内容包括：认识Dreamweaver CS3、创建基本网页、创建多媒体网页、实现网页间互动、布局美化页面、创建表单页面、设计完整网站。

本书不仅为初学者介绍网页制作的基本知识，还提供了实际应用中可能出现的各种案例。每个模块都将冗长、枯燥的理论知识进行了任务细分，只在每个任务之前进行理论讲解，避免了在介绍页面制作时出现大量的理论知识论述，从而达到精简篇幅、简化任务步骤的目的。

本书适合作为高等职业院校计算机网络技术、动漫设计与制作等专业的相关课程教材，也可作为网页制作爱好者的自学用书，还可供从事网页设计的工作人员参考使用。

为方便教学，本书配备电子课件等教学资源。凡选用本书作为教材的教师均可登录机械工业出版社教材服务网 www.cmpedu.com 免费下载。如有问题请致信cmpgaozhi@sina.com，或致电 010-88379375 联系营销人员。

图书在版编目（CIP）数据

静态网页设计与制作/胡汉辉，孔岚主编. —北京：机械工业出版社，2011.12(2016.1重印)

高等职业教育模块式教学改革规划教材

ISBN 978-7-111-36341-5

Ⅰ. ①静… Ⅱ. ①胡… ②孔… Ⅲ. ①网页—制作—软件工具—高等职业教育—教材 Ⅳ. ①TP393.092

中国版本图书馆 CIP 数据核字（2011）第 270647 号

机械工业出版社（北京市百万庄大街22号 邮政编码100037）

策划编辑：刘子峰 责任编辑：刘子峰

封面设计：陈 沛 责任印制：乔 宇

三河市国英印务有限公司印刷

2016年1月第1版第3次印刷

184mm×260mm · 11.25印张 · 275千字

5 001—6900册

标准书号：ISBN 978-7-111-36341-5

定价：25.00元

凡购本书，如有缺页、倒页、脱页，由本社发行部调换

电话服务

社服务中心：（010）88361066

销售一部：（010）68326294

销售二部：（010）88379649

读者购书热线：（010）88379203

网络服务

门户网：http://www.cmpbook.com

教材网：http://www.cmpedu.com

封面无防伪标均为盗版

高等职业教育模块式教学改革规划教材

编写委员会

出版说明

由湖南中华职业教育社组织湖南交通职业技术学院、长沙民政职业技术学院等10余所全国示范性高职院校的一线骨干教师精心组织编写的“高等职业教育模块式教学改革规划教材”终于正式出版。这套教材是我国高等职业教育教材改革领域一次新的尝试，也是我国高等职业教育课程改革的一次重大突破。

这套全新的教材完全是根据行业对人才的要求，本着以职业岗位能力为导向的理念开发出来的。可以说，对传统课程进行了一次颠覆性的全面解构，再按照“必需、够用”的原则，从中选取最有价值的知识点、技能点和学生应具有的职业态度的要求重组课程内容；最终把这些知识点划分为一个个模块建构课程结构，每个模块又被分为若干项目，使课程模块成为实践知识、理论知识与实际运用情景有机结合的一个个项目化的独立学习单元和任务组合。这样的编排，既明确了学习目标，又明确了教学目标。

相比传统教材，该套教材具有五个明显的特点：①所有知识内容是根据职业岗位能力要求选取的，更贴近工作岗位，学生更易接受，有利于提高学习效果；②每个知识点都穿插有相应形象生动的案例，实现了学生在学习过程中从记忆知识到运用知识的转变，也利于培养学生完成工作任务的职业能力；③充分体现了“教、学、做”合一的总体原则，真正实现了职业教育“做中学、做中教”的特点，在这样的教学过程中，师生间、同学间都可以通过课堂教学以及教学空间互动，学生由被动接受者变为了主动参与者，显然，学习兴趣会随之增强；④以工作任务为中心，要求教学活动必须在真实或者仿真的工作场景及先进的生产技术设备环境中进行，学生可以现学现用，更易于培养把基本知识点应用于实践的应用能力和操作技能；⑤每种教材都配有教学资源，其多媒体课件使教学变得直观形象，同时也使资源共享成为了现实。实践证明，运用模块化教材进行教学，是我们高等职业院校教学改革的重要特色和一大亮点。

“对接产业、工学结合，深入推进职业教育集团化办学，深化人才培养模式改革”的职业教育发展思路已越来越成为我国职教工作者的共识。在此，衷心地希望学生在这套新教材的帮助下，掌握基本知识点，熟练操作技能，养成良好的职业素养，努力使自己真正成为紧跟经济社会发展步伐，符合市场需求的生产、建设、管理和服务一线的高素质技术应用型人才。

前言

静态网页设计与制作是计算机网络技术、多媒体技术、动漫设计与制作、视觉效果设计等专业的必修课程，也是许多计算机爱好者所希望掌握的技能。能制作出精美大方、特色鲜明的网页是所有学习静态网页制作的人所追求的终极目标。然而，网页设计与制作不仅仅是一门应用技术，更强调一种设计理念。如果仅仅掌握了网页制作的技术，却忽略了美的表达，那么不管是功能多么强大的网页也无法提起任何人的兴趣。

本书基于 Dreamweaver CS3、Photoshop CS3 等工具，详细介绍了 7 个不同特色网站的设计和制作过程。每个特色网站作为一个模块进行介绍，其中不仅涉及表格、层、模板、CSS 样式、行为、表单、多媒体等制作网页的技术知识，还介绍了在制作网页之初如何对页面进行设计以及制作网页时如何在细节上对页面进行美化。每个模块又将网站的制作分成了若干个小任务进行介绍，每个小任务简短精悍、图文并茂。

本书不仅为初学者介绍网页制作的基本知识，还提供了实际应用中可能出现的各种案例。每个模块都将冗长、枯燥的理论知识进行了任务细分，只在每个任务的最前面进行讲解，避免了在介绍页面制作时出现大量的理论知识论述，从而达到精简篇幅、简化任务步骤的目的。

本书共分 7 个模块，遵循由浅入深的规律，以符合读者学习的基本规律。其中，模块一介绍了 Dreamweaver CS3 的基本界面和网页制作的基本知识，并制作了最简单页面；模块二介绍了网页基本内容的添加，包括文本、日期、表格、图像的添加；模块三以制作多媒体网页为基础，介绍了如何在页面中添加 Flash 动画、音乐和视频文件；模块四介绍如何使用超级链接和导航栏，从而将独立的页面串联成一个整体的网站；模块五介绍了如何用层和框架美化布局页面；模块六是由静态网页向动态网页的一个过渡，主要介绍了表单页面的设计、制作及美化，还包括表单的验证；模块七将前期的知识进行整合，制作一个完整的网站，并系统地介绍了如何从网站配色、版式设计、细节美化等各个方面来完善网站，还介绍了模板、库以及网页特效的添加。

本书由胡汉辉、孔岚任主编，周浩慧任副主编，参加编写的还有李娜、张芙蓉、宫蓉蓉。其中，模块一、模块二由宫蓉蓉编写，模块三由胡汉辉、李娜编写，模块四由周浩慧编写，模块五由张芙蓉编写，模块六由胡汉辉、孔岚编写，模块七由孔岚编写。陈承欢对全部书稿进行了审阅。

由于作者水平有限，书中难免会有疏漏之处，恳请广大读者批评指正。

编　者

目　　录

模块一

认识 Dreamweaver CS3

模块 教学目标

Dreamweaver 系列软件是专业的网页制作软件，因其强大的网页制作功能和简单易用的特性而受到广大用户的青睐。本教材以 Dreamweaver CS3 版本为例，介绍网页制作的流程与方法。要制作精美的网页，除了要熟练使用 Dreamweaver 外，还必须了解一些有关网页制作的基础知识。本模块主要介绍 Web 相关知识、网站的开发流程、网站的规划与组织以及 Dreamweaver CS3 的一些基本操作。

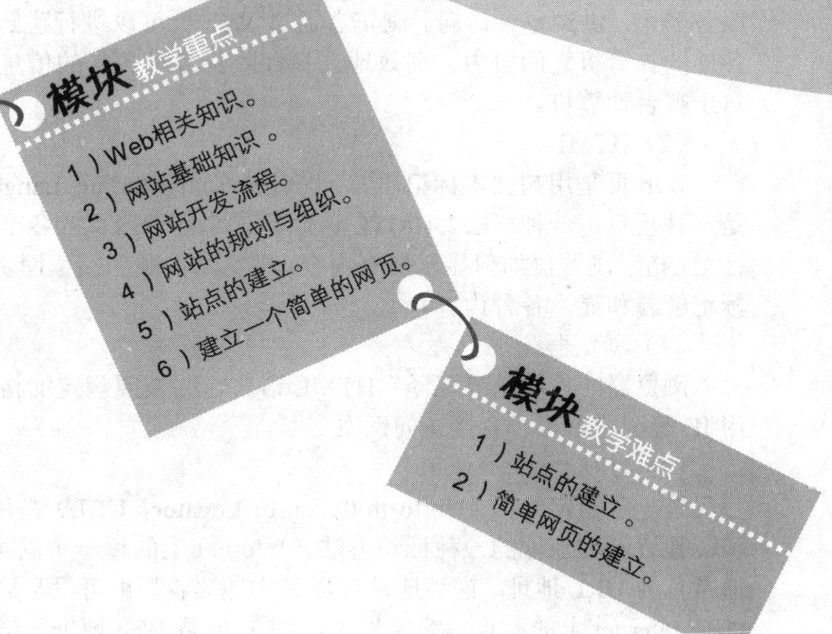

1.1 任务一　创建“我的第一个页面”

任务分析

通过创建“我的第一个页面”，初步认识 Deamweaver CS3 的工作界面，能初步掌握 Deamweaver CS3 工作界面中各种菜单、工具的使用方法。

相关知识

1. Web 相关知识

（1）Web 介绍

为了与传统的网络相区别，人们将 WWW 简称为 Web 或 3W。Web 上具有共同主题、性质相关的一组资源就是 Web 站点。

浏览 Web 时所看到的文件称为 Web 页，又称为网页。网页可以将不同类型的多媒体信息（如文本、图像、声音和动画等）组合在一个文档中。由于这些文档是用超文本标记语言（HTML）表示的，其文件名一般是以.html 或.htm 结尾，因此又称为 HTML 文档或超文本。

一个 Web 站点由一个或多个 Web 页组成，这些 Web 页相互连接在一起，存放在 Web 服务器上，供浏览者访问。浏览者通过 Web 页可以进行跳跃式的查询和浏览，可以在世界各地的计算机之间自由、高效地选择和收集各种各样的信息，而不必知道所浏览的信息来自于哪台计算机。

（2）HTML

Web 页是用超文本标记语言（Hyper Text Markup Language, HTML）表示的。HTML 是一种规范，一种标准。HMTL 通过标记来标识网页的各个组成部分，通过在网页中添加标记，指示浏览器如何显示网页内容。浏览器按顺序阅读网页文件，并根据文件中的 HTML 标记解释和显示各种内容。

（3）浏览器

浏览器的作用是“翻译”HTML 语言，并按照规定的格式将网页显示出来。因此，使用 IE 等浏览器可以直接访问网页。

（4）URL

统一资源定位符（Uniform Resource Locator，URL）是用于完整地描述 Internet 上网页和其他资源的地址的一种标识方法。Internet 上的每一个网页都具有一个唯一的名称标识，通常称为 URL 地址，这种地址可以是本地磁盘，也可以是局域网上的某一台计算机，更多的是 Internet 上的站点。简单地说，URL 就是 Web 地址，俗称“网址”。

URL 由三部分组成：协议类型、信息资源地址和文件路径，格式如下：

协议类型://　信息资源地址/文件路径

目前编入 URL 中的协议类型有以下几种：

1）http://　HTTP 服务器，用于提供超文本信息服务的 Web 服务器。

2）telnet://　Telnet 服务器，供用户远程登录使用的计算机。

3）ftp://　FTP 服务器，用于提供各种普通文件和二进制代码文件的服务器。

4）gopher://　Gopher 服务器。

5）wais://　Wais 服务器。

6）news://　网络新闻 USENET 服务器。

“//”表示跟在后面的字符串是网络上的计算机名称，即信息资源地址，以示和跟在“/”后面的文件路径相区别。

信息资源地址给出提供信息服务的计算机在 Internet 上的域名。如 www.baidu.com 是百度的 Web 服务器域名。在一些特殊情况下，信息资源地址还由域名和信息服务所用的端口号组成，其格式如下：

计算机域名：端口号

这里的端口是指 Internet 用来辨认特定信息服务的一种软件标识。当一台计算机上的信息服务程序启动时，它将通知网络软件其相应用户请求的端口号。所以，当客户端程序试图和某一远程信息服务建立连接时，在给出对方计算机网络地址的同时也必须给出对方信息服务程序师的端口号。一般情况下，由于常用的信息服务程序采用的是标准的端口号，这时就要求用户必须在 URL 中进行端口号说明。端口号的作用有些类似电视台在播放电视节目时要选择一定的播放频道。

根据查询要求的不同，文件路径部分在给出 URL 时可以有，也可以没有。包含文件名的文件路径，在 URL 中具体指出要访问的文件名称，是一种类似 UNIX 系统的文件路径表示方法。

2．网站的开发流程

为了加快网站建设的速度和减少失误，应该采用一定的制作流程来策划、设计、制作和发布网站。通过使用制作流程确定制作步骤，以确保每一步顺利完成。好的制作流程能帮助设计者解决策划网站的烦琐性，减小项目失败的风险。网站设计主要分为三个阶段，如图 1-1 所示。

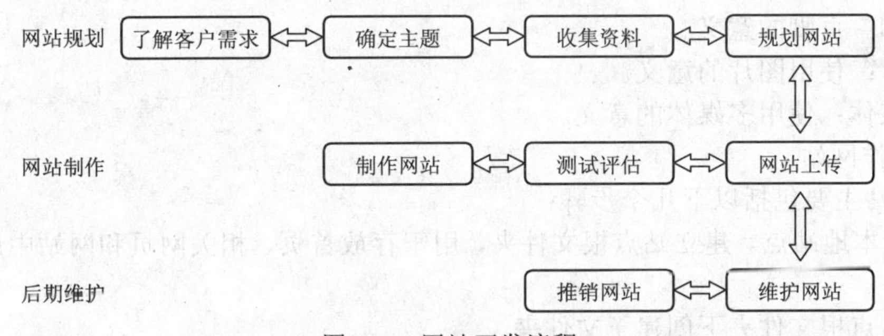

图 1-1　网站开发流程

（1）确定主题

在网页设计前，首先要给网站一个准确的定位，是属于宣传自己产品的一个窗口，还是用来提供商务服务或者提供资讯服务性质的网站，从而确定主题与设计风格，名称要切题，题材要专而精，并且要兼顾商家和客户的利益。在主页中标题起着很重要的作用，它在很大程度上决定了整个网站的定位。一个好的标题必须有概括性、简短、有特色且容易记，还要符合自己主页的主题和风格。

（2）收集资料

收集的资料必须与标题相符。在收集资料的过程中，应注重特色。主页中的特色应该突出自己的个性，并把内容按类别进行分类，设置栏目，让人一目了然，栏目不要设置太多，最好不要超过10个，层次上最好少于5层，而重点栏目最好能直接从首页到达，保证用各种浏览器都能看到主页最好的效果。

（3）规划网站

一个网站的成功与否与建站前的规划有着极为重要的关系。在建立网站前应明确建设网站的目的，确定网站的功能、网站规模、投入费用，进行必要的市场分析等。只有详细的规划，才能避免在网站建设中出现很多问题，使网站建设能顺利进行。

网站规划是指在网站建设前对市场进行分析、确定网站的目的和功能，并根据需要对网站建设中的技术、内容、费用、测试、维护等做出规划。网站规划对网站建设起到计划和指导的作用，对网站的内容和维护起到定位作用。

网站的总体规划主要涉及以下几个方面的内容：

1）确定网页结构。

2）确定网页的信息组织和管理方式。

3）确定信息的存储方法。

4）文档版本的控制。

5）确保结构的完整性和一致性。

在网站规划之后就要对网站进行总体设计。网站的总体设计包括网页的布局、系统的内部结构、网页的开发技术、网站的维护方法、网站的运营模式等。

网页的布局要注意以下事项：

1）页面尺寸：影响页面尺寸的因素、页面尺寸设计的基本要求。

2）整体造型：整体造型的意义、整体造型的基本方法。

3）页眉：页眉的作用、页头的作用。

4）文本：文本设计的意义。

5）页脚：页脚的意义。

6）图片：使用图片的意义。

7）多媒体：使用多媒体的意义。

（4）制作网站

制作网站主要包括以下几个步骤：

1）建立本地站点。建立站点根文件夹，用于存放首页、相关网页和网站中用到的其他文件。

2）在站点根文件夹下创建子文件夹。

3）向站点添加所需要的空网页。

4）设计网页尺寸。

5）设置网页属性，包括网页标题、背景图像、背景颜色、链接颜色、文字颜色等。

6）向网页中插入文本、图像、动画等。

7）建立所有链接。

8）预览和保存网页。

（5）测试与上传

测试评估与网站上传是两项不可分割的工作。

制作完成的网页，必须进行测试。测试主要包括上传前的兼容性测试、链接测试和上传后的实地测试。完成上传前所需要的测试后，利用 FTP 工具将网页发布到所申请的主页服务器上。网站上传之后，继续通过浏览器进行实地测试，发现问题及时修改，然后再上传测试。

（6）推销网站

网站上传之后，要不断地进行宣传，以便让更多的人去认识它，从而提高网站的访问率与知名度。推广网站的方法很多，例如，利用 E-mail 或新闻、与别的网站交换链接、到搜索引擎上注册、加入交换广告等。

（7）维护网站

网站必须定期维护、更新，只有不断地补充新内容，才能吸引浏览者。同时，随着软件、硬件的进步，网页的设计也应由文字向多媒体、由平面图像向立体动画或影片、由简单传播向交互式传播的方向发展。

任务实施

1.1.1　Dreamweaver CS3 的工作界面

Dreamweaver CS3 是针对网页设计者特别开发的可视化页面设计工具，作为一个所见即所得的网页编辑器，Dreamweaver CS3 为用户提供了方便、快捷的插入栏、菜单栏、属性面板和站点管理窗口等工具，不仅使得制作过程更加直观，同时也大大简化了网页制作的步骤。接下来，我们就来了解一下 Dreamweaver CS3 的工作界面。

Dreamweaver CS3 提供了一个将全部元素置于一个窗口的集成布局。在集成的工作区中，全部窗口和面板都被集成到一个更大的应用程序窗口中，如图 1-2 所示。

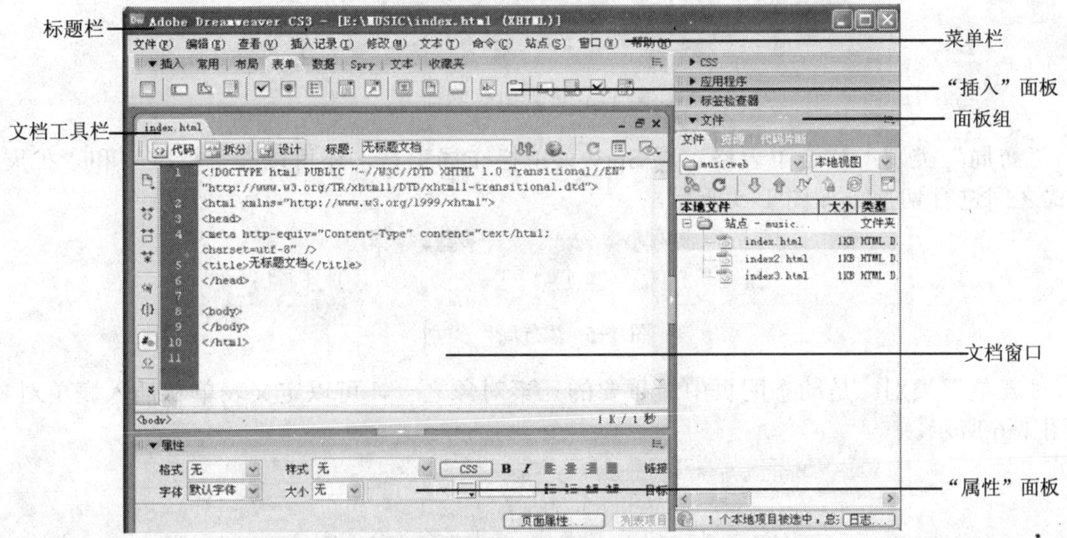

图 1-2　Dreamweaver CS3 工作界面

1．菜单栏

菜单栏提供了各种操作的标准菜单命令，它由【文件】、【编辑】、【查看】、【插入记录】、【修改】、【文本】、【命令】、【站点】、【窗口】和【帮助】10 个菜单命令组成。

- 文件：用于文件操作的标准菜单选项，如【新建】、【打开】和【保存】等命令。
- 编辑：用于基本编辑操作的标准菜单选项，如【剪切】、【复制】和【粘贴】等命令。
- 查看：用于查看文件的各种视图。
- 插入记录：用于将各种对象插入到页面中的各种菜单选项，如表格、图像、表单等网页元素。
- 修改：用于编辑标签、表格、库和模板的标准菜单选项。
- 文本：用于文本设置的各种标准菜单选项。
- 命令：用于各种命令访问的标准菜单选项。
- 站点：用于站点编辑和管理的各种标准菜单选项。
- 窗口：用于打开或关闭各种面板、检查器的标准菜单选项。
- 帮助：用于了解并使用 Dreamweaver CS4 的软件和相关网站链接菜单选项。

2．“插入”面板

在“插入”面板中包含了可以向网页文档添加的各种元素，如文字、图像、表格、按钮、导航以及程序等。

单击“插入”面板中的下拉按钮，将显示所有的类别，包括“常用”、“布局”、“表单”、“数据”、“Spry”、“文本”和“收藏夹”等，如图 1-3 所示。

图 1-3 【插入】面板

“常用”类别：包括网页中最常用的元素对象，如插入超链接、插入表格、插入时间日期等，如图 1-4 所示。

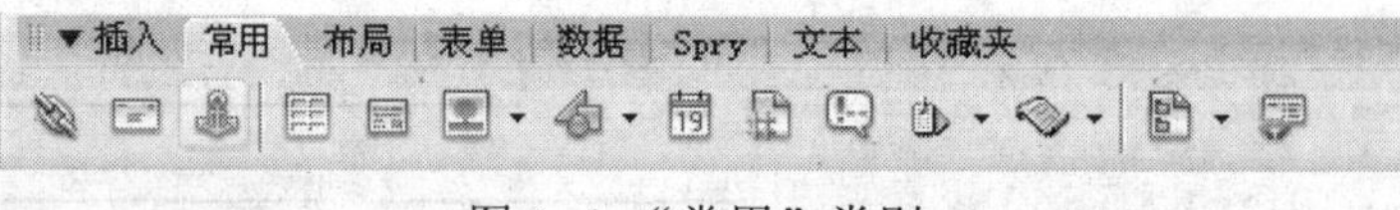

图 1-4 “常用”类别

“布局”类别：整合了表格、层 Spry 菜单栏布局工具，还可以在“标准”和“扩展”模式之间进行切换，如图 1-5 所示。

图 1-5 “布局”类别

“表单”类别：是动态网页中最重要的元素对象之一，可以定义表单和插入表单对象，如图 1-6 所示。

图 1-6 “表单”类别

“数据”类别：用于创建应用程序，如图 1-7 所示。

图 1-7 “数据”类别

“Spry”类别：使用 Spry 工具栏，可以更快捷地构建 Ajax 页面，包括 Spry XML 数据集、Spry 重复项、Spry 表等。对于不擅长编程的用户，可以通过修正它们来制作页面，如图 1-8 所示。

图 1-8 “Spry”类别

“文本”类别：用于对文本对象进行编辑，如图 1-9 所示。

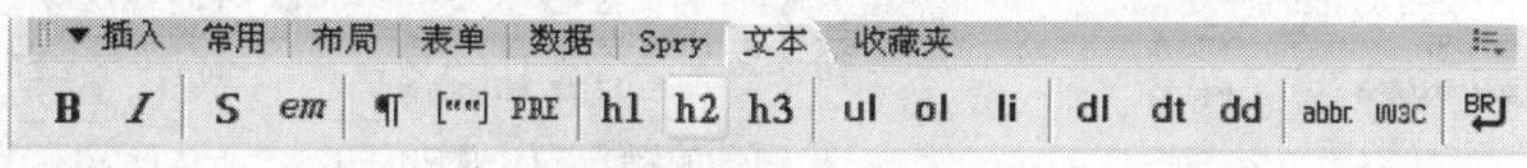

图 1-9 “文本”类别

“收藏夹”类别：可以将常用的按钮添加到“收藏夹”类别中，方便以后的使用，如图 1-10 所示。右击该类别面板，在弹出的快捷菜单中选择【自定义收藏夹】命令，打开“自定义收藏夹对象”对话框，如图 1-11 所示，可以在该对话框中添加收藏夹类别。

插入　常用　布局　表单　数据　Spry　文本　收藏夹

右键单击以自定义收藏夹对象。

图 1-10 “收藏夹”类别

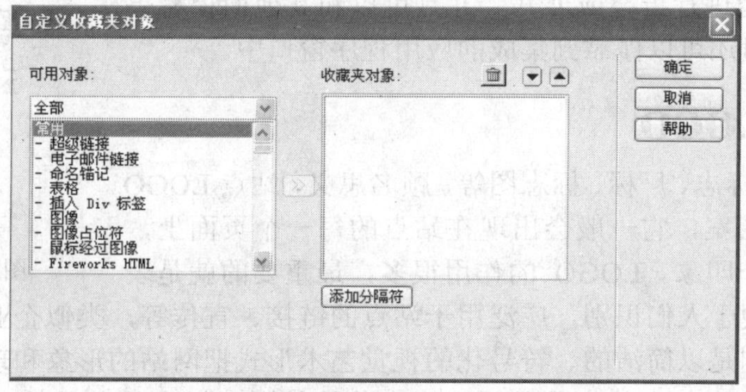

图 1-11 “自定义收藏夹对象”对话框

3. 文档工具栏

文档工具栏主要包含了一些对文档进行常用操作的功能按钮，通过单击这些按钮可以在文档的不同视图模式间进行快速切换，如图 1-12 所示。

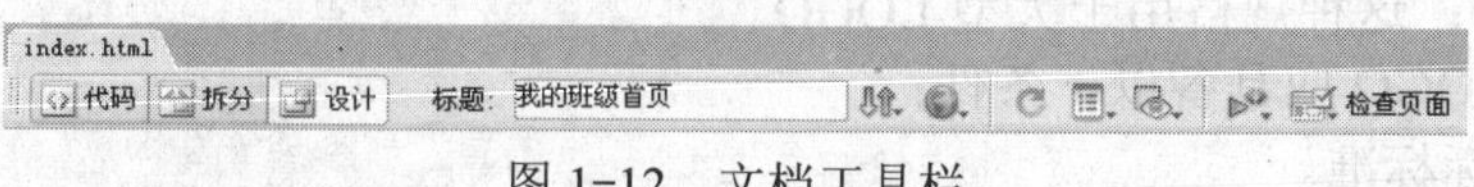

图 1-12 文档工具栏

【代码】按钮 代码：在文档窗口中显示 HTML 源代码视图。

【拆分】按钮 拆分：在文档窗口中同时显示 HTML 源代码和设计视图。

【设计】按钮 设计：系统默认的文档窗口视图模式，显示设计视图。

【在浏览器中预览/调试】按钮：该按钮通过指定浏览器预览网页文档。可以在文档中存在 JavaScript 错误时查找错误。

4. 文档窗口

文档窗口也就是设计区，是 Dreamweaver CS3 进行可视化编辑网页的主要区域，可以显示当前文档的所有操作效果，如插入文本、图像、动画等。

5. "属性"面板

在"属性"面板中可以查看并编辑页面上文本或对象的属性，如图 1-13 所示。该面板中显示的属性通常对应于标签的属性，更改属性通常与在代码视图中更改相应的属性具有相同的效果。

图 1-13 "属性"面板

6. 面板组

为使设计界面更加简洁，同时也为了获得更大的操作空间，Dreamweaver CS3 中类型相同或功能相近的面板被划分到不同的面板栏下，然后这些面板栏被组织在一起，构成面板组，如图 1-14 所示。这些面板栏都是折叠的，通过标题左角处的展开箭头可以对面板栏进行折叠或展开，并且可以和其他面板栏停靠在一起。面板组还可以停靠到集成的应用程序窗口中。

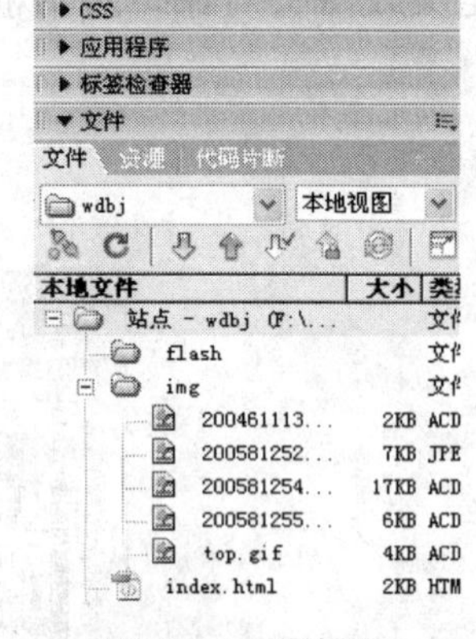

图 1-14 面板组

1.1.2 设计 LOGO

LOGO，译为标志、厂标、标志图等，顾名思义，站点 LOGO 就是站点的标志图案，它一般会出现在站点的每一个页面上，是网站给人的第一印象。LOGO 的作用很多，最重要的就是表达网站的理念、便于人们识别，广泛用于站点的链接、宣传等，类似企业的商标。因而，LOGO 设计的原则是以简洁的、符号化的视觉艺术形式把网站的形象和理念展示出来。

为了便于 Internet 上信息的传播，一个传统的国际标准是必需的。其中关于网站的 LOGO，目前有以下 3 种规格。

1）88×31：这是互联网上最普遍的 LOGO 规格。

2）120×60：这种规格用于一般大小的 LOGO。

3）120×90：这种规格用于大型 LOGO。

一个好的 LOGO 应具备以下条件：

1）符合国际标准。

2）精美、独特。

3）与网站的整体风格相融。

4）能够体现网站的类型、内容和风格。

LOGO 表现形式的组合方式一般分为特示图案、特示字体、合成字体。

特示图案：属于表象符号，图案本身易被区分、记忆，通过隐喻、联想、概括、抽象等绘画表现方法表现被标识体。较好地设计如苹果公司的牙印苹果。

特示文字：属于表意符号。在沟通与传播活动中，反复使用被标识体的名称或是其产品名，用一种文字形态加以统一。

合成文字：是一种表象表意的综合，指文字与图案结合的设计，兼具文字与图案的属性。

1.2 任务二 创建与管理站点

任务分析

站点对于网页保存、预览等起到不可替代的作用。对于网站的建立，站点是必不可少的，它能够加快对站点的设计，节省时间，提高工作效率。因此，要求能够熟练地建立站点，并对站点中的内容进行科学的管理是网站开发前必须要掌握的技能。

相关知识

创建站点有两种方式：使用向导一步一步地进行设置，或者通过在“管理站点”中设置“高级”选项卡信息来创建。

任务实施

1.2.1 创建本地站点

1．使用向导建立站点

使用向导建立站点的步骤如下。

1）打开建立站点向导，有以下 3 种方法。

① 在进入 Dreamweave CS3 的起始页面中选择【新建】→【Dreamweaver 站点】命令，如图 1-15 所示。

② 选择【站点】菜单中的【新建】→【站点】命令。

③ 选择【站点】菜单中的【管理站点】命令，打开如图 1-16 所示的“管理站点”对话框，单击【新建】按钮。

2）打开“站点定义为”对话框，在“您打算为您的站点起什么名字”文本框中输入站点名字，如“musicweb”。若已申请域名，则可以在“您的站点的 HTTP 地址（URL）是什么？”对话框中填入申请的域名地址，这里不做修改，如图 1-17 所示。

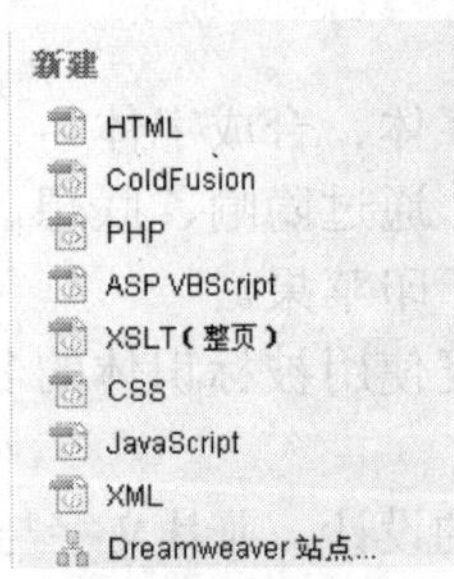

图 1-15　起始页中新建站点

图 1-16　“管理站点”对话框

3）单击【下一步】按钮，系统将询问“是否使用服务器技术”，若是静态站点则选择“否，我不想使用服务器技术”，若是动态站点可以进一步设置使用哪一种服务器技术。这里选择“否，我不想使用服务器技术”，如图 1-18 所示。

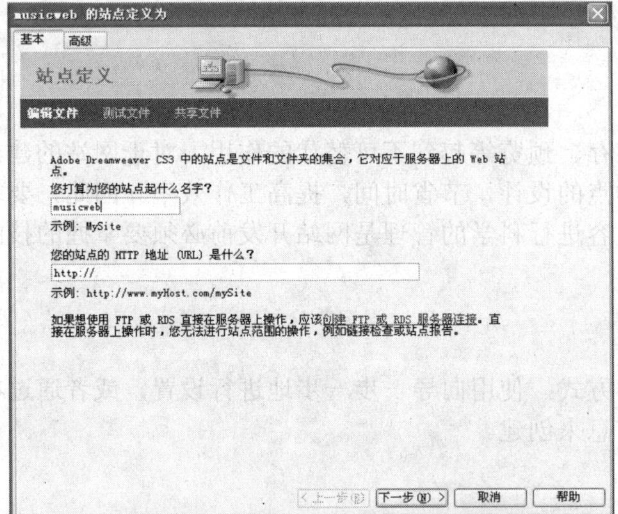

图 1-17　设置站点名和 URL 地址

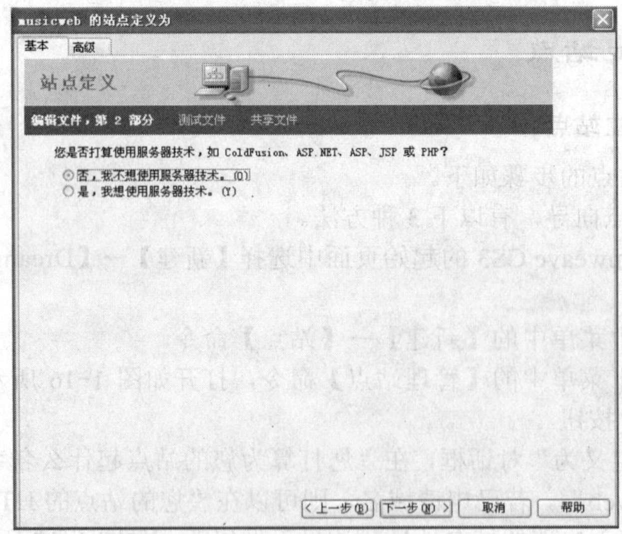

图 1-18　选择是否使用服务器技术

4）单击【下一步】按钮，在“您将把文件存储在计算机上的什么位置？”文本框中直接输入站点根目录的路径，或者单击“浏览”按钮，选择文件夹目录，如图 1-19 所示。

5）单击【下一步】按钮，在“您如何连接到远程服务器”对话框中选择一种连接到远程服务器的方式，这里选择“无”，如图 1-20 所示。

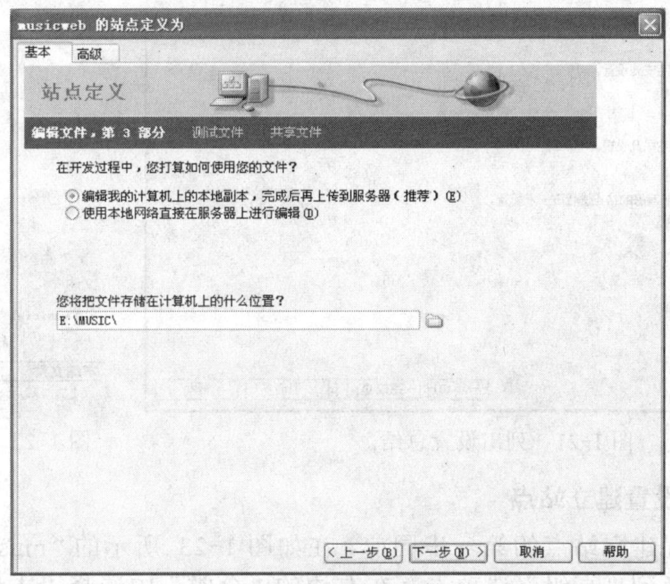

图 1-19 选择站点文件夹目录

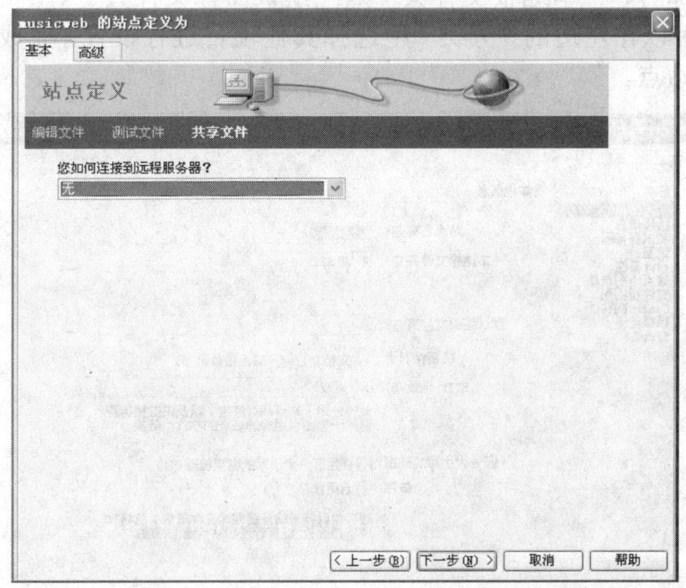

图 1-20 选择连接到远程服务器的方式

6）单击【下一步】按钮，将显示前几步设置的总结，若需修改可单击【上一步】按钮返回重新设置，若确定设置则单击【完成】按钮，如图 1-21 所示。站点创建完成后将在“文件”面板中显示出站点的结构和文件，如图 1-22 所示。

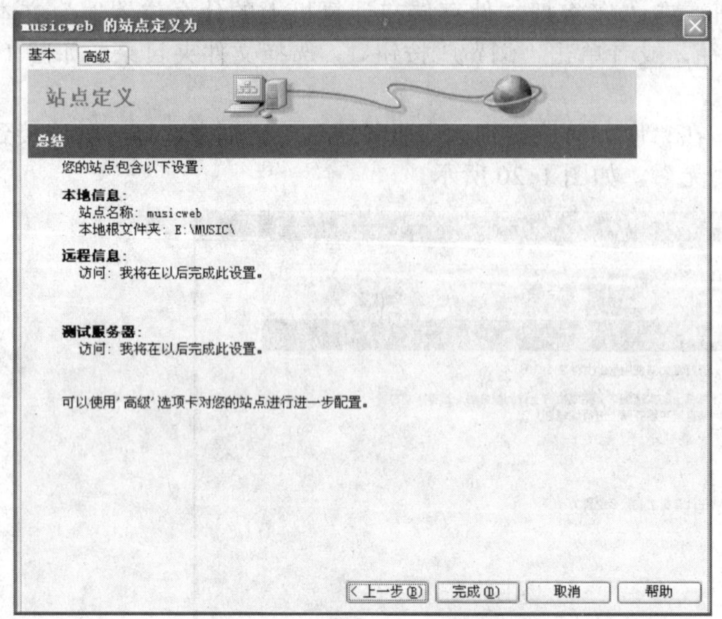

图 1-21　列出设置总结

图 1-22　站点目录结构

2. 使用高级设置建立站点

使用高级设置建立站点的第一步同前，在如图 1-23 所示的“musicweb 的站点定义为”对话框中切换到“高级”选项卡。在左边的“分类”中选择“本地信息”，然后分别设置“站点名称”、“本地根文件夹”、“默认图像文件夹”、“HTTP 地址”等信息。若有需要还可以在左边的“分类”中选择其他项目进行设置，完成以后单击【确定】按钮，即可创建站点。

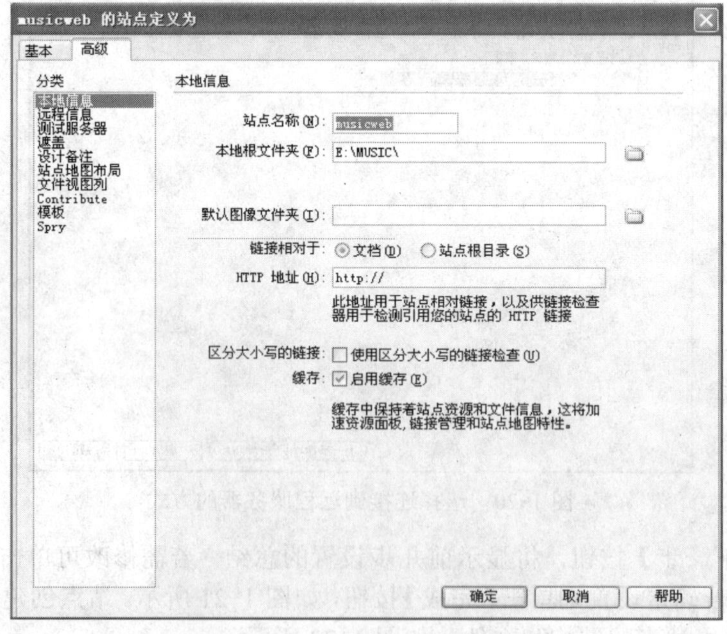

图 1-23　站点的“高级”选项卡

1.2.2 管理站点

对于已经创建好的站点，可以执行编辑、复制、删除、导出和导入等操作。

1．编辑站点

如果要重新设置站点的属性，可以执行以下步骤：

1）选择【站点】→【管理站点】命令。

2）从站点列表中选择要编辑的站点名称，单击【编辑】按钮。可以参考前面创建站点的方法重新设置站点属性。

3）编辑完毕后，单击【确定】按钮，返回到“管理站点”对话框，单击【完成】按钮。

2．复制站点

如果要创建多个结构相同或相似的站点，可以利用站点的复制功能，具体步骤如下：

1）选择【站点】→【管理站点】命令。

2）从列表中选择要复制的站点名称，单击【复制】按钮。

3）若要对复制的站点进行编辑，可以从站点列表中选中新复制的站点，单击【编辑】按钮，编辑完成返回到“管理站点”对话框，单击【完成】按钮。

3．删除站点

如果某个站点在 Dreamweaver 中不再需要编辑了可以删除该站点，具体步骤如下：

1）选择【站点】→【管理站点】命令。

2）从列表中选择要删除的站点名称，单击【删除】按钮。

3）在弹出的提示对话框中，单击【是】按钮，即可删除选定的站点。

注意：删除站点只是删除 Dreamweaver 对站点的管理，磁盘上的站点文件不受影响。

4．导出站点

如果要将站点移植到其他计算机或其他版本的软件中，或要与其他用户共享站点设置的话，可以使用导出站点功能，具体步骤如下：

1）选择【站点】→【管理站点】命令。

2）从列表中选择要导出的站点名称，单击【导出】按钮。

3）在弹出的“导出站点”对话框中，设置导出文件名和保存位置，单击【保存】按钮。

4）返回“管理站点”对话框，单击【完成】按钮。

5．导入站点

对于已导出的站点，或者从其他用户处获得的共享站点设置文件，可以在 Dreamweaver 中导入该站点，对导入的站点可以像其他创建的站点一样进行编辑操作。导入站点步骤如下：

1）选择【站点】→【管理站点】命令。

2）在“管理站点”对话框中单击【导入】按钮。

3）在弹出的“导入站点”对话框中，选择要导入的站点，单击【打开】按钮。

4）返回“管理站点”对话框，单击【完成】按钮。

1.2.3 管理站点文件和文件夹

1．建立站点文件夹

在已建立好的站点中，一般还需要建立一些子文件夹，用于分类存放网站中的图像、网页、模板等文件。

下面介绍一下如何创建文件夹，具体步骤如下：

1）在“文件”面板中，单击鼠标右键，在弹出的快捷菜单中选择【新建文件夹】命令，如图 1-24 所示。

2）“文件”面板上出现默认的文件夹，修改其名字用于存放网站资料，如图 1-25 所示。

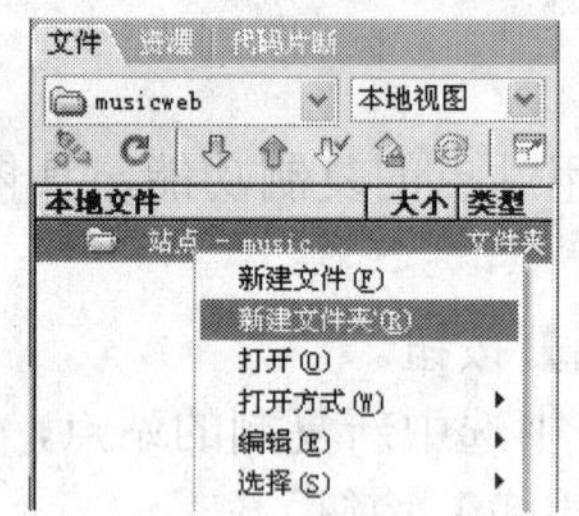

图 1-24 站点子文件夹的建立

图 1-25 站点子文件夹的命名

3）按照上述两步骤依次建立其他需要的文件夹，如图 1-26 所示。

对于已经建立好的文件夹，可以向其中存放相应的资料、文件。如果对建立的文件夹不满意，可以选中文件夹，单击鼠标右键，在弹出的快捷菜单中选择【编辑】命令，在二级菜单中，通过选择【剪切】、【拷贝】、【删除】、【复制】、【重命名】等命令对文件夹进行修改，如图 1-27 所示。

图 1-26 其他文件夹的建立

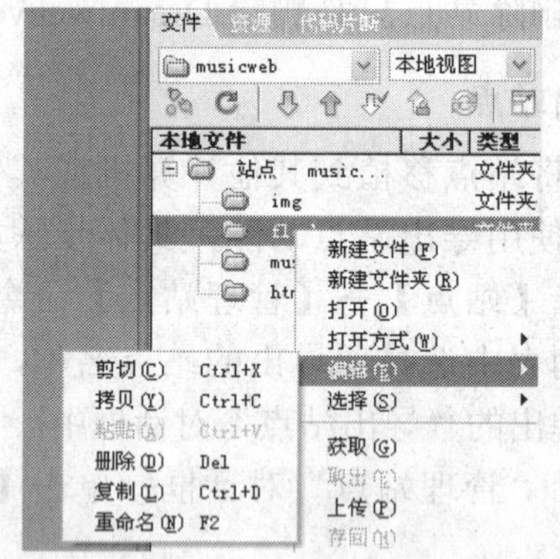

图 1-27 对文件夹的编辑

如果想在文件夹中新建文件夹，只要选择该文件夹，单击鼠标右键，按上面的操作进行即可。

2．建立站点文件

主页是浏览者登录网站后显示的第一个页面。主页文件一般命名为 index.html。其他网页文件应该放在指定的子文件夹下，便于管理。

首页的建立步骤如下：

1）在“文件”面板中单击鼠标右键，在弹出的快捷菜单中选择【新建文件】命令，如图 1-28 所示。

2）将建立的文件命名为“index.html”，如图 1-29 所示。

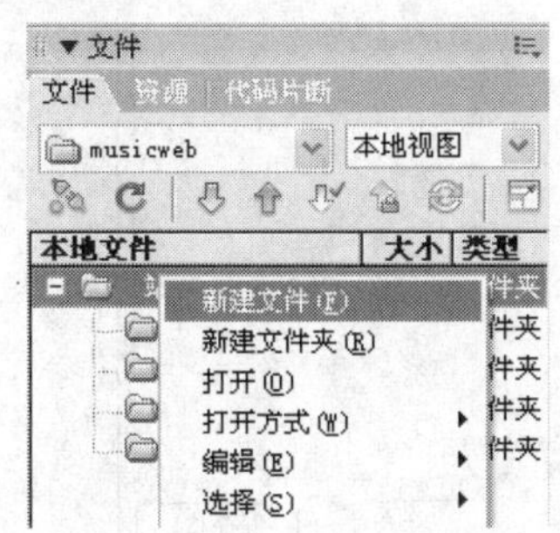

图 1-28　首页的建立

图 1-29　首页的命名

注意：网页文件的建立还有另外两种方法。其一，在【文件】菜单中选择【新建】命令，如图 1-30 所示，在弹出的“新建文档”对话框中选择“空白页”，“页面类型”选择“HTML”选项，“布局”选择【<无>】，如图 1-31。单击“创建”按钮，最后将创建的页面命名为“index2.html”，保存在站点文件夹下，如图 1-32 所示。

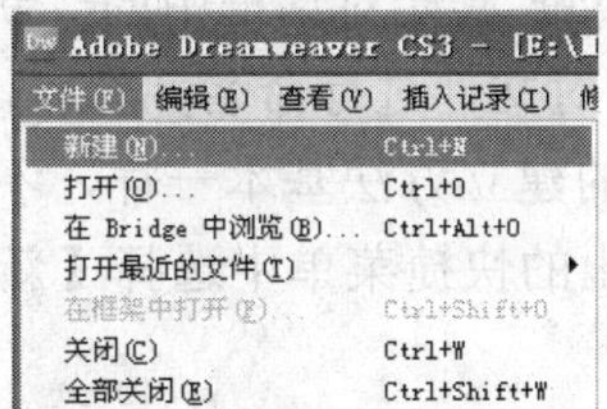

图 1-30　利用【文件】菜单建立网页文件

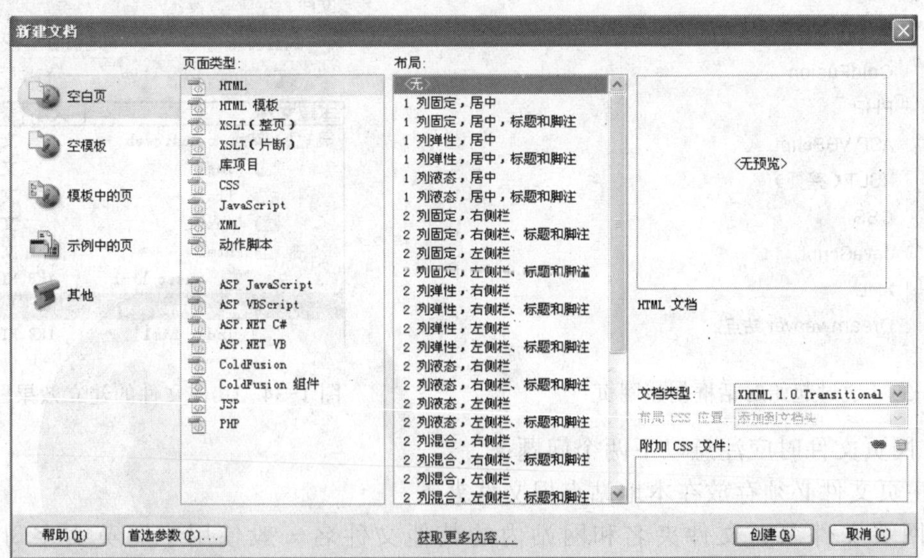

图 1-31　“新建文档”对话框

图 1-32　命名文件并保存

另外一种方法是在 Deamweaver 起始对话框中的“新建”栏中单击【HTML】选项来创建网页，如图 1-33 所示，随后对文件进行命名并保存。

其他文件的建立方法和首页的建立方法基本一样，不同的是，首先要选中“html”文件夹，然后单击鼠标右键，在弹出的快捷菜单中选择【新建】命令，最后，对建立的文件进行重命名，效果如图 1-34 所示。

图 1-33　通过起始对话框创建网页

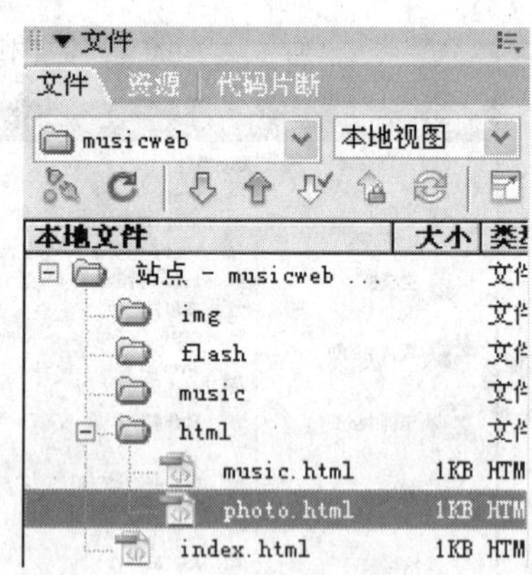

图 1-34　其他文件的建立效果图

建立网页文件时应注意以下两个问题：

1）主页文件必须存放在本地站点根文件夹下。

2）网页文件名、文件夹名和网站内的其他文件名一般使用小写英文字母，因为 Dreamweaver 不识别中文文件名，并且有些网站服务器要区分字母大小写。

1.3 拓展训练　创建“我的班级”站点

设计要求

定义一个本地站点，站点名为“myclassweb”，站点根文件夹为“myclass”，站点资源文件夹“img”、“swf”、“music”、“html”分别用来存放网站制作中要用到的图片、动画、声音和网页文件等。建立网站中的首页 index.html 和其他网页。

设计思路

1）建立站点。
2）建立站点内文件夹，分类管理素材、文件。
3）建立首页。
4）建立其他网页文件。

参考效果

参考效果如图 1-35 所示。

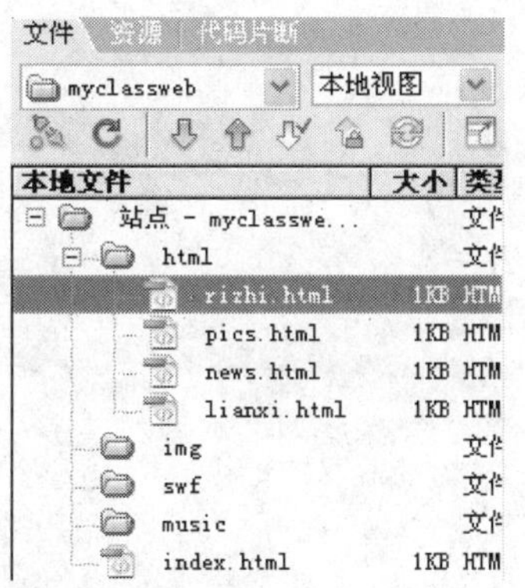

图 1-35　“我的班级”站点示意图

模块二

创建基本网页

模块教学目标

网页中最基本的元素是文本和图像，文本可以直接在 Dreamweaver 中创建、编辑，图像可以提前借助图像处理软件加以处理后再在 Dreamweaver 中应用，也可以直接在 Dreamweaver 中进行简单的处理。本模块主要介绍文本的创建与图像的插入方法，以及如何编辑文本和图像，从而达到理想的图文混排的效果。

模块教学重点

1）文本的创建与编辑。

2）列表的应用。

3）图像的插入与编辑。

4）文本与图像混排。

模块教学难点

1）列表的混合使用。

2）文本与图像的混排。

2.1 任务一 文本的输入——创建“养生保健”页面

任务分析

通过创建如图 2-1 所示的“养生保健”网站页面，掌握文本和列表在网页中的应用及美化，同时掌握相应的 HTML 标记。

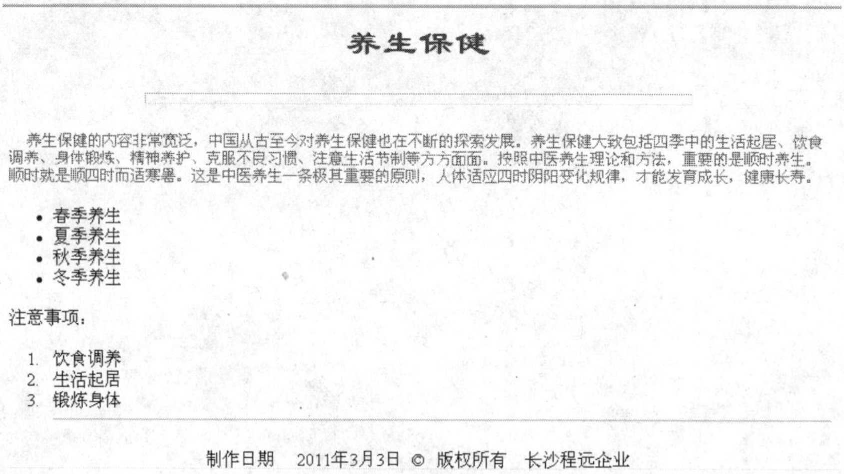

养生保健

养生保健的内容非常宽泛，中国从古至今对养生保健也在不断的探索发展。养生保健大致包括四季中的生活起居、饮食调养、身体锻炼、精神养护、克服不良习惯、注意生活节制等方方面面。按照中医养生理论和方法，重要的是顺时养生。顺时就是顺四时而适寒暑。这是中医养生一条极其重要的原则，人体适应四时阴阳变化规律，才能发育成长，健康长寿。

- 春季养生
- 夏季养生
- 秋季养生
- 冬季养生

注意事项：

1. 饮食调养
2. 生活起居
3. 锻炼身体

制作日期　2011年3月3日 © 版权所有　长沙程远企业

图 2-1　效果图

相关知识

1. HTML 信息

HTML 是一种简单易学的标记语言，分为头文档和文档体两部分。在头文档中对文档进行一些必要的定义，如网页标题、字体等信息；文档体是要显示的各种信息的集合。HTML 文档的框架结构如下所示：

```
<html>
    <head>
        <title>无标题文档</title>
    </head>
    <body>
    ⋮
    </body>
</html>
```

其中，<html>…</html>在最外层，表示这对标签之间的内容是 HTML 文档；<head>…</head>标签之间的内容是文档的头部信息；<title>…</title>标签设置文档的标题；

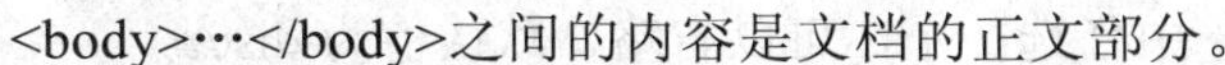

<body>…</body>之间的内容是文档的正文部分。

HTML 语言中的标签代码包括“双标签”和“单标签”两种类型。所谓双标签是指该标签由开始标签和结束标签（带有斜杠“/”）组成，如<body>…</body>；单标签是指该标签只有开始标签而没有结束标签，如
，它表示文本换行。

2. 文本标记

（1）字体标签

<font>…</font>标签用来设置文字的字形、大小、颜色，如在“代码”视图中看到如下代码：

<font size="10"face="隶书"color="#FF0000">快乐学习</font>

上述代码是通过<font>设置“快乐学习”文字的外观。其中，size 属性设置字号的大小，face 属性设置字体样式，color 属性设置文字的颜色。

（2）标题标签

Deamweaver CS3 中有对标题设定格式的标签，可以概括写为<hn>…</hn>（n=1，2，…，6）。即 n 为 1 时，是默认的一级标题标签，依次类推。

（3）段落标签

Deamweaver CS3 中段落标签为<p>…</p>，在此对标签中的内容为一段落，快捷键方式为键盘上的【Enter】键。与之相区别的是标签
，此单标签表示换行，但另起一行的内容与上一行的内容是同一段落，快捷键方式为【Shift】+【Enter】。

（4）其他常用文本标签

在网页设计中还会经常使用表 2-1 中的标签对文字进行排版。

表 2-1　常见文本标签

标　签	作　用
<hr>	插入水平线
<div>…</div>	设置涵盖一个区块
<b>…</b>	字体加粗
<u>…</u>	字体加下划线
<i>…</i>	字体倾斜
<blockquote>…</blockquote>	定义块引用
_…	上标字
[…]	下标字

（5）列表标签

Dreamweaver 中的列表主要有 3 种类别：编号列表、项目列表和定义列表。这里主要介绍前面两种，定义列表作为自学内容。

项目列表的标签格式为：

```
<ul type="">
   <li>…</li>
   <li>…</li>
         ⋮
   <li>…</li>
</ul>
```

其中，type 属性值为 circle/disc/square 中任选一个，可以省略，默认值为 disc。

编号列表的标签格式为：

```
<ol type="">
   <li>…</li>
   <li>…</li>
      ⋮
   <li>…</li>
</ol>
```

其中，type 属性值可以是大写英文字母、小写英文字母、大写罗马字母、小写罗马字母和数字 5 种，默认值为数字。

任务实施

2.1.1 文本的输入与编辑

1）新建一个网页文件，保存在站点的“html”文件夹中，并命名为“ysbj.html”。

2）确保当前网页文件处于“设计”视图状态下，输入文字“养生保健”，修改网页标题为“文本案例”，如图 2-2 所示。

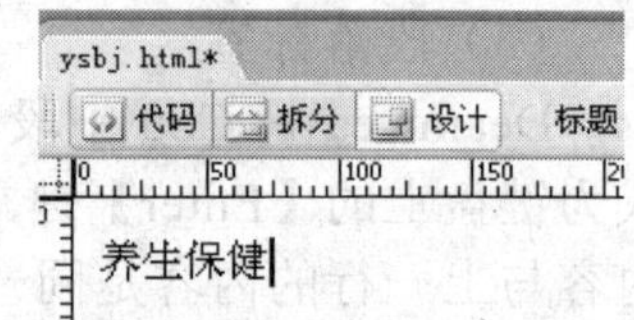

图 2-2 输入文本

3）选中“养生保健”文字后，可以在文字的“属性”面板中设置文字的格式，包括字体、颜色、大小、对齐方式等内容。将“养生保健”设置为“标题 1”，字体为“隶书”，颜色为“墨绿色”，居中显示，效果如图 2-3 所示。

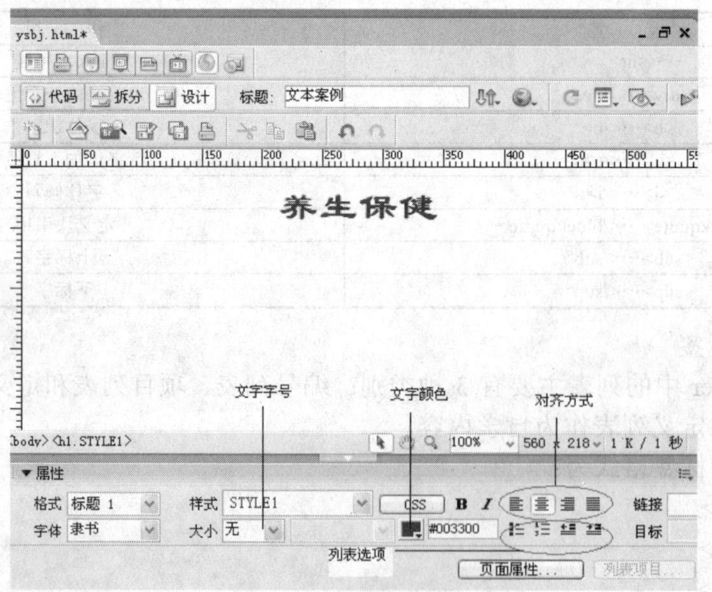

图 2-3 文本修改效果

4）编辑其他文字并设置文字效果，如图 2-4 所示。

图 2-4　其他文字设置效果

2.1.2　项目列表和编号列表

1）插入项目列表。

在页面中输入“春季养生”四个字，然后单击“属性”面板中的【编号列表】图标按钮，如图 2-5 所示。“春季养生”四个字变为项目列表形式，见图 2-6。

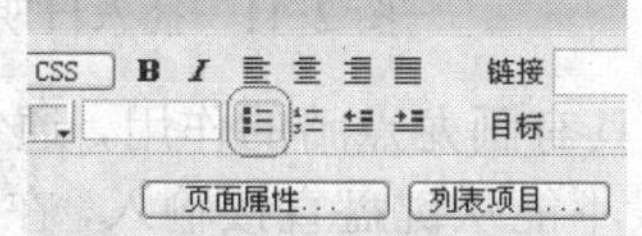

图 2-5 【编号列表】图标按钮　　图 2-6　项目列表

2）按【Enter】键换行，输入其他内容，如“夏季养生”。

3）依此类推，输入“秋季养生”和“冬季养生”，效果如图 2-7 所示。

4）编号列表的操作与项目列表相似，只是使用不同的图标。编辑完的编号列表效果如图 2-8 所示。

图 2-7　项目列表最终效果　　图 2-8　编号列表效果

2.1.3　水平线和日期的插入

1）插入水平线。选择【插入记录】菜单中的【HTML】菜单项中的【水平线】命令，可以把水平线输入到当前光标所在位置。然后选中该水平线，在“属性”面板中设置水平线的宽度、高度等属性，修改之后的效果如图 2-9 所示。同样可以在网页中任何需要的地方插入水平线。

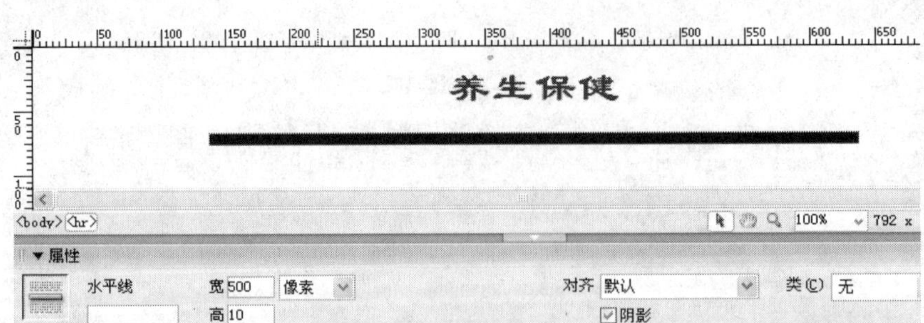

图 2-9　水平线修改效果

2）插入日期。选择【插入记录】菜单中的【日期】命令，在弹出的对话框中，选择星期、日期和时间格式，如图 2-10 所示。插入日期后的效果如图 2-11 所示。

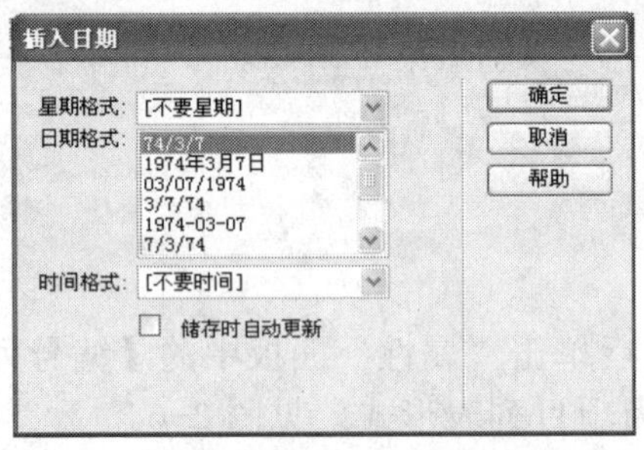

图 2-10 “插入日期”对话框

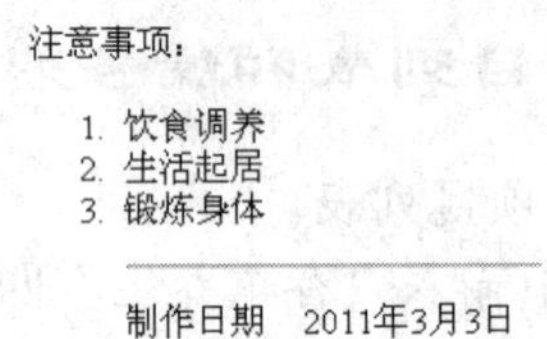

图 2-11　插入日期效果

3）插入特殊字符。特殊字符在文本信息中具有画龙点睛的作用，通常用来调整和修饰文本，甚至可以传达特定的信息。特殊字符一般不能从键盘直接输入，在 Dreamweaver CS3 中如果要输入特殊字符，可以通过选择【插入记录】菜单栏中的【HTML】菜单选项的【特殊字符】的子列表中的命令来完成，如图 2-12 所示。插入效果如图 2-13 所示。

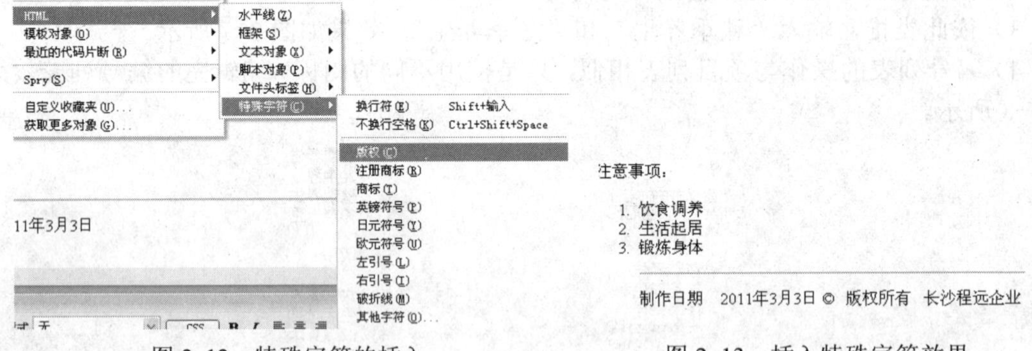

图 2-12　特殊字符的插入　　　　图 2-13　插入特殊字符效果

2.2 任务二　图像的添加——创建“ASA 餐厅”页面

任务分析

一个网页单有文字介绍是比较单调的，图像也是网页元素中的重要组成部分。在网页中插入图像可以更好地表现网站主题思想，使版面变得更加丰富多彩，吸引更多的访问者。

完美的网页不仅要有丰富、活泼的页面内容和信息，还要有清晰、美观的布局。当内容很多的时候，可以使用表格来组织数据，方便查询和浏览。

在此任务中，要制作一个餐厅推广页面，页面中使用到文字、图片和表格，制作出的页面内容生动，表格能有序存储大量信息，图片、文字合理混排，并且加入一定的动态效果，如鼠标经过图像的效果。最终效果如图 2-14 所示。

图 2-14　效果图

相关知识

1. 插入图像标签

HTML 中表示插入图像的标签为<img>，其基本语法结构如下：

```
<img src=url alt=value>
```

其中，src 规定插入的图像的 url 地址，也就是含路径的图像文件名；alt 表示图像的替代字，主要用于在浏览器还没有装入图像（或关闭图像显示）的时候，先显示有关此图像的信息。这是初学者最易忽略的参数。

2. 表格标签

简单的 HTML 表格由<table>标签以及一个或多个<tr>、<th>或<td>标签组成。其中<tr>标签定义表格行，<th>标签定义表头，<td>标签定义表格单元。

一个简单的包含两行两列的 HTML 表格格式如下：

```
<table border="1"width="200"height="200">
  <tr>
```

```
        <th>杜甫</th>
        <th>李白 th>
    </tr>
    <tr>
        <td>宋朝</td>
        <td>唐朝</td>
    </tr>
</table>
```

border="1"表示表格的边框为 1 像素，width="200"表示表格的宽度为 200 像素，height="200"表示表格的高度为 200 像素。

任务实施

2.2.1 表格的有序存储

表格是网页设计制作不可缺少的元素，它以简洁明了和高效快捷的方式将图片、文本、数据和表单的元素有序地显示在页面上，让我们可以设计出漂亮的页面。使用表格排版的页面在不同平台、不同分辨率的浏览器里都能保持其原有的布局，且在不同的浏览器平台间有较好的兼容性。这里重点介绍表格的存储功能，具体操作如下。

1）新建一个网页，命名为“table.html”，作为首页。

2）在网页中插入表格。具体操作为：单击“插入”面板中“常用”类别里的“表格”图标按钮，弹出“表格”对话框，如图 2-15 所示。

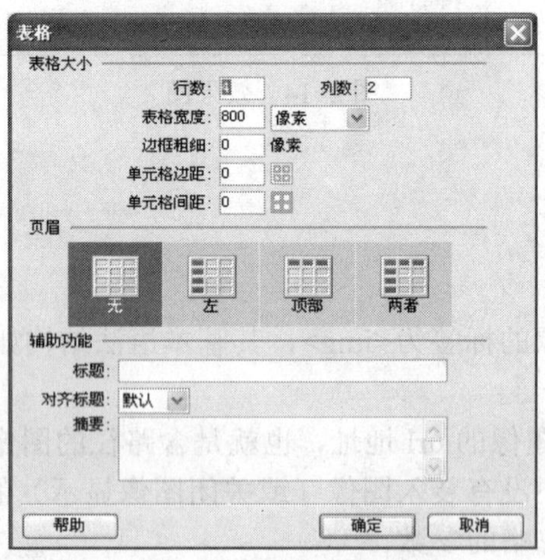

图 2-15 “表格”对话框

在该对话框中，可以进行如下参数的设置。

- 行数：用于设置表格的行数，输入“4”。
- 列数：用于输入表格的列数，输入“2”。
- 表格宽度：以像素（或百分比）为单位确定表格的宽度，将其中的值设置为 400。
- 边框粗细：以像素为单位制定表格边框的宽度，设置为 0。

- 单元格边距：指定单元格边框和单元格内容之间的像素数，设置为 0 像素。
- 单元格间距：指定相邻的单元格之间的像素数，设置为 0 像素。
- 无：对表格不启动列或行标题。
- 左：将表的第一列作为标题列，便于为每一行输入一个行标题。
- 顶部：将表的第一行作为标题列，便于为每一列输入一个列标题。
- 两者：在表中输入列标题和行标题。
- 标题：指定在表格外显示的标题。
- 对齐标题：指定表格标题相对于表格的显示位置，采用默认方式。
- 摘要：用于说明表格。

设置好参数后，单击【确定】按钮，即可以在页面中插入表格。

3）插入表格之后，网页的效果如图 2-16 所示，可以根据需要在“属性”面板中修改表格的属性值。

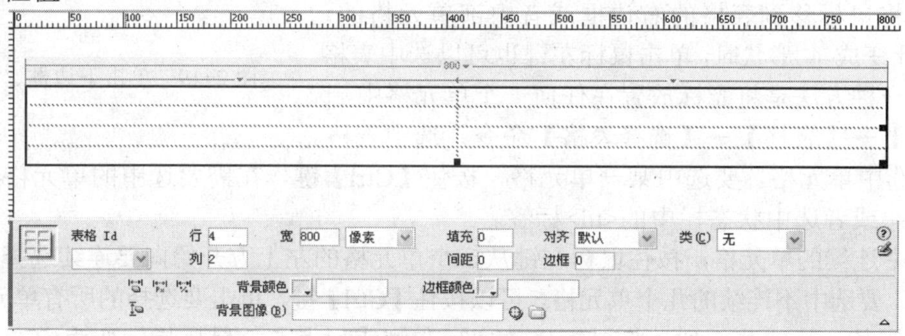

图 2-16　插入表格后效果

- “填充”文本框用于设置单元格边距，“间距”文本框用于设置单元格间距。
- “对齐”下拉列表框用于设置表格的对齐方式，默认的对齐方式一般为左对齐。
- “边框”文本框用于设置表格边框的宽度。
- “背景颜色”文本框用于设置表格的背景颜色。
- “边框颜色”用于设置表格边框的颜色。
- “背景图像”可以给表格添加背景图像。

4）插入嵌套表格。要想插入嵌套表格，要将光标定位在插入位置所在的单元格，使用插入表格的方法插入嵌套表格即可，如图 2-17 所示。

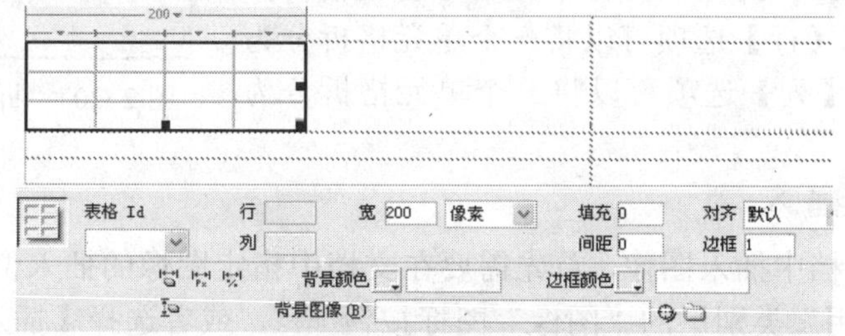

图 2-17　插入嵌套表格

5）在表格中添加内容。创建好表格后可以向表格中添加内容。首先，将光标定位到插入文本的单元格中，然后如同前面讲到的在网页中输入文本的操作步骤一样，直接输入文本，效果如图 2-18 所示。

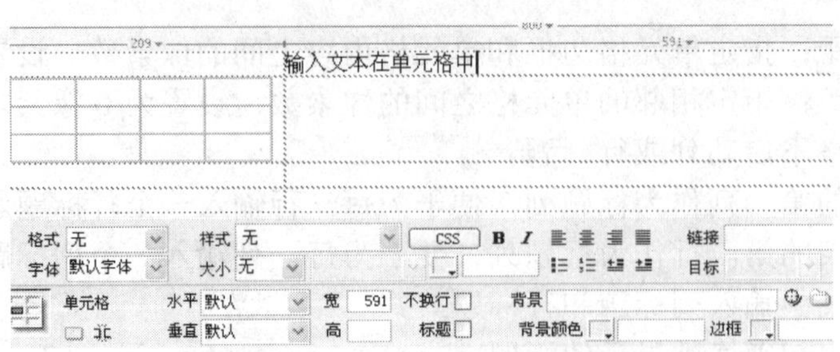

图 2-18　在单元格中插入文本和图片

6）编辑表格。

➢ 选中表格。创建表格之后，要选中该表格，将鼠标移到表格的上边框或下边框，当指针变成如图 2-19 所示形状时，单击鼠标左键即可。

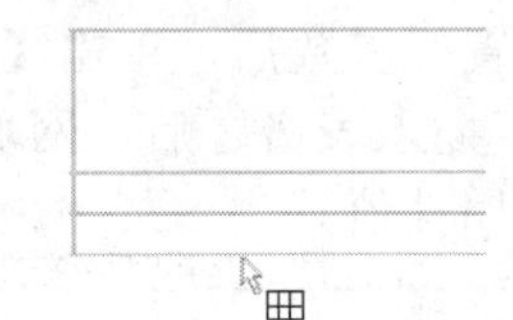

图 2-19　单击下边框选中表格

如果将鼠标移到表格的右边框或者内部单元格的边框，当指针变成⫲形状时，单击鼠标左键也可以选中表格。

还有一种方法是将光标放置在任何一个单元格中，选择【修改】→【表格】→【选择表格】命令，选中表格。

➢ 选中单元格。要选中某一单元格，按住【Ctrl】键，在需要选中的单元格单击鼠标左键即可；或者选中状态栏中的<td>标签。

要选中连续的单元格，按住鼠标左键从一个单元格的左上方开始向要连续选择单元格的方向拖动。要选中不连续的几个单元格，可以按住【Ctrl】键，单击要选择的所有单元格即可。

要选择某一行或某一列，将鼠标移动到行左侧或列上方，鼠标指针变为向右或向下的箭头图标时，单击鼠标左键即可。

➢ 删除或添加表格行与列。要想删除表格中的行（或列），而不影响其他行中的单元格，可以将光标定位在想要删除行（或列）中的任何一个单元格中，然后选择【修改】→【表格】→【删除行】（或【删除列】）命令。

➢ 合并及拆分单元格。选中要合并的单元格，在“属性”面板中，单击【合并所选单元格】按钮，即可将多个单元格合并为一个单元格。

拆分单元格可以分为行拆分和列拆分。将光标放置在要拆分的单元格中，单击“属性”面板中的【拆分单元格为行或列】按钮，弹出“拆分单元格”对话框，如图 2-20 所示。选择【行】选项可以将一个单元格拆分为多行单元格；选择【列】选项可以将一个单元格拆分为多列单元格。

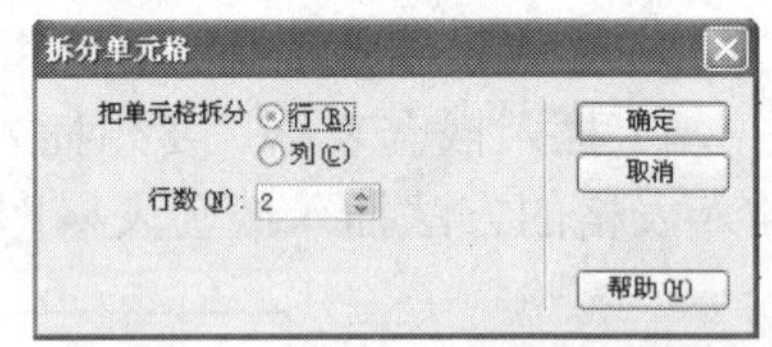

图 2-20　“拆分单元格”对话框

2.2.2　图像的插入

1）如果要在文档中插入图像，首先需要在文档中指定图像的插入位置，然后单击“插入”面板中的“常用”类别里的“图像”图标按钮，或者选择【插入记录】→【图像】菜单命令，打开“选择图像源文件”对话框，如图 2-21 所示。

2）在“选择图像源文件”对话框中，选择所需的图像，单击【确定】按钮。如果图片不是站点内图片，则会弹出如图 2-22 所示提示框，单击【是】按钮，随后弹出“复制文件为”对话框，如图 2-23 所示。

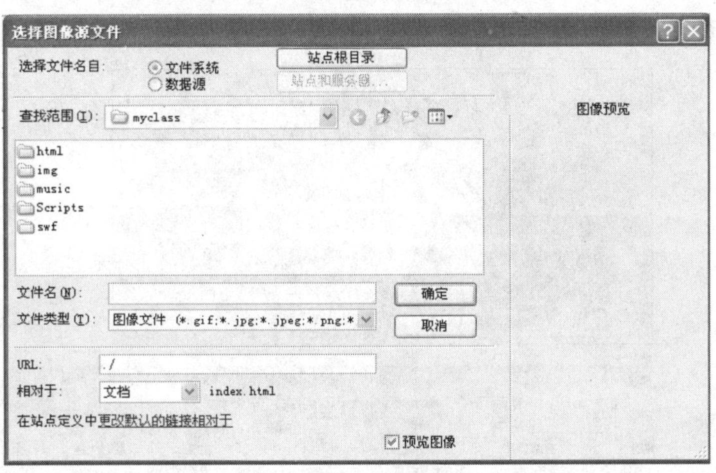

图 2-21　“选择图像源文件”对话框

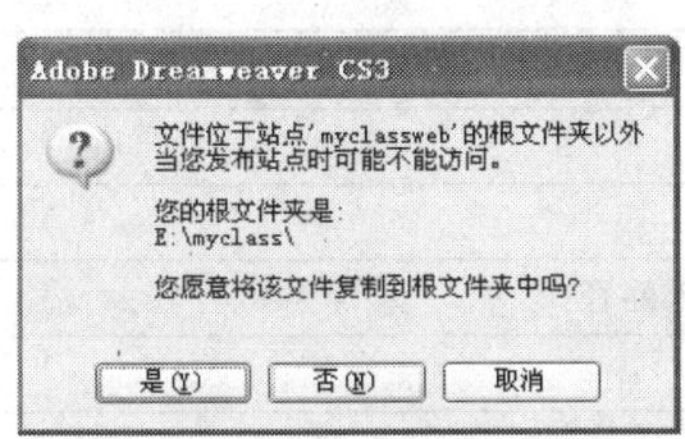

图 2-22　保存图片提示框

图 2-23　“复制文件为”对话框

3）单击【保存】按钮后，将会弹出“图片标签辅助功能属性”对话框，如图 2-24 所示，单击【确定】按钮，图像将出现在网页当中，如图 2-25 所示。

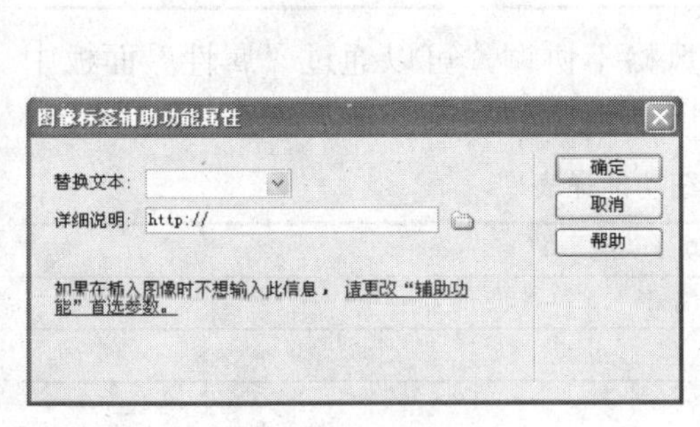

图 2-24　“图像标签辅助功能属性”对话框

图 2-25　插入的图像效果

2.2.3　图像属性的设置

插入图像后，如果图像的大小、颜色等效果与网页风格不符，就需要调整图片的属性来达到最理想的效果。

1）选中网页中要修改的图像。

2）设置“属性”面板中的各项参数，如图 2-26 所示。

图 2-26　图像的“属性”面板参数

图像的“属性”面板中各项参数设置见表 2-2。

表 2-2　图像属性参数表

名　称	功能描述
图像名称	设置图像名称
宽和高	以像素为单位指定图像的宽度和高度
源文件	指定图像的源文件，单击文件夹图标以浏览文件，或输入路径
链接	指定图像的超级链接
对齐	指定图像的对齐方式
替代	指定只显示文本的浏览器或已设置为手动下载图像的浏览器中代替图像显示的替代文本
地图和热点工具	允许标注和创建客户端图像地图
垂直边距和水平边距	沿图像的边缘以像素为单位添加边距，“垂直边距”为沿图像顶部和底部添加边距，“水平边距”为沿图像左侧和右侧添加边距
低解析度源	指定在载入主图像之前应该载入的图像
边框	以像素为单位设定图像的边框，默认无边框

如果插入到网页中的图像在色彩等方面与网页风格不协调，可以通过“属性”面板中的“编辑”一栏的图标按钮对图像进行调整。各个图标按钮的功能描述见表 2-3。

表 2-3　图像编辑图标按钮功能详表

名　称	功　能
编辑	启动指定的图像编辑器对指定的图像进行编辑
优化	对所选图像进行导出的快速更改
裁剪	修剪图像的大小
重新取样	对已调整大小的图像进行重新取样，提高图片在新的大小和形状下的品质
亮度和对比度	修改图片的亮度和对比度
锐化	调整图片的清晰度

2.2.4　图像与文本混合编排

好的网页要达到文字和图片混合编排的效果，就必须能熟练设置图像的各项属性和文字的布局方式。

1）新建一网页命名为“index.html”。

2）在网页中插入表格，规格如图 2-27 所示，并居中显示。

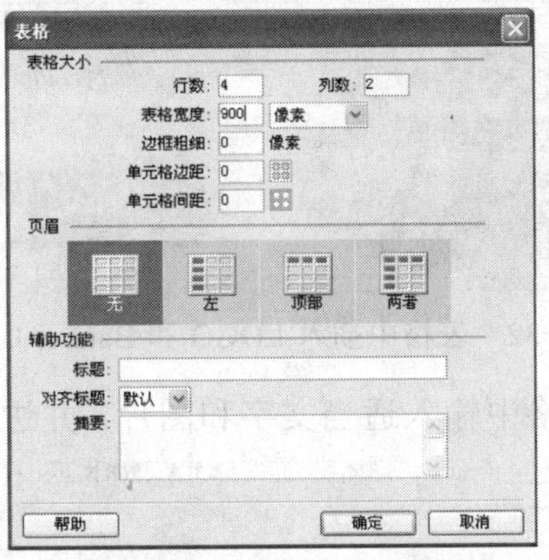

图 2-27　插入表格规格

3）设置表格的其他属性。

➢　第一行第一个单元格规格为 221×99，第二个单元格设置垂直对齐方式为底部对齐，然后插入一个 1 行 5 列表格，并设置单元格的规格，效果如图 2-28 所示。

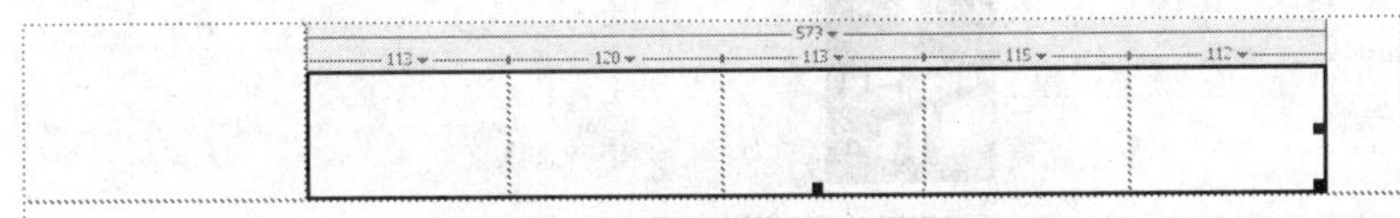

图 2-28　表格第一行设置效果

➢　第二行中，先将两个单元格合并，之后设置单元格高度为 307 像素，效果如图 2-29 所示。

图 2-29　表格第二行设置效果

➢　第三行中，同样先将单元格合并，然后插入一个 1 行 3 列 350 像素高的表格，设置单元格的规格分为 350、200、250 像素宽，效果如图 2-30 所示。

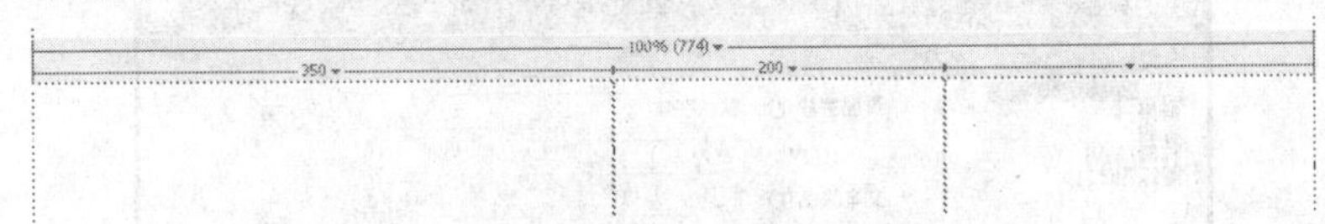

图 2-30　表格第三行设置效果

➢　第四行中，将所有单元格选中、合并之后，设置单元格的高度为 50 像素，效果如图 2-31 所示。

图 2-31　表格第四行设置效果

4）在表格中插入 LOGO 和 Banner，效果如图 2-32 所示。

图 2-32　表格中插入 LOGO 和 Banner 的效果

5）在第三行第一个单元格中输入适当文字和图片，并进行布局，效果如图 2-33 所示。

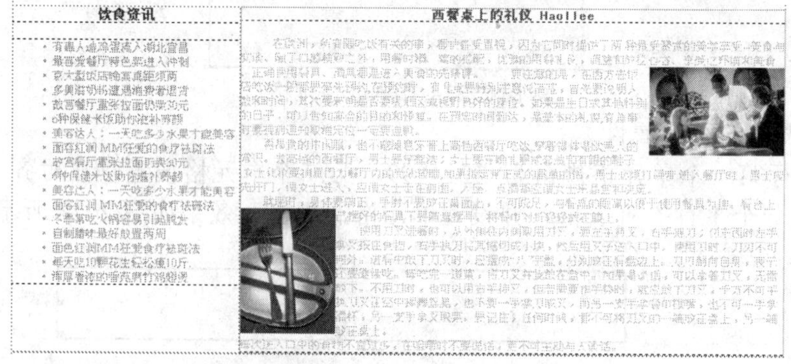

图 2-33　图文混排效果

6）制作版权部分内容，效果如图 2-34 所示。

图 2-34　版权内容制作效果

7）在网页中插入背景图片。在"属性"面板中，单击【页面设置】按钮，弹出如图 2-35 所示对话框，在左侧"分类"一栏中选中"外观"项，单击【浏览】按钮设置背景图像，效果如图 2-36 所示。

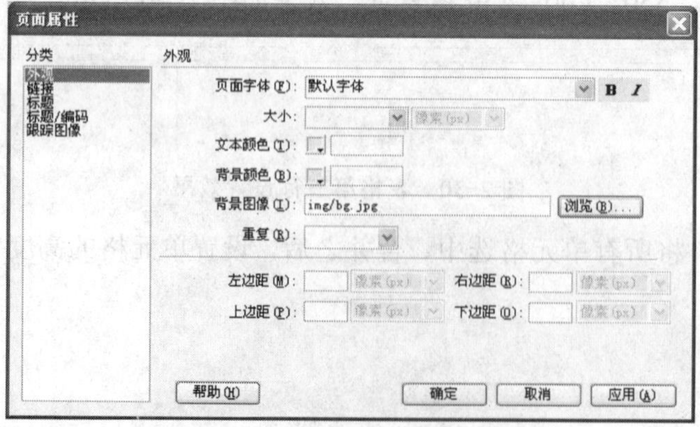

图 2-35　"页面属性"对话框

图 2-36 设置背景图片效果

2.2.5 鼠标经过图像的制作

鼠标经过图像是一种在浏览器中查看并使用鼠标指针经过时发生变化的图像。若要插入鼠标经过图像，必须具有两幅图像：主图像和次图像，并且两幅图像尺寸相同。

在网页中实现鼠标经过图像效果很简单，以上一节中制作的餐厅首页案例为例进行介绍。

1）在网页中定位制作鼠标经过图像效果的位置。

2）单击“插入”面板中的“常用”类别里的“图像”图标按钮，在下拉菜单中选中【鼠标经过图像】，弹出如图 2-37 所示对话框。

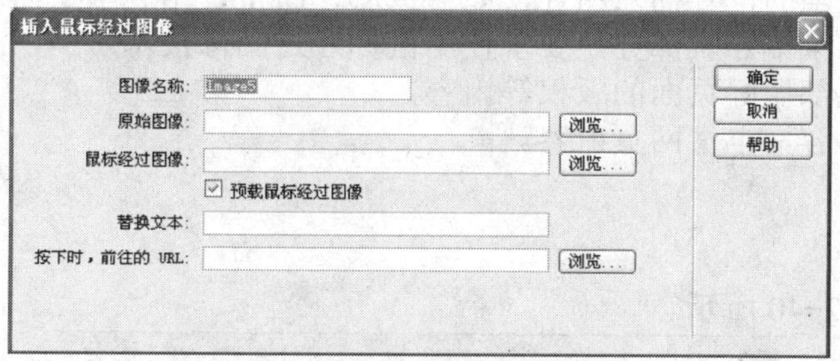

图 2-37 “鼠标经过图像”对话框

3）单击“原始图像”和“鼠标经过图像”后的【浏览】按钮设置图像，效果如图 2-38 所示。

4）设置好后单击【确定】按钮，效果图如图 2-39 所示。

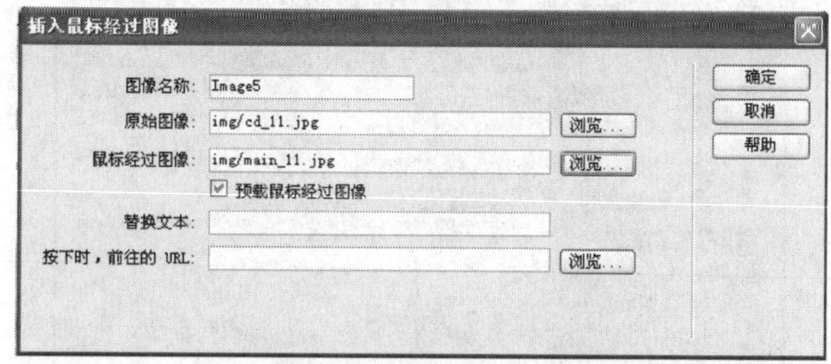

图 2-38 设置鼠标经过图像效果

图 2-39　鼠标未经过图像与鼠标经过图像效果对比

5）按上述操作，插入其他鼠标经过图像效果。

2.3 拓展训练　创建“我的个人网站”的首页

设计要求

要求利用前两个模块学到的建立站点、输入文本、插入图片、表格存储信息等知识点，建立图文混排的个人网站首页。要求网页色彩协调，布局合理，内容丰富。

设计思路

1）首先建立站点，并利用文件夹规划站点文件。

2）利用表格的有序存储功能，在网站的首页中插入表格，并确定表格的单元格的规格。必要的时候使用嵌套表格。

3）在表格中适当的位置插入图片，如 LOGO，Banner 等内容。

4）制作网页的菜单导航部分，要求使用鼠标经过图像技术。

5）在网页的尾部做好页面的版权等内容。

6）设置其他内容，丰富网页内容。

参考效果

参考效果如图 2-40 所示。

图 2-40　“我的个人网站”的首页效果

模块三

创建多媒体网页

模块 教学目标

在网页中除了可以使用文本和图像元素表达信息外，还可以在页面中插入 Flash 按钮、Flash 文本、Flash 影片、声音文件、Java 小程序、ActiveX 控件、Shockwave 电影等，以丰富网页的效果，使网页富有生气和动感。通过本模块的学习，要求学生掌握插入 Flash 对象（按钮、文本、影片）的方法与技巧，掌握插入背景音乐的方法及视频的方法。

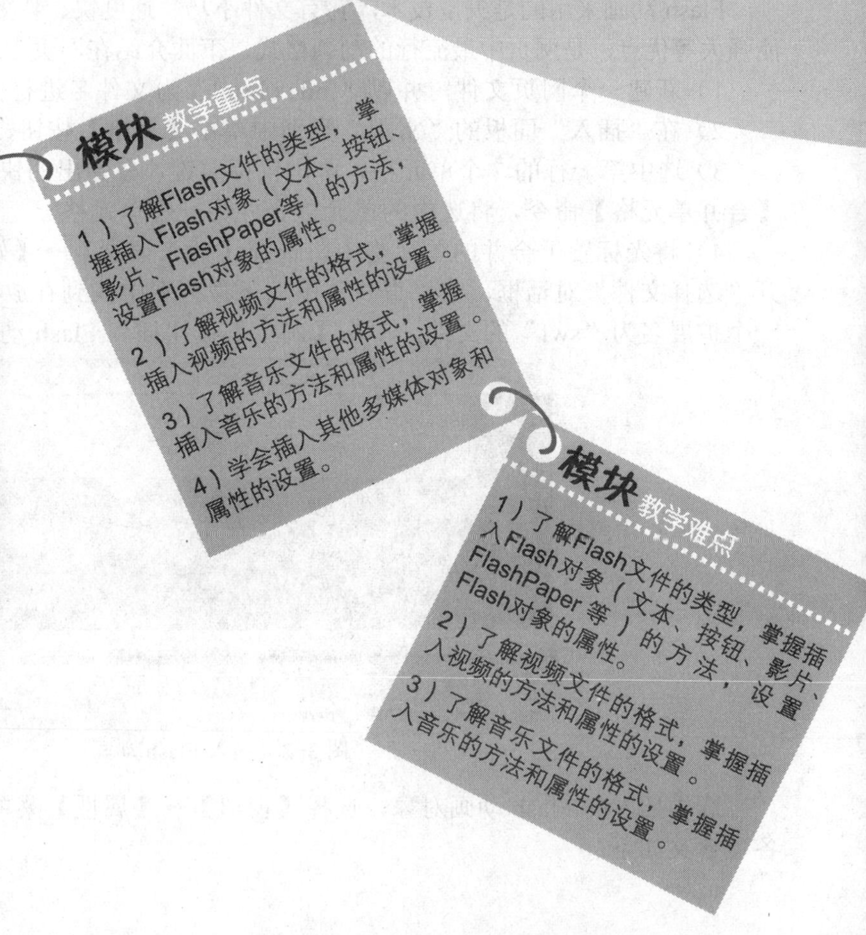

3.1 任务一　Flash 元素的添加——创建“江河双水湾”页面

任务分析

本实例制作一个房地产网页楼盘宣传网站，在设计上最好围绕“豪华、大气、尊贵”这 6 个字来制作，使用暖色调。网站针对的客户群是有意愿购买住房或进行房产投资的人群，网站管理者希望通过该网站为他们提供详细的房产信息，从而帮助客户更好地了解该楼盘，通过网站的宣传让更多的客户进行投资和置业，因此，在网页的设计上希望表现出该楼盘项目的楼盘优势和人文文化。最终效果如图 3-1 所示。

图 3-1　最终效果图

相关知识

1. 插入 Flash 动画

Flash 动画采用的是矢量技术，它有文件小巧、速度快、特效精美、支持流媒体和交互功能强大等优点，是网页中最流行的动画格式。下面介绍在网页中插入 Flash 动画的具体方法。

1）新建一个网页文件，并以“index.html”为文件名进行保存。

2）在“插入”面板的“常用”类别中单击【表格】按钮，插入一个 5 行 7 列的表格。

3）选中第一行的 7 个单元格，单击鼠标右键，在弹出的快捷式菜单中选择【表格】→【合并单元格】命令，将选中的单元格合并为一个单元格。

4）将光标置于合并的单元格中，选择【插入记录】→【媒体】→【Flash】命令，打开“选择文件”对话框，在“查找范围”下拉列表中找到存放 Flash 动画的文件夹，选中一个扩展名为“swf”的文件，单击【确定】按钮插入 Flash 动画，如图 3-2 所示。

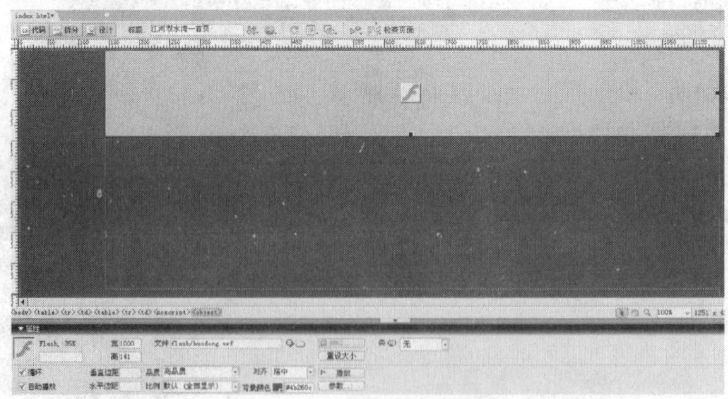
图 3-2　插入 Flash 动画

选中插入的 Flash 动画对象，选择【窗口】→【属性】菜单命令，打开“属性”面板，各项含义如下：

- 宽、高：用于指定动画被装入浏览器时所需的宽度、高度，默认单位是像素。
- 文件：用于指定装入 Flash 动画文件的路径。可以直接在输入框中输入文件的路径，也可以单击后面的图标，在打开的“选择 Flash 文件”对话框中选择加载的 Flash 文件。
- 编辑：单击打开 Flash 软件，可对 Flash 动画进行编辑。
- 重设大小：重置 Flash 对象到原始大小。
- 循环：选中该复选框，动画可以循环播放。
- 自动播放：选中该复选框，当页面加载时将自动播放动画。
- 垂直边距：指定 Flash 动画和网页的上、下边距，以像素为单位。
- 水平边距：指定 Flash 动画和网页的左、右边距，以像素为单位。
- 品质：设置运行对象标签和嵌入标签的品质参数，可选择“低品质”、“自动低品质”、“自动高品质”或“高品质”。
- 比例：用于设置对象的缩放方式。
- 对齐：设置 Flash 动画的对齐方式。
- 背景颜色：用于设置动画的背景颜色。
- 播放：单击该按钮可以观察 Flash 动画的播放效果。
- 参数：单击该按钮将打开“参数”对话框，可以从中把设置的参数传递给 Flash 动画。

根据需要适当设置 Flash 动画属性，设置完毕，单击面板中的【播放】按钮预览动画效果。

2. 添加Flash按钮

1）可以直接在 Dreamweaver 中创建、插入和修改 Flash 按钮的位置。选择【插入记录】→【媒体】→【Flash 按钮】命令；或者在“插入”面板的“常用”类别中单击【媒体】展开式工具按钮，选择【Flash 按钮】选项，均能打开“插入 Flash 按钮”对话框，如图 3-3 所示。

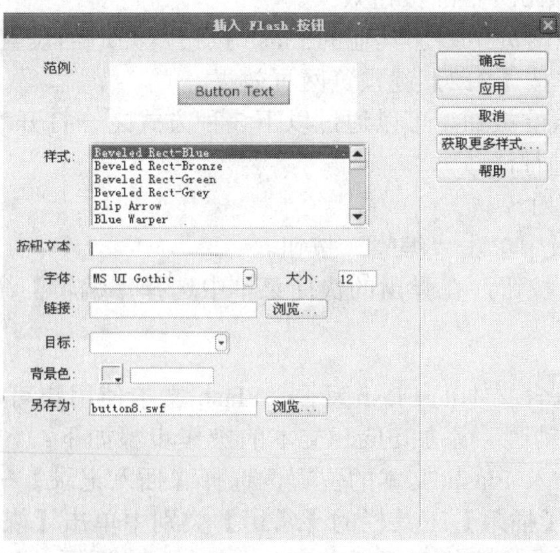

图 3-3 “插入 Flash 按钮”对话框

“插入 Flash 按钮”对话框中各项含义如下。

- 范例：可在此处预览当前选定的 Flash 按钮外观。
- 样式：在列表中显示出可供选择使用的 Flash 按钮。
- 字体：选择在 Flash 按钮上显示的文本的字体样式。
- 大小：设置按钮上显示的文本的字号。
- 链接：指定单击 Flash 按钮时链接的网页文档名称或站点地址。
- 目标：在下拉列表中指定链接的网页文档的目标显示位置或框架位置。
- 背景色：设置 Flash 按钮的背景颜色。
- 另存为：在文本框中输入新 Flash 按钮保存名称。可使用默认名，也可以输入新的名称。需要注意的是，如果该文件包含文档相对链接，则用户必须将该文件保存到与当前 HTML 文档相同的目录中，以保持文档相对链接的有效性。
- 应用：单击该按钮，在网页上将显示出按钮的样式。
- 获取更多样式：单击该按钮，可以从网上获得更多的按钮样式。

2）在“样式”列表中选择需要添加的按钮，在“按钮文本”对应的文本框中输入按钮显示的文字，本例输入的是“童话故事”，设置“字体”为华文新魏，“大小”为 16，在“另存为”文本框中为 Flash 按钮输入保存所需要的文件名，单击【确定】按钮即可将 Flash 按钮插入到文档窗口中，如图 3-4 所示。

图 3-4　插入的 Flash 按钮

3）选中插入的 Flash 按钮，在其“属性”面板中根据需要设置按钮的“宽”、“高”、“边距”、“对齐”等属性并测试 Flash 按钮效果。

4）用同样的方法在网页中添加其他的 Flash 按钮，并适当设置它们的属性。

5）保存网页文档，按【F12】键预览网页效果。

若要修改插入的 Flash 按钮，可以通过以下 3 种方式之一打开“插入 Flash 按钮”对话框，从中对 Flash 按钮进行修改。

- 双击 Flash 按钮对象。
- 在“属性”面板中单击“编辑”按钮。
- 右键单击 Flash 按钮，在弹出的快捷菜单中选择【编辑】命令。

3. 插入 Flash 文本

Flash 文本是指只包含文本的 Flash 动画。Flash 文本使用户可以利用自己选择的设计字体创建较小的矢量图动画。添加 Flash 文本的操作步骤如下：

1）将光标置于要插入 Flash 文本的位置，选择【插入记录】→【媒体】→【Flash 文本】菜单命令，或者在【插入】工具栏的【常用】类别中单击【媒体】展开式工具按钮，选择【Flash 文本】选项，均能打开“插入 Flash 文本”对话框，如图 3-5 所示。

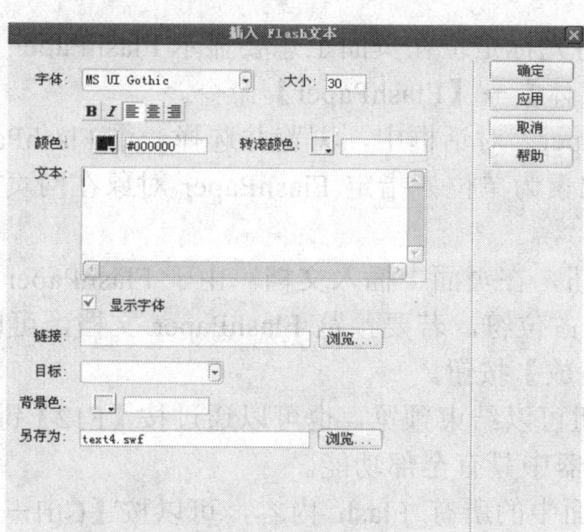

图 3-5 “插入 Flash 文本”对话框

“插入 Flash 文本”对话框中各项含义如下。

- 字体：设置 Flash 文本的字体。
- 大小：设置 Flash 文本的大小。
- 颜色：设置文本的颜色。可以通过单击颜色面板选择颜色，也可以直接输入十六进制的颜色值。
- 转滚颜色：设置当鼠标停在 Flash 文本对象上时的文本颜色。可以单击颜色面板选择颜色，也可以直接输入十六进制数的颜色值。
- 文本：输入 Flash 文本的内容，若查看字体显示效果，勾选“显示字体”复选框。
- 链接：为 Flash 文本指定一个 URL 链接，在文档中单击该文本对象时，可以跳转到链接的其他页面上。
- 目标：用于指定目标窗口的打开方式。
- 背景色：设置 Flash 文本的背景颜色。
- 另存为：在文本框中输入新的 Flash 文本的文件名，也可以使用默认值。需要注意的是，如果该文件包含文档相对链接，必须将该文件保存到和 HTML 相同的目录下，以保持文档相对链接的有效性。

2）在“插入 Flash 文本”对话框中输入需要显示的 Flash 文本，并设置显示文本的字体、大小、颜色、链接地址和背景色，在“另存为”文本框中输入 Flash 文本的文件名，单击【确定】按钮，将 Flash 文本插入到文档窗口中。

3）选中插入的 Flash 文本，在“属性”面板中设置文本的“宽”、“高”、“边距”、“链接”地址等属性，设置完毕，单击【播放】按钮测试 Flash 文本效果。

4）用同样的方法，一次插入多个 Flash 文本，并分别设置它们的属性。

到此为止，完成了在网页中插入 Flash 对象的基本操作。保存网页文件，按【F12】键预览网页效果。

4. 插入 FlashPaper 文档

可以在网页中插入 FlashPaper 文档。在浏览器中打开包含 FlashPaper 文档的页面时，用户将能够浏览 FlashPaper 文档中的所有页面，而无需加载新的网页。用户也可以搜索、打印和缩放该文档。

1）在文档窗口中，将光标定位在页面上想要显示 FlashPaper 文档的位置，然后选择菜单栏中的【插入】→【媒体】→【FlashPaper】命令。

2）在“插入 FlashPaper”对话框中，浏览并选择一个 FlashPaper 文档。如果需要，通过输入宽度和高度（以像素为单位）指定 FlashPaper 对象在网页上的尺寸，FlashPaper 将缩放文档以适合宽度。

3）单击【确定】按钮，在页面中插入文档。由于 FlashPaper 文档是 Flash 对象，因此页面上将出现一个 Flash 占位符。若要预览 FlashPaper 文档，可以单击该占位符，然后单击“属性”面板中的【播放】按钮。

4）单击【停止】按钮可以结束预览，也可以通过按【F12】键在浏览器中预览该文档。FlashPaper 工具栏在浏览器中具有全部功能。

5）若要预览某一页面中的所有 Flash 内容，可以按【Ctrl＋Alt＋Shift＋P】组合键。所有 Flash 对象和 SWF 文件都将被设置为“播放”。

如果需要，在“属性”面板中设置其他属性。

作为一种 Flash 对象，FlashPaper 对象将共用 Flash 对象的“属性”面板。有关设置这些属性的信息，请单击“属性”面板中的【帮助】按钮。

任务实施

3.1.1 Flash 的文件类型

Dreamweaver 附带了 Flash 对象，无论用户的计算机上是否安装了 Flash，都可以使用这些对象。在使用 Dreamweaver 提供的 Flash 命令前，应该对以下几种不同的 Flash 文件类型有所了解。

（1）Flash 文件（.fla）

所有项目的源文件，在 Flash 程序中创建。此类型的文件只能在 Flash 中打开（而不是在 Dreamweaver 或浏览器中打开）。可以在 Flash 中打开 Flash 文件，然后将它导出为 SWF 或 SWT 文件以在浏览器中使用。

（2）Flash SWF 文件（.swf）

Flash（.fla）文件的压缩版本，已进行了优化以便在 Web 上查看。此文件可以在浏览器中播放并且可以在 Dreamweaver 中进行预览，但不能在 Flash 中编辑此文件。这是在使用 Flash 按钮和 Flash 文本对象时创建的文件类型。

（3）Flash 模板文件（.swt）

这些文件能够修改和替换 Flash SWF 文件中的信息。当用于 Flash 按钮对象，使用户能够用自己的文本或链接修改模板，以便创建要插入在文档中的自定义 SWF 文件。在 Dreamweaver 中，可以在 Dreamweaver/Configuration/Flash Objects/Flash Buttons 和 Flash Text 文件夹中找到这些模板文件。

还可以从 Adobe Exchange for Dreamweaver Web 站点下载新的按钮模板，并将它们放在 Flash Buttons 文件夹中。

（4）Flash 元素文件（.swc）

一种 Flash SWF 文件，通过将此类文件合并到 Web 页，可以创建丰富的 Internet 应用

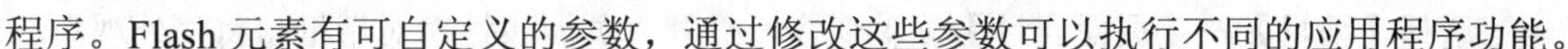

程序。Flash 元素有可自定义的参数，通过修改这些参数可以执行不同的应用程序功能。

（5）Flash 视频文件格式（.flv）

一种视频文件，它包含经过编码的音频和视频数据，用于通过 Flash Player 进行传送。例如，如果有 QuickTime 或 Windows Media 视频文件，可以使用编码器（如 Flash8 Video Encoder 或 Sorensen Squeeze）将视频文件转换为 FLV 文件。

3.1.2　Flash 动画的插入和属性的设置

1）建立一个“江河双水湾”网站站点，然后新建一个 HTML 基本页，并将网页取名为“index.html”，保存到“site”文件夹中。站点名称尽量用字母或数字命名，不要用中文命名，如图 3-6 所示。

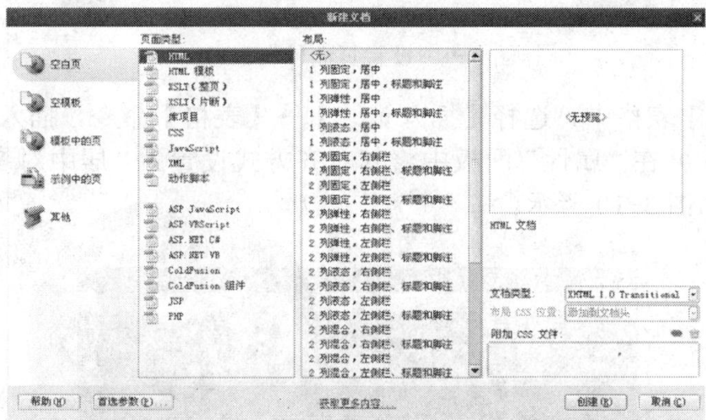

图 3-6　创建“index.html”页面

2）在“标题栏”处将标题设置为“江河双水湾—首页”，如图 3-7 所示。

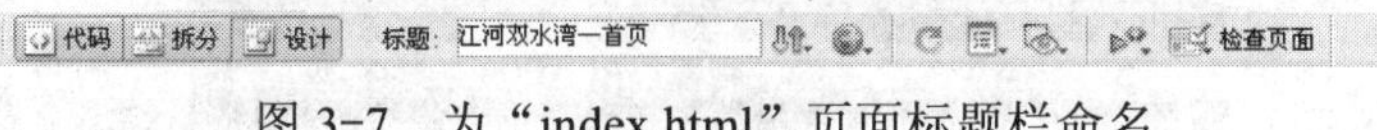

图 3-7　为“index.html”页面标题栏命名

3）选择菜单栏中的【插入记录】→【表格】命令，插入一个 1 行 1 列、宽为 104%的表格，并在“属性”面板中将“填充”和“间距”都设置为 0，如图 3-8 所示。

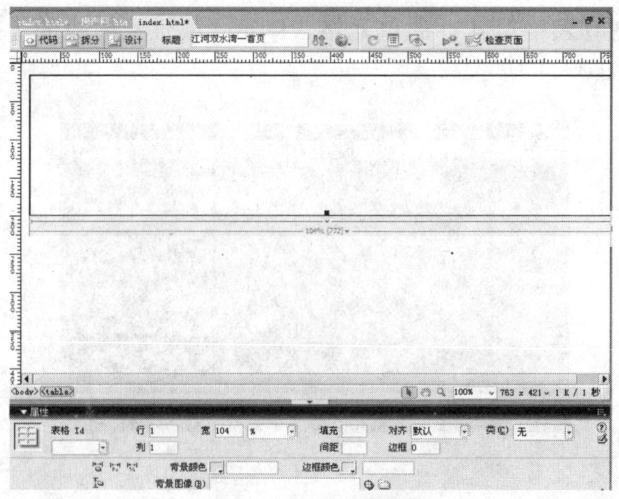

图 3-8　插入表格

4）选择【编辑】→【页面属性】菜单命令，打开“页面属性”对话框，将“外观”选项中的“背景颜色”设置为“#4b260c”，如图 3-9 所示。

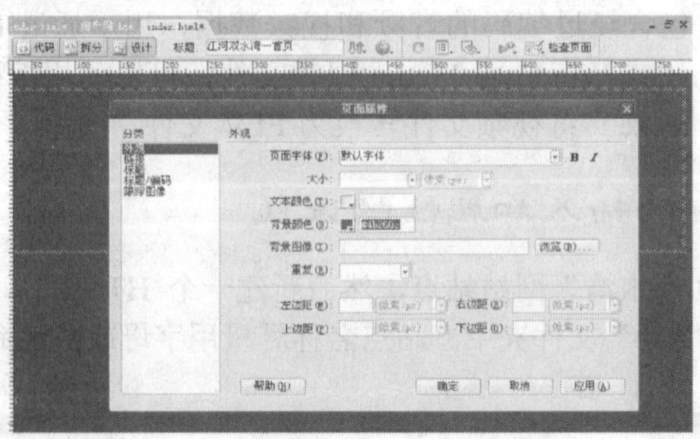

图 3-9　设置页面的背景色

5）将光标放置于表格中，选择【插入记录】→【表格】命令，插入一个 5 行 1 列、宽为 772 像素的表格，并在“属性”面板中将其对齐方式设置为“居中对齐”，“填充”和“间距”都设置为 0，如图 3-10 所示。

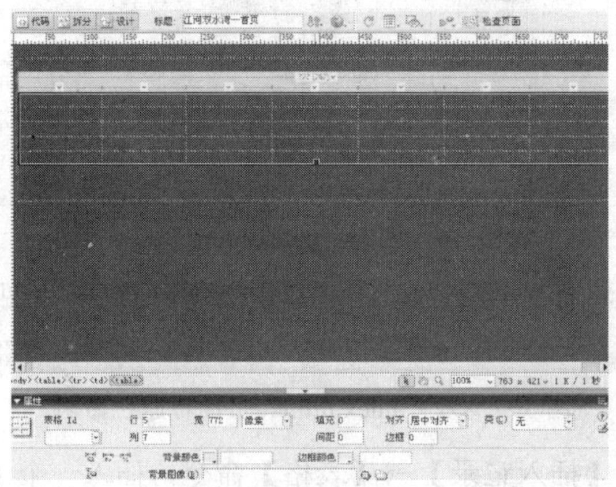

图 3-10　插入嵌套表格

6）将光标选中嵌套表格第 4 行的单元格，单击“属性”面板的【拆分】按钮，将第 4 行拆分成 7 列，如图 3-11 所示。

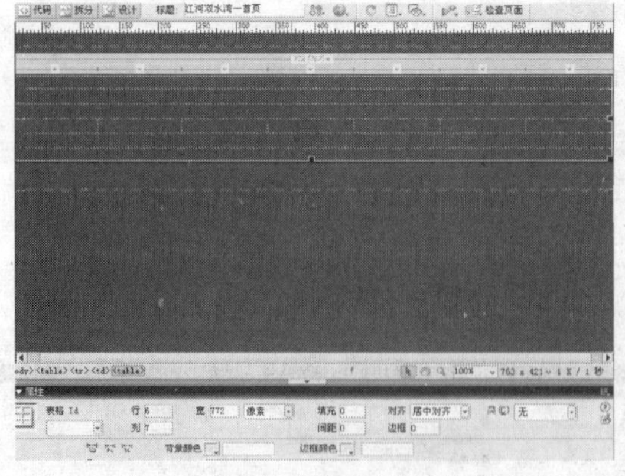

图 3-11　对嵌套的表格进行拆分

7）将光标放置于嵌套表格第 1 行单元格中，选择菜单栏中的【插入记录】→【图像】命令，插入一个图像文件“banner.jpg”。

8）将光标放置于嵌套表格第 5 行单元格中，单击“属性”面板中的“背景”右侧的【选择 Flash 文件】按钮，插入背景图片“banner.jpg”，如图 3-12 所示。

图 3-12　为嵌套表格添加背景图片

9）将光标放置于嵌套表格第 2 行的合并后的单元格中，插入背景图像“zy-banner.jpg”。

10）将光标放置于嵌套表格在第 3 行的合并后的单元格中，选择菜单栏中的【插入记录】→【媒体】→【flash】命令，插入 Flash 文件“huodong.swf”，效果如图 3-13 所示。

图 3-13　插入 Flash 文件后的“index.html”页面效果图

提示：在测试时会出现如图 3-14 所示的提示，为了在打开页面时不再出现该提示所带来的不便，可以在代码中<head>…</head>头部中输入“<!--saved from url=（0013）about:internet-->”，如图 3-15 所示。

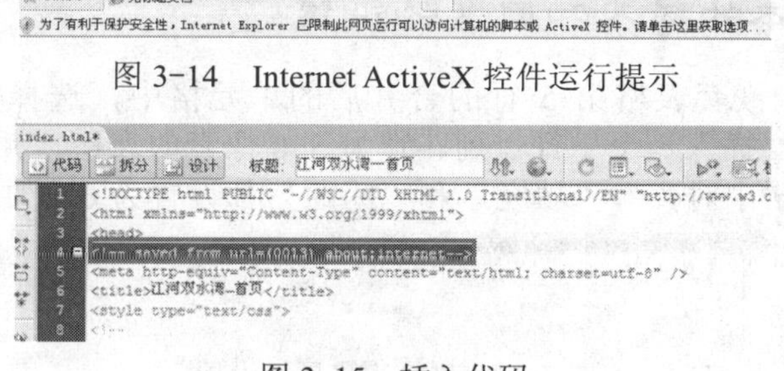

图 3-14　Internet ActiveX 控件运行提示

图 3-15　插入代码

3.1.3　Flash 按钮的插入和属性的设置

一般的 Flash 动画都需要在 Flash 软件中完成，但是丰富的 Flash 按钮可以在 Dreamweaver 中直接插入。

1）将光标放置于嵌套表格第 4 行左侧的第一个单元格中，选择菜单栏中的【插入记录】→【媒体】→【flash 按钮】命令，打开“插入 Flash 按钮”对话框，选择“Slider”样式，在“按钮文本”文本框中输入相对应的文字，并对字体、大小、背景色等进行设置后单击【应用】按钮预览效果，单击【确定】按钮插入到对应的单元格中，如图 3-16 所示。

2）按照前面所讲的方法，在第 4 行的第 2～7 单元格中插入 Flash 按钮，制作出如图 3-17 所示的 Flash 按钮。

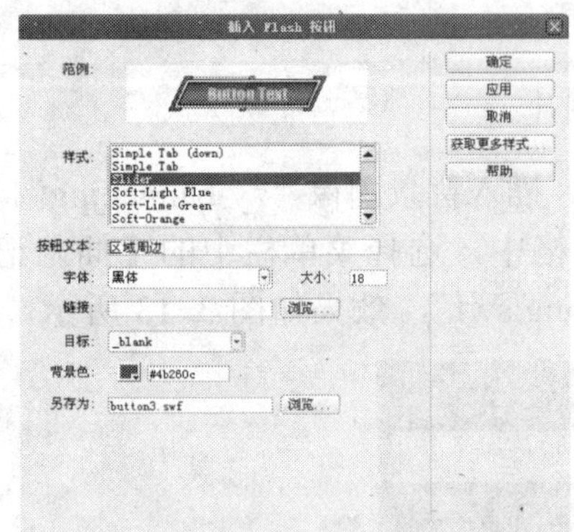

图 3-16 “插入 Flash 按钮”对话框

图 3-17 插入 Flash 按钮后的“index.html”页面效果图

3）单击“属性”面板中的【页面属性】按钮，打开“页面属性”对话框，在对话框中将“上边距”设置为 0 像素。设置完成后单击【确定】按钮，如图 3-18 所示。

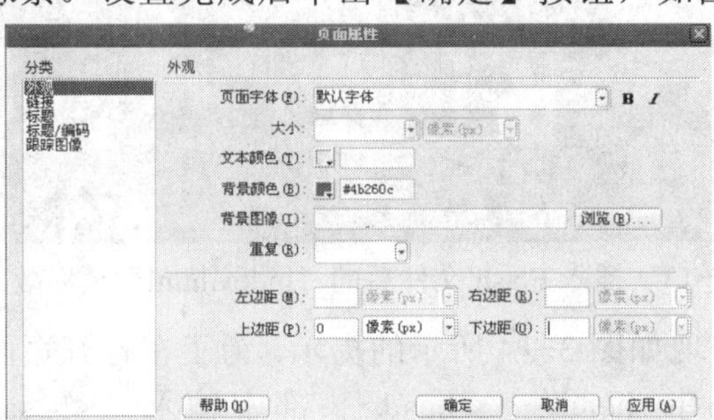

图 3-18 设置上边距

3.1.4 Flash 文本的插入和属性的设置

1）将光标放置于嵌套表格第 5 行的合并后的单元格中，选择菜单栏中的【插入记录】→【表格】命令，插入一个 1 行 3 列、宽为 550 像素的表格，并在“属性”面板中将其对齐方式设置为“居中对齐”，“填充”和“间距”都设置为 0，如图 3-19 所示。

图 3-19 嵌套表格属性设置

2）将光标放置于嵌套表格第 4 行左侧的第一个单元格中，选择菜单栏中的【插入记录】→【媒体】→【Flash 文本】命令，打开“插入 Flash 文本”对话框，在文本中输入相对应的文字，并对字体、大小、背景色等进行设置后单击【应用】按钮预览效果，再单击【确定】按钮插入到对应的单元格中，如图 3-20 所示。

3）选择【文件】→【保存】命令，将网页文档保存，并命名为“index1.html”。完成后按【F12】键预览网页，效果如图 3-21 所示。

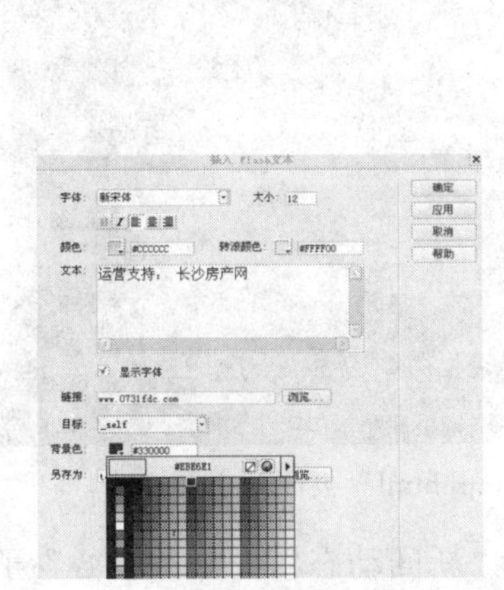

图 3-20 “插入 Flash 文本”对话框

图 3-21 “index.html”页面效果图

3.1.5 FlashPaper 的插入

在浏览器中打开包含 FlashPaper 文档的页面时，用户将能够浏览 FlashPaper 文档中的所有页面，而无需加载新的网页。用户也可以搜索、打印和缩放该文档。

1）新建一个 HTML 基本页，并将网页取名为“xmpj.html”，保存到“site”文件夹中。在“标题栏”处将标题设置为“江河双水湾—项目品鉴”，如图 3-22 所示。

图 3-22 为“xmpj.html”页面标题栏命名

2）选择【插入记录】→【表格】命令，插入一个 5 行 1 列、宽 772 像素的表格，并在“属性”面板中将其对齐方式设置为“居中对齐”，“填充”和“间距”都设置为 0。

3）按照前面所讲的方法制作出如图 3-23 所示的网页元素。

图 3-23 “xmpj.html”页面排布效果

4）将光标放置于嵌套表格在第 3 行的合并后的单元格中，选择【插入记录】→【媒体】→【FlashPaper】命令，插入 FlashPaper 文件“项目品鉴.swf”，如图 3-24 所示。

5）选择【文件】→【保存】命令，将网页“xmpj.html”保存到“site”文件夹下，完成后按【F12】键浏览网页，效果如图 3-25 所示。

图 3-24 插入 FlashPaper 文件

图 3-25 “xmpj.html” 页面效果图

6）按照前面所讲的方法完成“区域周边”、“户型鉴赏”、“新闻动态”、“服务中心”子页面的制作，并分别将其保存为“qyzb.html”、“hxjs.html”、“xwdt.html”、“fwzx.html”，如图 3-26～图 3-29 所示。

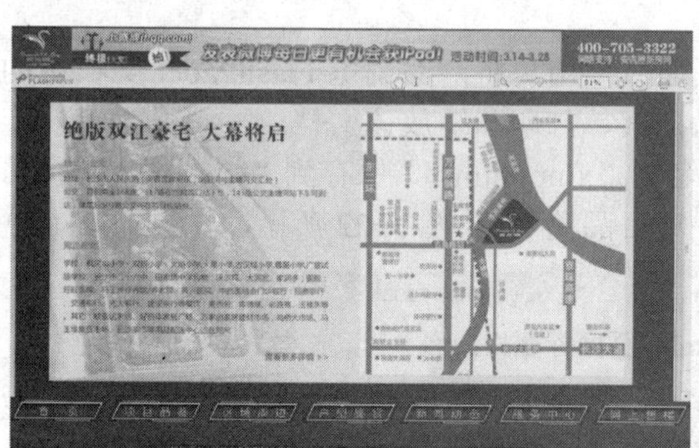

图 3-26 “qyzb.html” 页面效果图

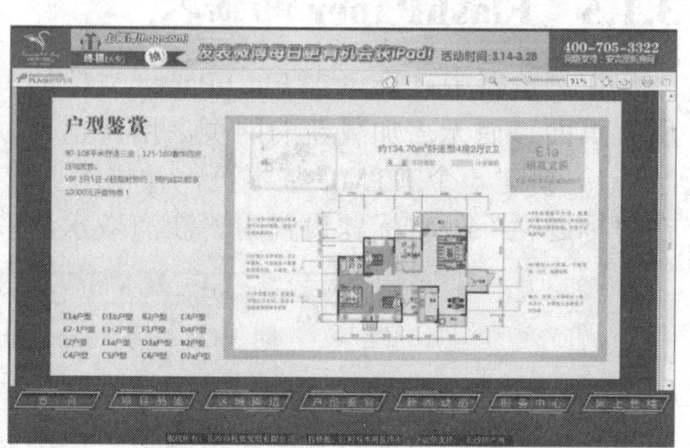

图 3-27 “hxjs.html” 页面效果图

图 3-28 “xwdt.html” 页面效果图

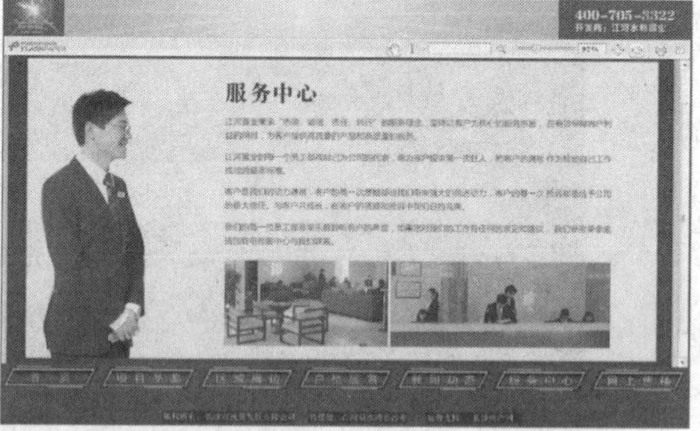

图 3-29 “fwzx.html” 页面效果图

制作完上述页面后，如果需要与互联网页面进行链接，则需要将首页的 Flash 按钮的相关属性进行修改，并设置 Flash 按钮的外部链接，步骤如下。

1）打开“index.html”首页，双击“button7.swf”Flash 按钮，打开“插入 Flash 按钮”对话框，在“链接”文本框中输入“http://cs.anjiwu.com/build/44/3343.html”，目标文本框中输入“_blank”，如图 3-30 所示。

2）选择【文件】→【保存】命令，将网页“index.html”保存到“site”文件夹下，完成后按【F12】键浏览网页并单击“网上售楼”Flash按钮测试效果。

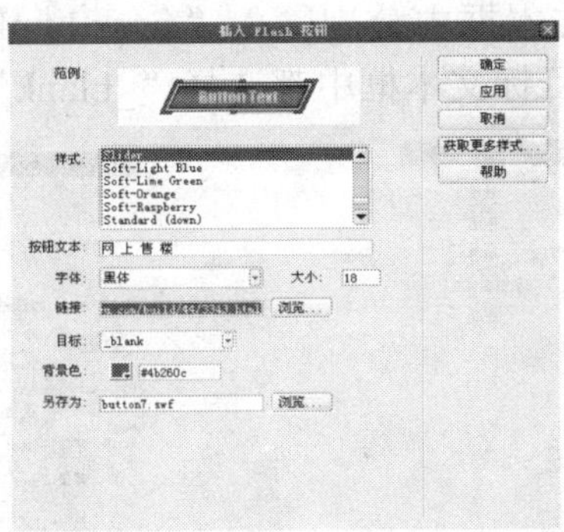

图3-30　为“button7”Flash按钮插入外部链接

3）按照前面所讲的方法，打开“fwzx.html”、“hxjs.html”、“qyzb.html”、“xmpj.html”、“xwdt.html”五个页面中的“button7.swf”Flash按钮并双击打开“插入Flash按钮”对话框，在“链接”文本框中输入“http://cs.anjiwu.com/build/44/3343.html”，目标文本框中输入“_blank”。

4）选择【文件】→【保存】命令，将网页“fwzx.html”、“hxjs.html”、“qyzb.html”、“xmpj.html”、“xwdt.html”五个页面分别保存到“site”文件夹下，完成后按【F12】键浏览网页并单击“网上售楼”Flash按钮测试效果。

5）打开“index.html”首页，双击“text3.swf”Flash文本，打开“插入Flash文本”对话框，在“链接”文本框中输入“http://www.0731fdc.com”，目标文本框中输入“_self”，如图3-31所示。

6）选择【文件】→【保存】命令，将网页“fwzx.html”、“hxjs.html”、“qyzb.html”、“xmpj.html”、“xwdt.html”五个页面分别保存到“site”文件夹下，完成后按【F12】键浏览网页并单击“网上售楼”Flash文本测试效果。

制作完上述页面后，如果只是链接站点内页面，则需要为首页的前6个Flash按钮添加网站内部链接，步骤如下。

1）在“文件”面板中双击“index.html”文件，打开“江河双水湾—首页”页面，双击“button1.swf”Flash按钮，打开“插入Flash按钮”对话框，在“链接”文本框中输入“index.html”，目标文本框中输入“_blank”。如图3-32所示。

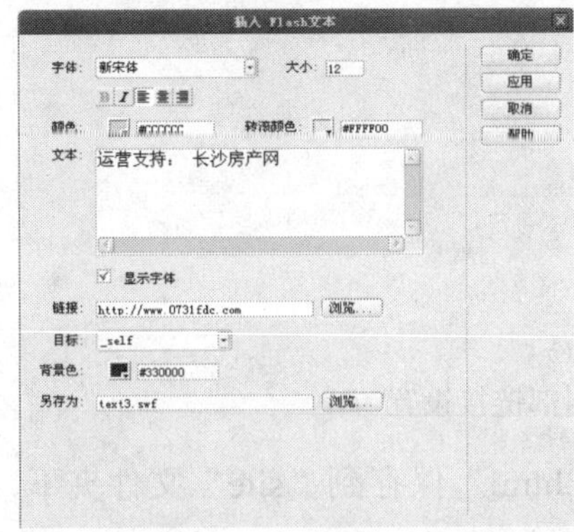

图3-31　为Flash文本插入外部链接

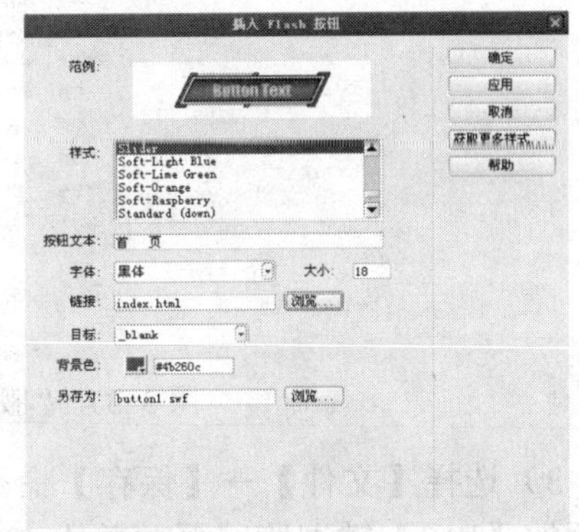

图3-32　“首页”Flash按钮内部链接设置

2）按照前面所讲的方法，打开选中“button2.swf”、“button3.swf”、“button4.swf”、“button5.swf”、“button6.swf”5 个页面中的 Flash 按钮并双击打开“插入 Flash 按钮”对话框，在相对应的“链接”文本框中分别输入“fwzx.html”、“hxjs.html”、“qyzb.html”、“xmpj.html”、“xwdt.html”，目标文本框中都选择“_blank”，如图 3-33～图 3-37 所示。

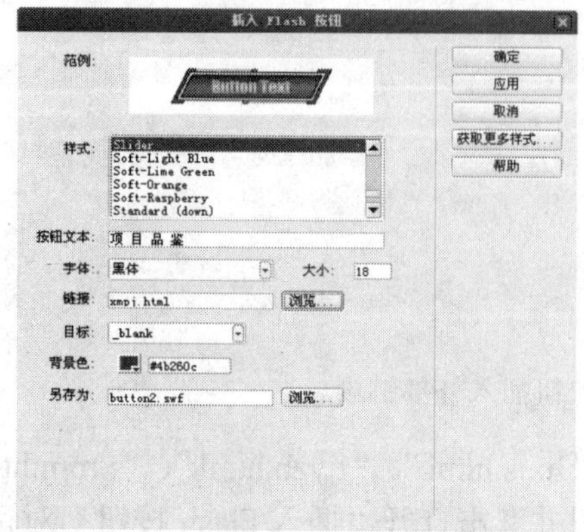

图 3-33 “项目品鉴”Flash 按钮内部链接设置

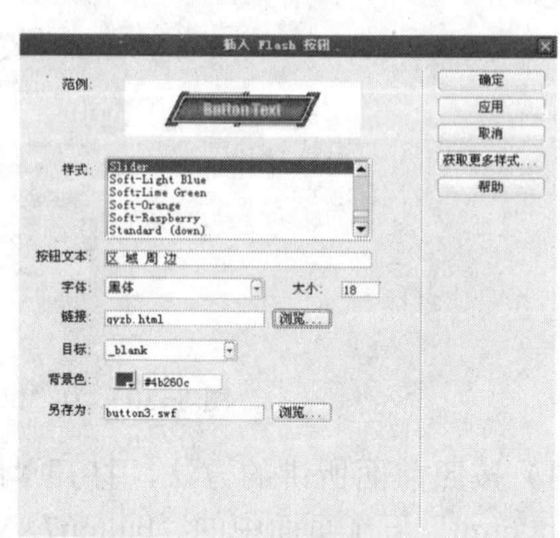

图 3-34 “区域周边”Flash 按钮内部链接设置

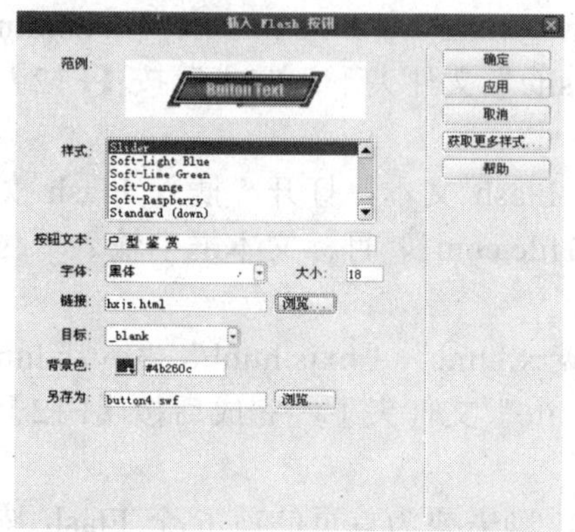

图 3-35 “户型鉴赏”Flash 按钮内部链接设置

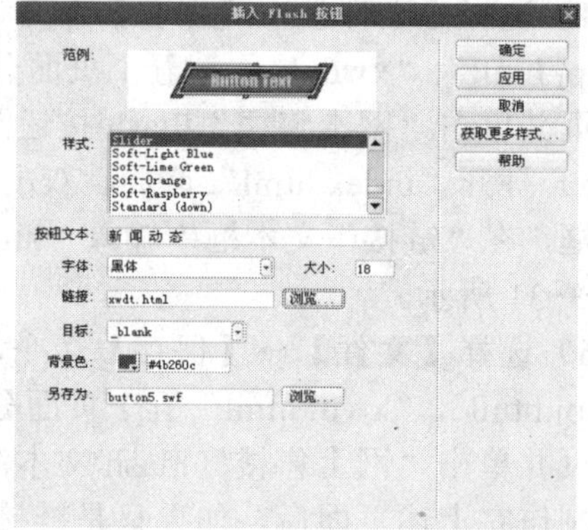

图 3-36 “新闻动态”Flash 按钮内部链接设置

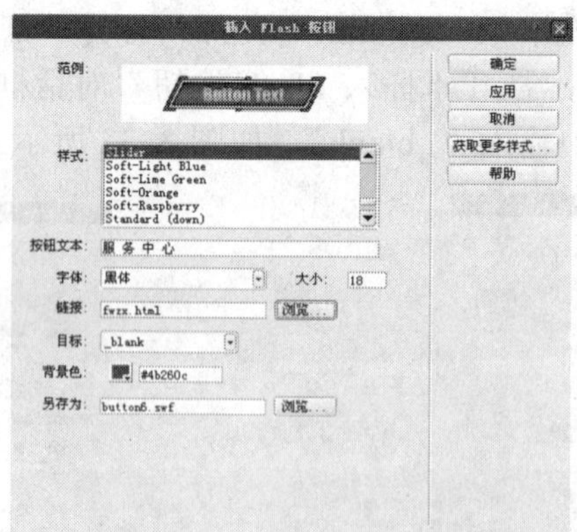

图 3-37 “服务中心”Flash 按钮内部链接设置

3）选择【文件】→【保存】命令，将网页“index.html”保存到“site”文件夹下，完成后按【F12】键浏览网页并单击 Flash 按钮测试效果。

3.2 任务二　音乐和视频的添加——创建“音乐中心”页面

任务分析

网络中的音乐在线试听其实就是对音频文件的链接，这是将声音添加到 Web 页面的一种简单而有效的方法。要在页面中链接声音文件，首先需要建立一个声音文件列表，也就是播放清单，然后再分别为每个声音文件创建页面，最后将它们连接到一起即可。

相关知识

1．音频文件格式

音频在网页中有画龙点睛的作用，可以给访问者留下深刻的印象。在网页中添加的音频格式比较多，通常使用的主要有 WMA、MIDI、RA 及 MP3 等。在插入音频文件时，需要考虑添加声音的目的、文件大小、声音品质及不同浏览器的差异等。下面介绍网页中常用的几种音频格式。

（1）WMA

WMA（Windows Media Audio）是微软公司开发的网上流式数字音频压缩技术。这种压缩技术的特点是同时兼顾了保真度和网络传输需求，即使在较低的采样频率上也能产生较好的音质。微软在 Windows 中加入了对 WMA 的支持。在微软的大力推广下，WMA 被越来越多的人所接受。

（2）MIDI

MIDI（Musical Instrument Digital Interface）即乐器指令数字接口，该格式文件的声音品质好、数据量小。许多浏览器只支持 MIDI 文件并且不需要插件，但 MIDI 文件不能进行录制，并且必须使用特殊的硬件和软件在计算机上合成。

（3）RA

RA（Real Audio）是一种流式音频媒体文件格式，主要用来在低速率的网络上实时传输活动视频影像，可以根据网络数据传输速率的不同而采用不同的压缩比例，在数据传输过程中边下载边播放视频影音，从而实现影像数据的实时传送和播放。

（4）MP3

MP3（Motion Picture Experts Group Audio Layer-3，运动图像专家组音频）是一种压缩格式，是现在最流行的一种音乐文件格式，因其压缩大、文件数据量较小且声音品质较好甚至可以和 CD 音质相媲美。该技术可以将文件“流式化”，这样来访者无须等待下载整个文件便可以听到音乐。但是，MP3 文件大小比 Real Audio 文件要大，因此用户下载整首歌曲可能仍要花较长的时间。播放 MP3 文件时，访问者必须下载并安装辅助应用程序或插件，如 QuickTime、Windows Media Player 或 RealPlayer。

2．在网页中设置音频链接

在 Dreamweaver 中，为网页链接音频文件的基本方法如下：

1）在网页中输入要链接的音频文件的文本，并在其“属性”面板中设置文字的大小、字体和颜色，使其和网页中其他文本外形基本一致。

2）选中要链接的文本，单击“属性”面板中“链接”文本框右侧的文件夹图标，打开“选择文件”对话框，从中选择需要插入的音频文件。

3）单击【确定】按钮，链接的音频文件将出现在“属性”面板的“链接”文本框中。

4）使用同样的方法，为输入的其他文本建立音频链接。

3．为网页添加背景音乐

为网页添加背景音乐，可以使访问者在优美的音乐声中浏览打开的网页。

为网页添加背景音乐的方法一般有两种：通过<bgsound>标签来添加或通过<embed>标签来添加。

1）使用<bgsound>标签。

在 Dreamweaver 中新建或打开需要添加背景音乐的界面，单击【代码】按钮打开代码编辑视图，在<body>…</body>之间输入“<bgsound>”后按空格键，代码提示框会自动将<bgsound>标签的属性列出来供用户选择使用。HTML 代码如下：

```
<html>
<head>
  <title>背景音乐</title>
</head>
<body>
  <bgsound src= "music.wma" loop="-1">
</body>
</html>
```

<bgsound>标签中有 5 个属性，它们的含义如下：

- balance：设置音乐的左右均衡。
- delay：进行播放延时的设置。
- loop：对播放音乐的循环次数进行控制。
- src：设置音乐文件的路径。
- volume：用于设置音量。

2）使用<embed>标签。

使用<embed>标签添加背景音乐的方法并不是很常见，但是它的功能很强大，如果结合一些播放控件就可以打造出一个 Web 音乐播放器。

使用<embed>标签的方法如下：在 Dreamweaver 中新建或打开需要添加背景音乐的界面，单击【代码】按钮打开代码编辑视图，在<body>…</body>之间输入“<embed>”后按空格键，代码提示框会自动将<embed>标签的属性列出来供用户选择使用。HTML 代码如下：

```
<html>
<head>
  <title>背景音乐</title>
</head>
<body>
<embed src= "music.wma" autostart="true" hidden = "true"></embed>
</body>
</html>
```

使用<bgsound>标签和<embed>标签有所区别：前者添加背景音乐，在页面打开时播放音乐，若将页面最小化，音乐会自动暂停播放，而后者只要不将窗口关闭，音乐会一直播放。

4．视频文件格式

随着宽带技术的发展和推广，出现了许多视频网站，如土豆网、优酷网等，越来越多的人选择观看在线视频。下面介绍常见的视频文件格式。

（1）ASF 格式

ASF 的英文全称为 Advanced Streaming Format，它是微软为了和 Real Network 公司竞争而推出的一种视频格式。由于它使用了 MPEG-4 的压缩算法，所以压缩率和图像的质量都很不错（高压缩率有利于视频流的传输，但图像质量肯定会有损失，所以有时候 ASF 格式的画面质量不如 VCD）。ASF 的最大优点就是体积小，因此适合网络传输，使用微软公司的最新媒体播放器（Windows Media Player）可以直接播放该格式的文件。

（2）WMV 格式

WMV 格式的英文全称为 Windows Media Video，它是微软推出的一种采用独立编码方式并且可以直接在网上实时观看视频节目的文件压缩格式。WMV 格式的主要优点包括：本地或网络回放、可扩充的媒体类型、部件下载、可伸缩的媒体类型、流的优先级化、多语言支持、环境独立性、丰富的流间关系以及扩展性等。

（3）RM 格式

Real Networks 公司所制定的音频视频压缩规范称为 Real Media，用户可以使用 Real Player 或 RealOne Player 对符合 Real Media 技术规范的网络音频/视频资源进行实况转播，并且 Real Media 可以根据不同的网络传输速率制定出不同的压缩比率，从而实现在低速率的网络上进行影像数据实时传送和播放。这种格式的另一个特点是用户使用 Real Player 或 RealOne Player 播放器可以在不下载音频/视频内容的条件下实现在线播放。另外，RM 作为目前主流网络视频格式，它还可以通过其 Real Server 服务器将其他格式的视频转换成 RM 视频并由 Real Server 服务器负责对外发布和播放。RM 格式的视频与 ASF 格式相比较，通常更柔和一些，而 ASF 视频则相对清晰一些。

（4）RMVB 格式

RMVB 格式是由 RM 视频格式升级延伸出的新视频格式，它的先进之处在于打破了原先 RM 格式那种平均压缩采样的方式，在保证平均压缩比的基础上合理利用比特率资源，也就是说静止和动作场面少的画面场景采用较低的编码速率，这样可以留出更多的带宽空间，而这些带宽会在出现快速运动的画面场景时被利用。这样就保证了静止画面质量的前提下，大幅地提高了运动图像的画面质量，从而图像质量和文件大小之间就达到了微妙的平衡。RMVB 还具有内置字幕和无须外挂插件支持等独特优点。要想播放这种视频格式，可以使用 RealOne Player 2.0 或 RealOne Player 8.0 加 Real Video 9.0 以上版本的解码器形式进行播放。

（5）FLV 格式

FLV 是 Flash Video 的简称，是随着 Flash MX 的推出发展而来的视频格式。由于它形成的文件极小、加载速度极快，使得网络观看视频文件成为可能。它的出现有效地解决了视频文件导入 Flash 后，导出的 SWF 文件体积庞大，不能在网络上流畅播放等缺点。目前各在线视频网站均采用此视频格式，如新浪播客、六间房、56、优酷、土豆、酷 6、youtube 等。FLV 已经成为当前视频文件的主流格式。

5. 插入 FLV 视频

插入 Flash 视频，将光标置于要插入 Flash 视频的位置，选择【插入记录】→【媒体】→【Flash 视频】命令，打开“插入 Flash 视频”对话框，如图 3-38 所示。

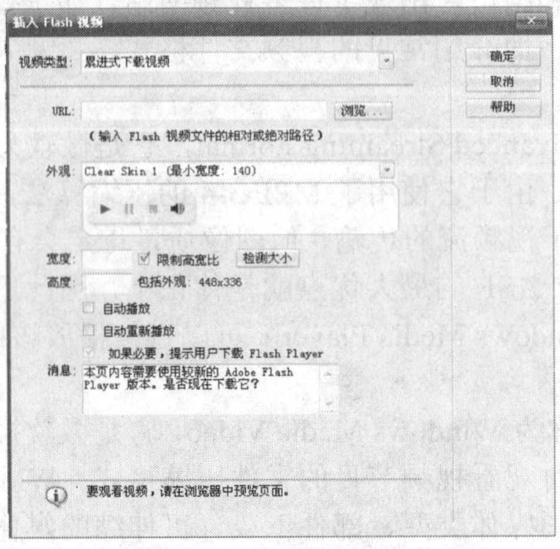

图 3-38 “插入 Flash 视频”对话框

视频类型：有累进式下载视频和流视频。

● 累进式下载视频将 Flash 视频（FLV）文件下载到站点访问者的硬盘上，然后播放。但是，与传统的“下载并播放”视频传送方法不同，累进式下载允许在下载完成之前就开始播放视频文件。

流视频将 Flash 视频内容进行流处理并立即在 Web 页面中播放。若要在 Web 页面中启用流视频，必须具有对 Macromedia Flash Communication Server 的访问权限，这是唯一可对 Flash 视频内容进行流处理的服务器。

● URL：用来设置视频文件路径。

● 外观：播放、停止等按键的外观及大小设置。其中包含 9 种预设，可以通过下拉菜单进行选择，也可以通过菜单下方的窗口预览其效果。

● 宽度、高度：用来设置视频在页面播放时的大小。

● 自动播放、自动重新播放：可以设置视频在打开页面时自动进行播放和播放完毕后自动重新播放。

6. 插入其他视频

如果需要插入 WMV、AVI 等常用视频，则需要通过插件的方式进行插入。

将光标置于要插入 Flash 视频的位置，选择【插入记录】→【媒体】→【插件】命令，选择视频路径。视频播放的相关参数需要在“属性”面板中的“参数”对话框中进行设置。

参数	说明	可以使用的值
Filename	播放的文件名称	文件路径（相对路径或者绝对路径）
Autosize	固定播放器大小	1：可以调整大小；0：不能调整
Autostart	自动播放	1：自动播放 ；0：不自动播放
Showtracker	显示播放滑块状态	1：显示滑块 ；0：不显示
Enabletracker	滑块的使用状态	1：可以使用滑块；0：不使用
Showaudiocontrols	音频调节器	1：显示音频调节器；0：不显示
Mute	静音	1：静音 ；0：播放声音
Showdisplay	信息显示	1：著作权、制作人等信息的显示；0：不显示

图 3-39 与视频播放相关的参数

与视频播放相关的参数如图 3-39 所示。

7. 插入 Applet

把 Applet 嵌入到网页中比较简单，具体步骤如下：

1）在文档窗口的“设计”视图中，将光标置于要插入 Applet 的位置，选择【插入记录】→【媒体】→【Applet】菜单命令，或者单击“插入”面板中的“媒体”类别中的【Applet】按钮，均可打开“文件选择”对话框，从中选择已经制作好的以“class”为扩展名的 Applet 小程序，单击【确定】按钮，文档中出现一个 Applet 图标。

2）选中插入的 Applet 图标，其“属性”面板中部分选项的含义如下。

- 宽高：用于指定 Applet 小程序的宽度、高度，默认单位是像素。
- 代码：用于指定 Applet 小程序的主程序文件名。可以直接在输入框中输入文件名，也可以单击文件图标，选择需要的 Applet 小程序。
- 基址：包含所选 Java 小程序文件夹，当选择 Applet 小程序时，该文本框将自动填充。
- 替换：当浏览器不支持 Applet 小程序时或者 Applet 小程序被禁用时，显示备选内容。如果输入的是文字，使用 Applet 标签的替代属性；如果选择的是图像，在打开和关闭 Applet 标签之间插入图像标签。
- 参数：单击打开“参数”对话框，在其中输入传递给 Applet 小程序的其他参数，如 text 或者 image 等。

任务实施

3.2.1　音乐文件的添加

在网页中设置音频链接，打开如图 3-40 所示的素材页面，为页面中间的歌曲名称设置音频文件链接，步骤如下。

1）选择第一个歌名“Bad Romance”，单击“属性”面板中的【链接】按钮，打开“选择文件”对话框，在“music”文件夹中找到对应的音频文件，单击【确定】按钮，如图 3-41 所示。

图 3-40　页面效果

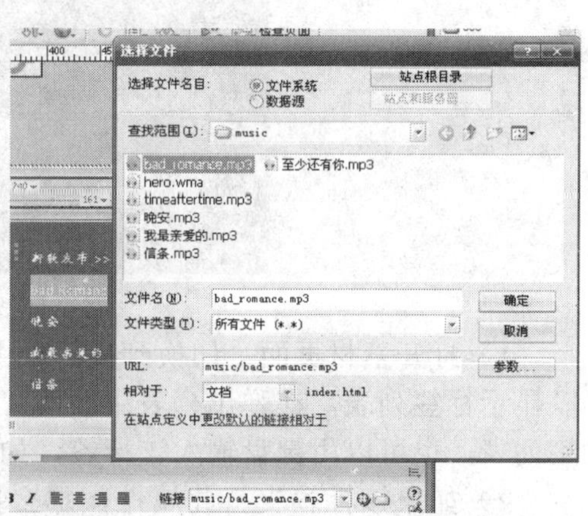

图 3-41　选择音频文件

2）按【F12】键预览页面，如果是 IE 浏览器，单击已设置链接的文本，则会弹出一个新窗口播放音乐。其他浏览器也可能直接打开默认的音频播放器播放音乐。

3）由于此时“Bad Romance”文字设置了链接，文字颜色发生了变化，而且还有下划线，如图 3-42 所示。选择菜单栏中的【修改】→【页面属性】命令，在“分类”中选择“链接”项，为链接的文本设置效果，如图 3-43 所示。更多的链接属性设置在模块四中有详细介绍。

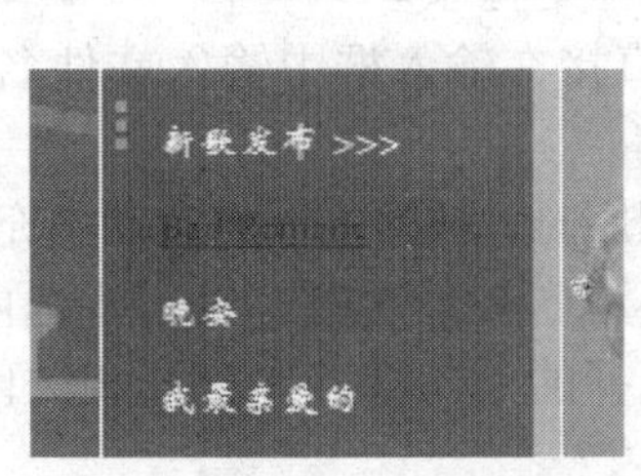

图 3-42　链接文字

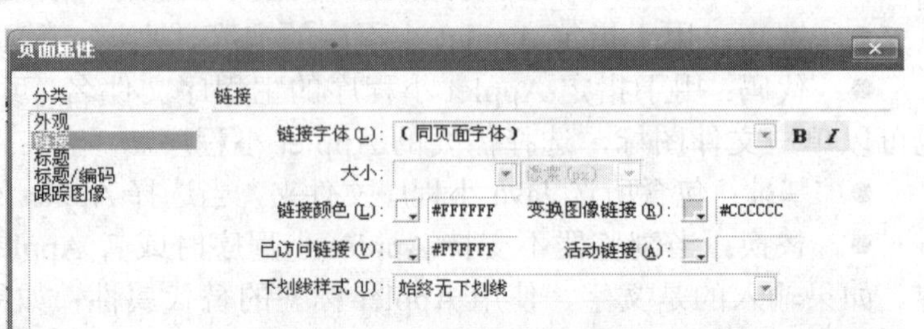

图 3-43　修改链接颜色及下划线

4）为其他歌名设置对应的音频链接。

如果需要增加页面的音乐氛围，也可以设置打开页面时自动播放背景音乐。下面介绍为如图 3-44 所示的页面设置背景音乐，步骤如下。

图 3-44　页面效果图

1）打开素材页面，切换到代码视图，在其中找到<body>标签，并在其后面输入“<”以显示标签列表，在弹出列表中找到“bgsound”，并双击该标签。如果没有出现自动的标签列表，也可以用键盘输入该标签，如图 3-45 所示。

2）如果该标签支持此属性，那么按空格键以显示该标签允许的属性列表，从中选择“src”选项，这个属性用来设置背景音乐文件的路径，如图 3-46 所示。

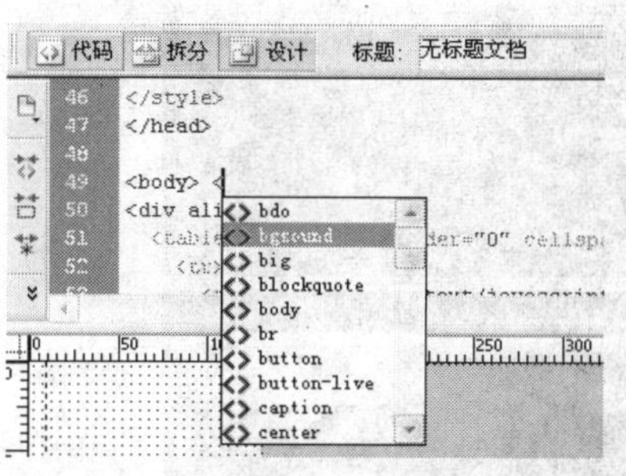

图 3-45　输入标签

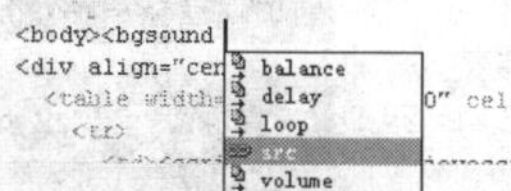

图 3-46　设置标签属性

3）选择“src”属性后，出现“浏览”字样，单击【浏览】按钮，弹出“选择文件”对话框。在“选择文件”对话框中选择 bgmusic.mp3 作为背景音乐，再单击【确定】按钮，如图 3-47 所示。

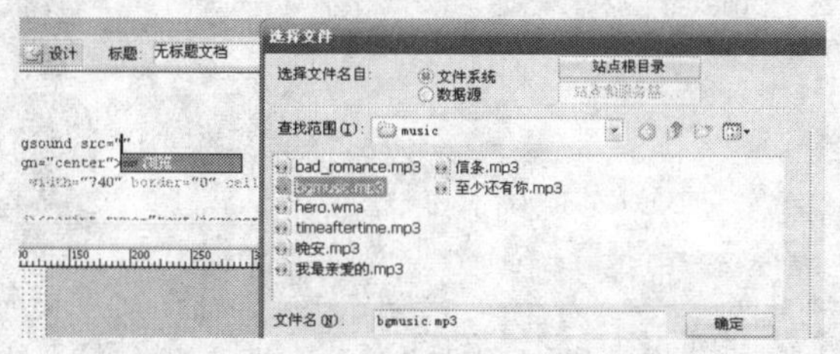

图 3-47　选择背景音乐文件

4）将光标定位在新插入的代码后，按空格键，在属性列表中选择“loop”属性，如图 3-48 所示。

5）双击插入“loop”属性，出现“-1”，并将其选择。在属性值后输入“>”，如图 3-49 所示。

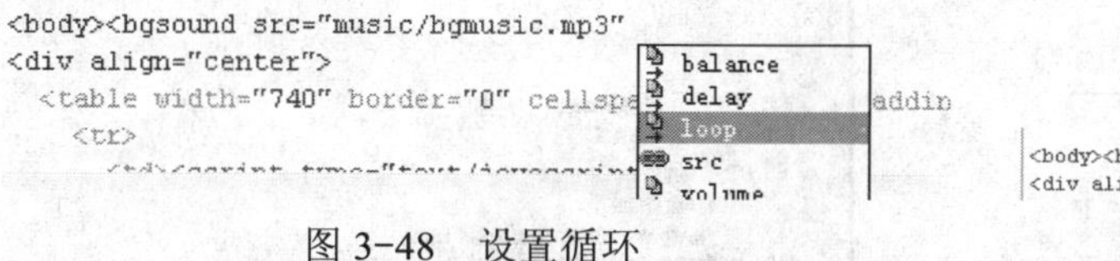

图 3-48　设置循环

```
<body><bgsound src="music/bgmusic.mp3" loop="-1" />
<div align="center">
```

图 3-49　循环属性

6）保存文档，按【F12】键在浏览器中预览。

3.2.2　视频文件的添加

（1）插入 Flash 视频

在土豆、优酷等视频网站下载的视频，一般都是 FLV 格式的 Flash 视频文件，这些文件都可以直接插入到网页中，页面效果如图 3-50 所示。

1）打开素材页面，将光标放到需要视频插入的位置。选择菜单栏中的【插入记录】→【媒体】→【Flash 视频】命令，如图 3-51 所示。

2）此时会弹出“插入 Flash 视频”对话框。单击“URL”文本框后的【浏览】按钮，选择“music”文件夹中的 FLV 视频文件。在“外观”中选择一款适合的播放按钮，再设置“宽度”和“高度”，如图 3-52 所示。

图 3-50 页面效果

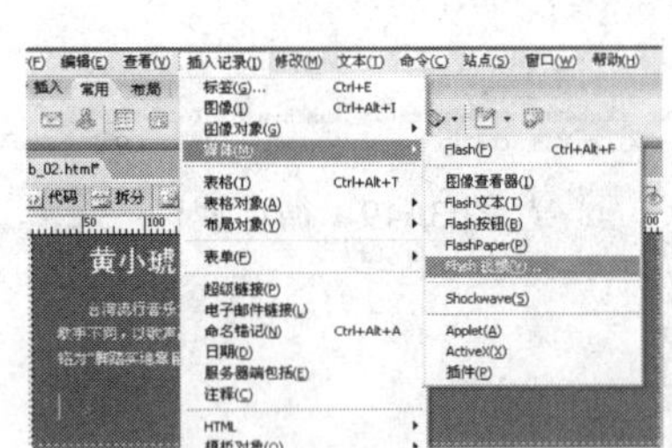

图 3-51 插入 Flash 视频

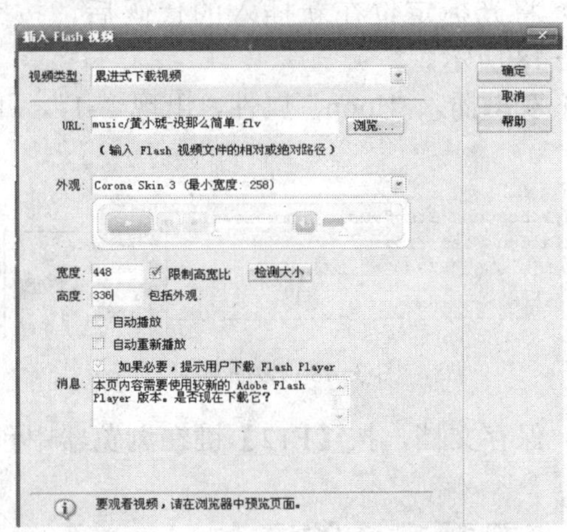

图 3-52 "插入 Flash 视频"对话框

3）保存文档，按【F12】键在浏览器中预览。

（2）插入 WMV 视频

在一般网站中 WMV、AVI 等格式的视频也比较常见，这些文件需要使用插件的方式进行插入。页面效果如图 3-53 所示。

1）打开素材页面，将光标放到需要视频插入的位置。选择菜单栏中的【插入记录】→【媒体】→【插件】命令，如图 3-54 所示。

2）此时会弹出"选择文件"对话框。在"music"文件夹中找到"Ladygaga.wmv"文件，再单击【确定】按钮，如图 3-55 所示。

图 3-53　页面效果

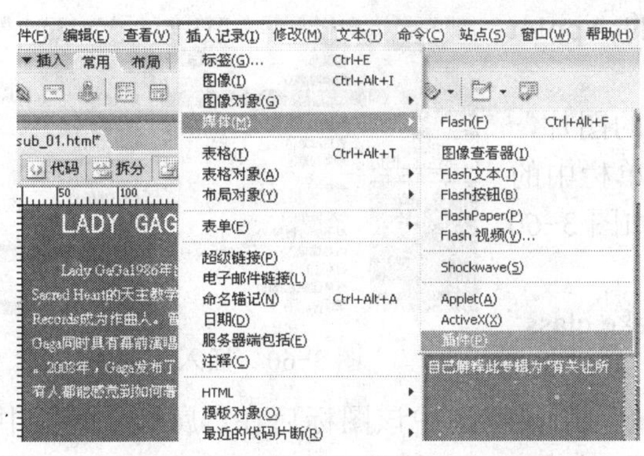

图 3-54　插入插件

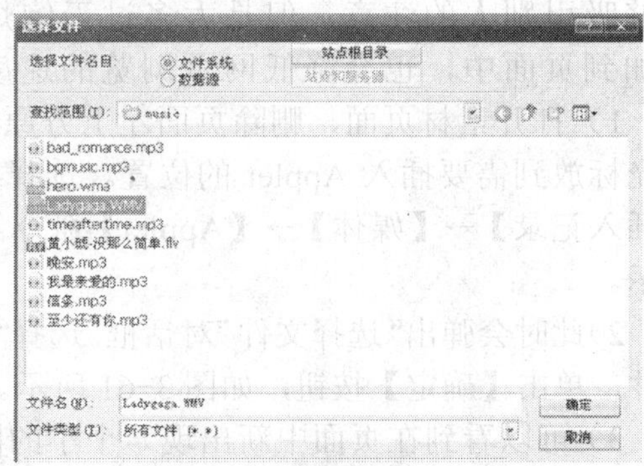

图 3-55　选择视频文件

3）可以看到在如图 3-56 所示的页面中只有一个小小的图标。用鼠标选中该图标后进行缩放，或者在“属性”面板中设置宽和高的数值。将小图标的调整到合适的大小，按【F12】键预览页面，如图 3-57 所示。

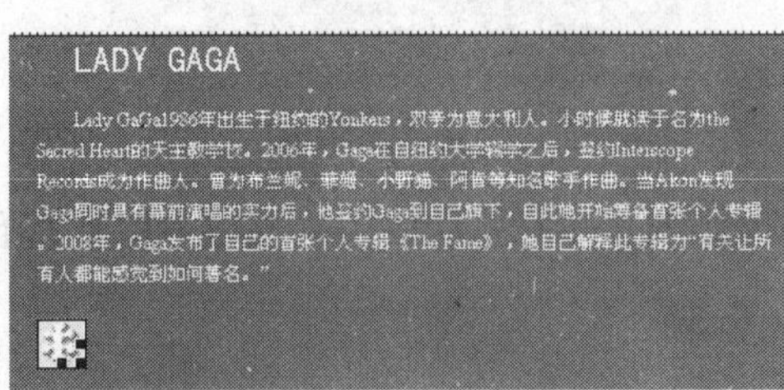

图 3-56　插件图标

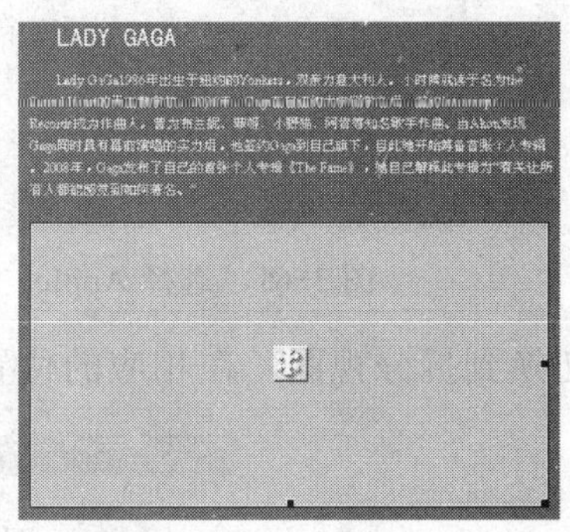

图 3-57　设置视频尺寸

4）打开页面后，视频会自动播放，有播放滑块，有音频调节器，没有制作人信息。这些相关的参数都可以进行设置。选择视频文件，在“属性”面板中单击【参数】按钮，打开“参数”调板，设置相关参数和值。参数“autostart”值为 0 时，表示视频不会自动播放；参数“showdisplay”值为 1 时，表示显示制作人信息；参数“showtracker”值为 0 时，表示视频播放滑块不显示，如图 3-58 所示。设置后效果如图 3-59 所示。

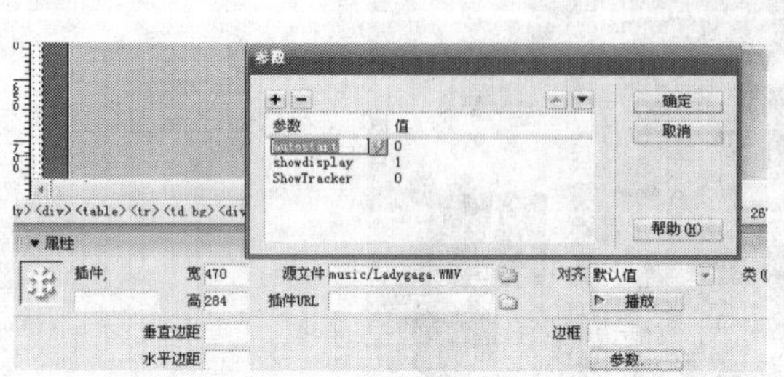

图 3-58　设置插件参数

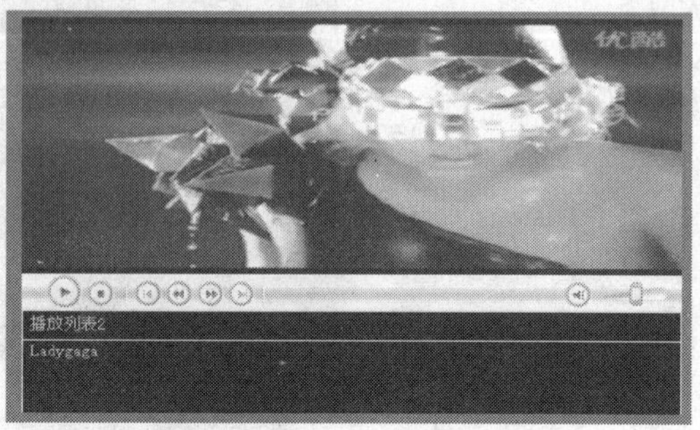

图 3-59　设置后的效果图

3.2.3　扩展程序的使用

利用 JAVA 小程序制作出来的主页绚丽多彩，能够吸引别人的注意，但是太多过于绚烂的 Applet 添加到页面中，也会降低网页浏览的速度。

1）打开素材页面，删除页面左上方原来的图片，将光标放到需要插入 Applet 的位置。选择菜单栏中的【插入记录】→【媒体】→【Applet】命令。如图 3-60 所示。

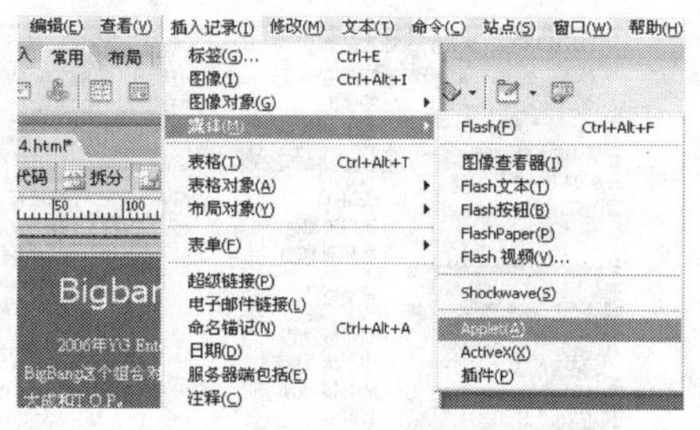

图 3-60　插入 Applet

2）此时会弹出“选择文件”对话框。选择“Lake.class”文件，单击【确定】按钮，如图 3-61 所示。

3）可以看到在页面中新出现一个小的图标。用鼠标选中该图标后在“属性”面板中设置宽为 197、高为 300，对齐设置为“左对齐”，如图 3-62 所示。

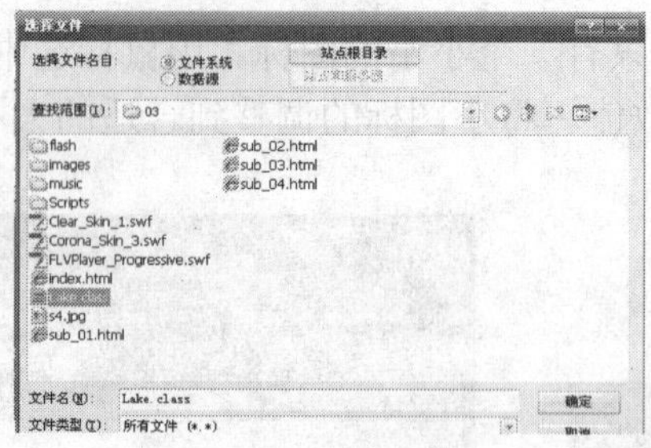

图 3-61　选择 Applet 文件

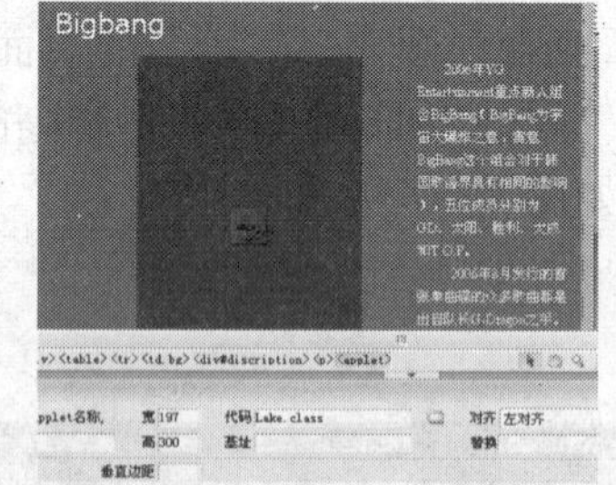

图 3-62　设置 Applet 的“属性”面板

4）切换到拆分视图，在相应的位置输入如图 3-63 所示代码。按【F12】键预览效果。

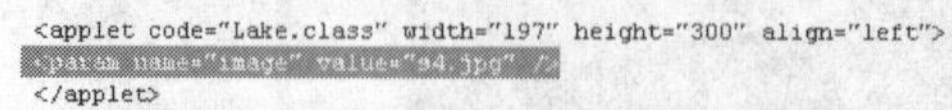

```
<applet code="Lake.class" width="197" height="300" align="left">
<param name="image" value="s4.jpg" />
</applet>
```

图 3-63　插入代码

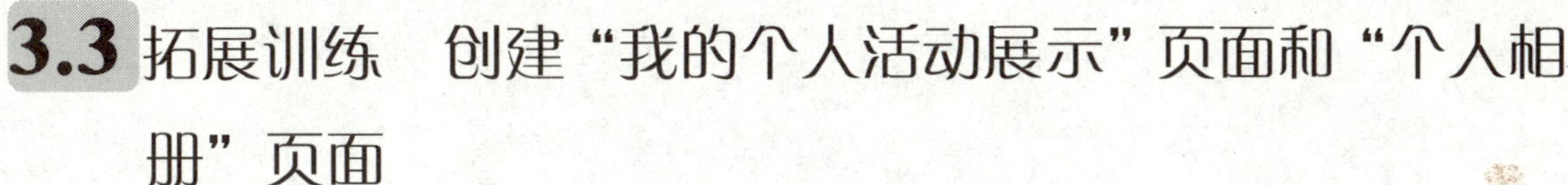

3.3 拓展训练　创建“我的个人活动展示”页面和“个人相册”页面

设计要求

设计一个个人相册页面用来展示个人照片，并且添加背景音乐来烘托气氛。现在的大学生活丰富多彩，平时活动中除了留下照片也会经常拍摄一些视频，利用个人活动展示页面来播放自己录制的一些视频。

设计思路

个人相册页面需要有一个较大的空间用以展示当前图片。个人相册的图片数量较多，可以利用 Flash 制作出多个动画，并用 Flash 按钮和文本进行链接，既活泼又方便浏览，还可以减少制作的页面数量。背景音乐的添加可以使页面内容更加丰富。

个人活动展示页面一般内容较为丰富，可以是班级学校的集体活动，也可以是依个人兴趣爱好所参与的活动或者比赛。可以利用在页面中添加视频的方式，更加完整地展示个人魅力。

参考效果

参考效果如图 3-64 所示。

图 3-64　相册效果

模块四

实现网页间互动

模块教学目标

网页文件的魅力之一就是超越各种文件空间，实现各个页面之间的互动，这些互动主要是通过超链接来实现。本模块将介绍如何利用超链接来实现文档之间的跳转，包括文本超链接、电子邮件链接、锚记链接、下载链接等，以及利用导航栏来实现网页间的互动。

模块教学重点

1）理解站点和链接的概念。

2）学会给文本和图像添加超级链接。

3）学会添加邮件链接、下载链接。

模块教学难点

1）学会制作锚记链接。

2）掌握导航栏的制作。

4.1 任务一 创建“绿之韵”页面间链接

任务分析

通过创建“绿之韵”网站页面间的链接，理解站点和链接的概念，理解 URL 地址解析、绝对路径与相对路径的概念；掌握给文本和图像添加超级链接，添加邮件链接、下载链接、锚记链接等常用链接的基本操作技巧。效果如图 4-1 所示。

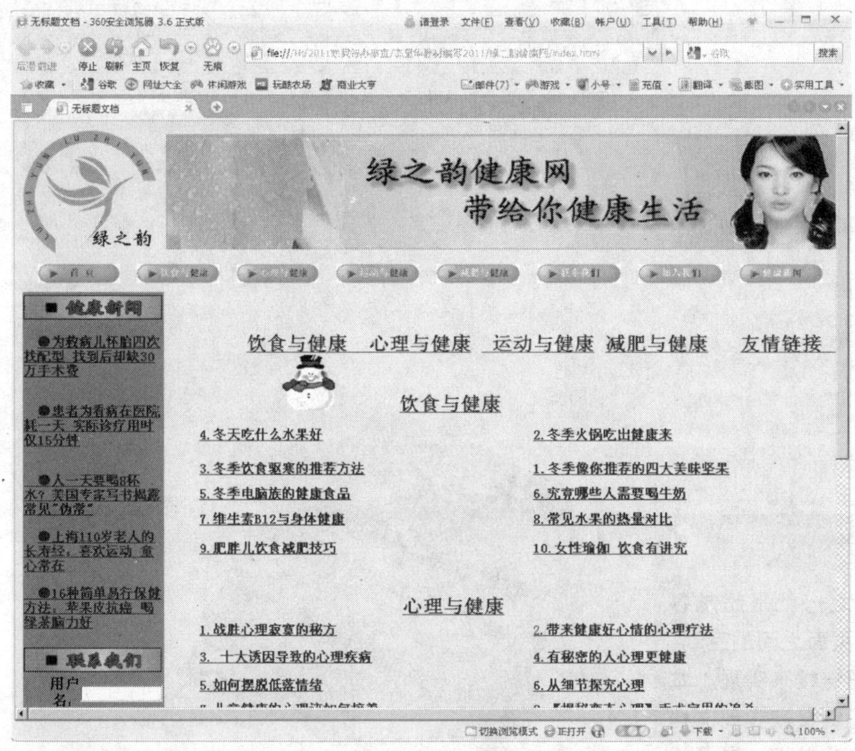

图 4-1 最终效果图

相关知识

1. 站点和链接

（1）站点

站点，就是把一个互联网上的网站数据镜像在本地服务器，并保持本地服务器数据的同步更新，用户访问本地服务器即可获得远程服务器上同样的数据。

通俗地讲，网络站点相当于一台机器，大家通过网页的形式来访问这台机器里的资源，也就是网站。

站点就是一个文件夹，这个文件夹里放的是网页、素材，待以后使用时方便上传且方便维护。

（2）链接

所谓网页链接是指从一个网页指向一个目标的连接关系，这个目标可以是另一个网页，也可以是相同网页上的不同位置，还可以是一个图片、一个电子邮件地址、一个文件，甚至是一个应用程序。而在一个网页中用来链接的对象，可以是一段文本或者是一个图片。当浏览者单击已经链接的文字或图片后，链接目标将显示在浏览器上，并且根据目标的类型打开或运行。

所谓超链接就是浏览者可以通过单击超级链接的文字、图片等网页元素访问其他的页面、网站或其他元素。在网页中使用超级链接使浏览者可以更灵活的访问各页面。

举个简单的例子：如果你在阅读某篇文章时，遇到一个不明白的词语，只要在这个词语上单击一下，即可出现它的详细说明，看完后点一下【返回】按钮，又可继续阅读，实现这种功能的方法就叫做超级链接。这样的链接可以是文字、文档、声音、图片、数字电影等。如果是网上用户，还可以链接到别人的站点。

链接一般分为 4 个类型：内部链接、外部链接、E-mail 链接、锚记链接。

内部链接：在同一站点的页面文档之间的链接。

外部链接：在不同站点的页面文档之间的链接。

E-mail 链接：填写发送电子邮件的链接。

锚记链接：同一个网页或不同网页的指定位置的链接。

2．绝对路径和相对路径

（1）绝对路径

大家都知道，在平时使用计算机时要找到需要的文件就必须知道文件的位置，而表示文件的位置的方式就是路径。例如，只要看到这个路径“c:/web/img/photo.jpg”，就知道“photo.jpg”文件是在“c”盘的“web”目录下的“img”子目录中。类似于这样完整的描述文件位置的路径就是绝对路径，即不需要知道其他任何信息就可以根据绝对路径判断出文件的位置。而在网站中类似以“http://www.69jk.cn/img/photo.jpg”来确定文件位置的方式也是绝对路径。

另外，在网站的应用中，通常使用“/”来表示根目录，“/img/photo.jpg”就表示“photo.jpg”文件在这个网站的根目录上的“img”目录里。但是这样使用对于初学者来说是具有风险性的，因为要知道这里所指的根目录并不是网站的根目录，而是网站所在的服务器的根目录，因此当网站的根目录与服务器根目录不同时，就会发生错误。

（2）相对路径

先来分析一下为什么会发生图片不能正常显示的情况。举一个例子，现在有一个页面“index.htm”，在这个页面中链接有一张图片“photo.jpg”。绝对路径如下：

c:/web/index.htm

c:/web/img/photo.jpg

如果使用绝对路径“c:/web/img/photo.jpg”，那么在自己的计算机上将一切正常，因为确实可以在指定的位置即“c:/web/img/photo.jpg”上找到“photo.jpg”文件，但是当将页面上传到网站的时候就很可能会出错了，因为网站可能在服务器的“c”盘，可能在“d”盘；可能在“aa”目录下，更可能在“bb”目录下，总之没有理由会有“c:/web/img/photo.jpg”这样一个路径。那么，在“index.htm”文件中要使用什么样的路径来定位“photo.jpg”文件呢？应该是用相对路径。所谓相对路径，顾名思义就是自己与目标的相对位置。在上例中，“index.htm”中链接的“photo.jpg”可以使用“img/photo.jpg”来定位文件，那么不论将这些文件放到哪里，只要它们的相对关系没有变，就不会出错。

最后，为了避免在制作网页时出现路径错误，可以使用 Dreamweaver 的站点管理功能来管理站点。只要使用菜单命令【站点】→【新建站点】新建站点并定义站点目录之后，它将自动把绝对路径转化为相对路径，并且当在站点中移动文件的时候，与这些文件关联的连接路径都会自动更改。

基于目录的路径：所有的路径都是从站点的根目录开始的，它同源端点的位置无关。通常用一个斜线“/”表示根目录。

3. 添加链接

在制作网页时，不可能将所有的内容同时呈现在窗口中，就需要建立超链接。建立超链接后可实现从一个页面跳转到另一个页面，从一个网站跳转到另一个网站。这一切只需要用鼠标单击带有链接的某行文字（或图片）。

Dreamweaver 提供多种创建超链接的方法，可创建到文档、图像、多媒体文件或可下载软件的链接，可以创建到文档内任意位置的任何文本或图像的链接等。

为实现网页的跳转，将创建：

1）到网站内页面的超链接——内部链接；

2）到网站外页面的超链接——外部链接；

3）电子邮件形式的超链接——E-mail 链接；

4）到网页某一特定位置的超链接——锚记链接；

5）以及其他一些链接。

（1）内部链接

如“绿之韵”页面中的“首页”、“饮食与健康”、“心理与健康”、“运动与健康”等都属于内部链接，如图 4-2 所示。

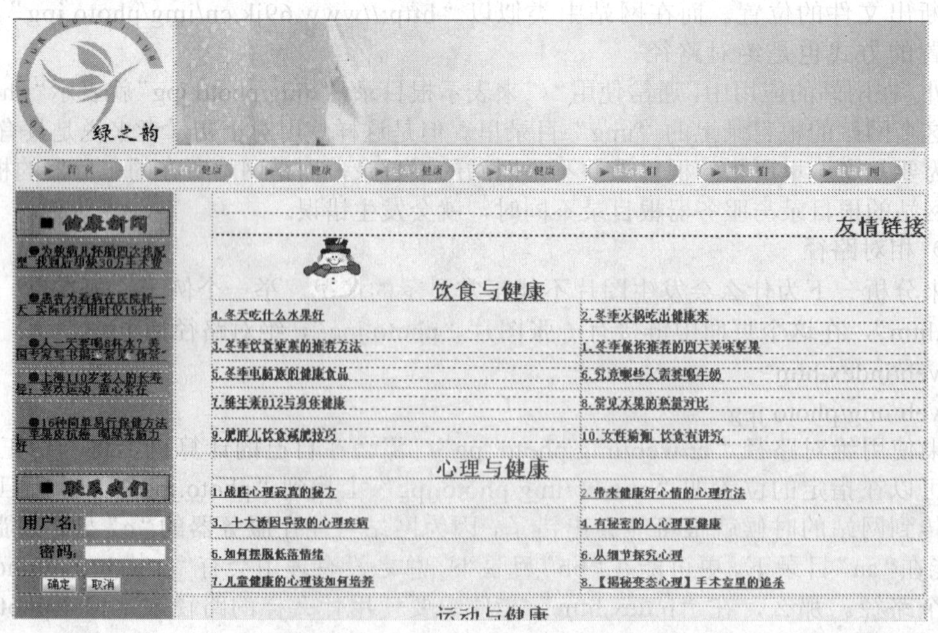

图 4-2　内部链接

（2）外部链接

如“绿之韵”页面中的“友情链接“属于外部链接。如果将“友情链接”的链接地址设为“http://www.69jk.cn/,”如图 4-3 所示，只要单击“友情链接”，则会显示网址为“http://www.69jk.cn/”的“中国健康网”的网页。

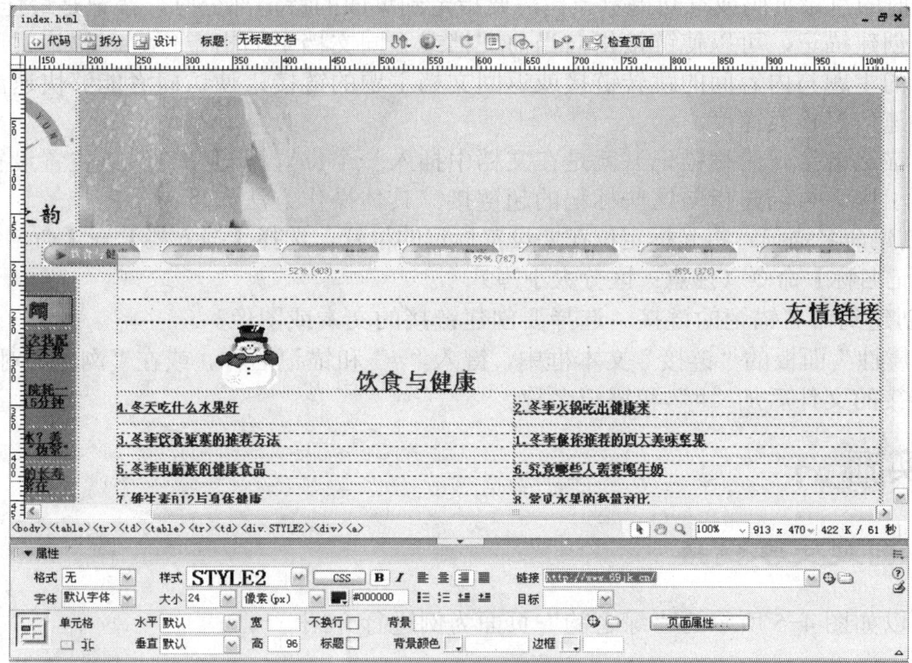

图 4-3　外部链接

（3）E-mail 链接

如“绿之韵”页面中的“联系我们”就是 E-mail 链接。当选中“网站客服邮箱：kefu@chsi.com.cn”时，“属性”面板中的“链接”项显示“mailto:kefu@chsi.com.cn”，这就是 E-mail 链接，如图 4-4 所示。

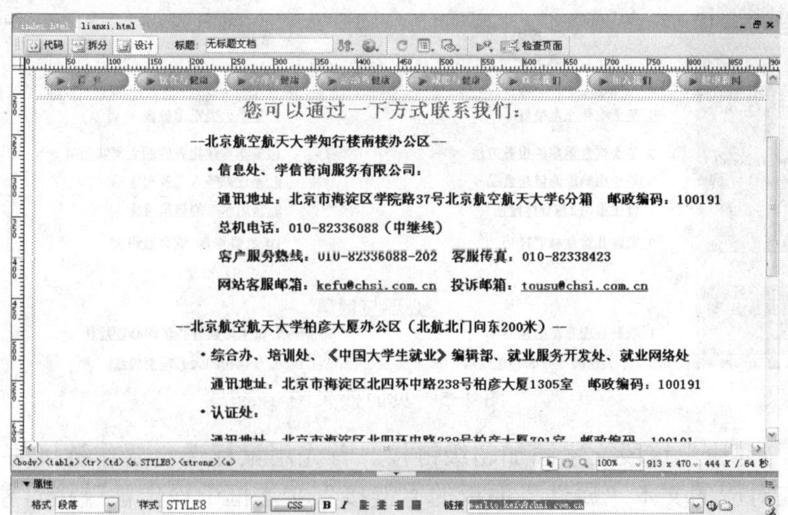

图 4-4　E-mail 链接

（4）锚记链接

HTML 中的链接，正确的说法应该称作“锚记链接”（也叫书签链接），常常用于那些内容庞大烦琐的网页，通过单击命名锚记，不仅能指向文档，还能指向页面里的特定段落，更能当做“精准链接”的便利工具，让链接对象接近焦点，便于浏览者查看网页内容，类似于阅读书籍时的目录页码或章回提示。在需要指定到页面的特定部分时，锚记是最佳的方法。

通过创建锚记，可以使链接指向当前文档或不同文档中的指定位置。锚记常用于实现同一文档的主题与内容间的跳转链接或返回文档主题的链接，使访问者能够快速浏览选定内容，加速信息检索速度。

创建锚记链接（简称锚记）就是在文档中插入一个位置标记，并给该位置设置一个名称，以便引用，再创建指向这些标记的超链接。具体操作方法如下：

1）创建命名锚记。将光标定位在要设置标记的位置，选择【插入栏】→【命名锚记】→【输入锚记名称】命令（注意：区分大小写）。

2）创建到命名锚记的链接。选择要创建链接的文本或图像。

在“属性”面板的“链接”文本框中，键入“#”和锚记名称，或在“浏览”对话框中，选中要链接的文件后加“#”和锚记名称。

任务实施

4.1.1 创建文字链接

下面以如图 4-5 所示的“绿之韵”页面为例进行介绍。

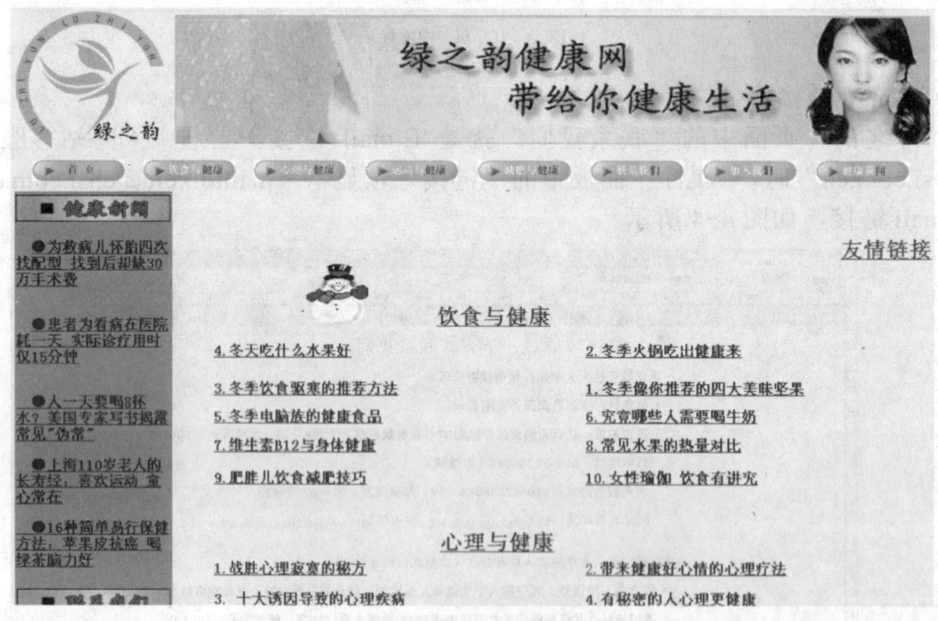

图 4-5 页面效果图

给“饮食与健康”这段文字添加超级链接。首先用鼠标选定要作链接的文字“饮食与健康”，然后在对应的文本“属性”面板的“链接”文本框中设定被链接对象的 URL 地址（yinshi.html）即可，如图 4-6 所示。

图 4-6　选定文字

通常在站点内的内部链接，可以单击上“链接”文本框右面的【文件夹】按钮，弹出“选择文件”对话框，如图 4-7 所示，选定需要链接的文件，单击【确定】按钮，可创建所需要的链接。

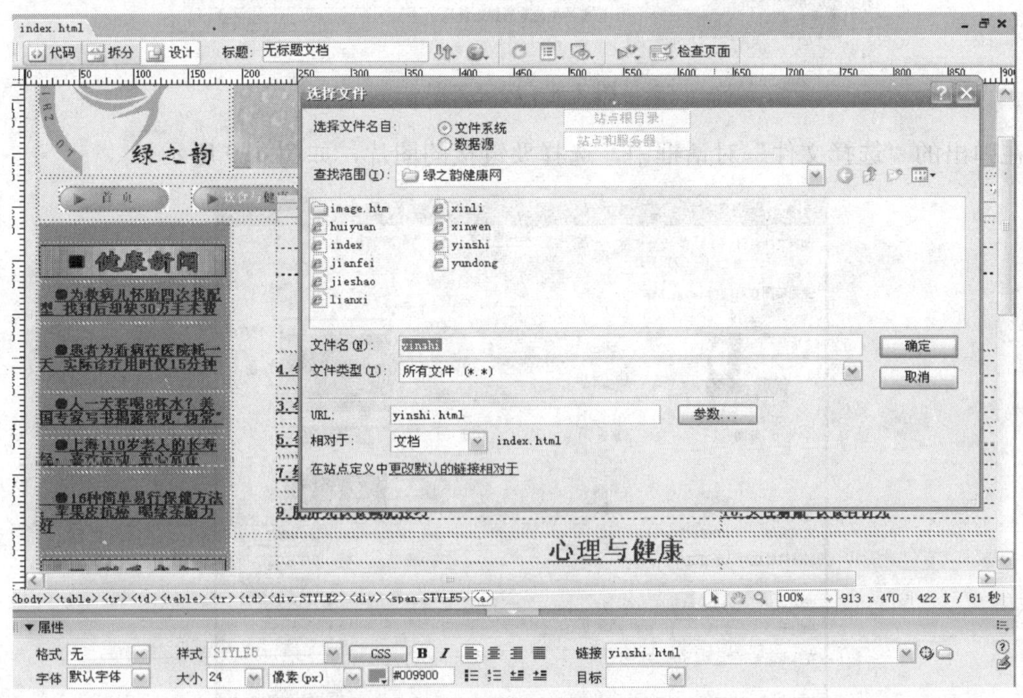

图 4-7　选择站点内链接文件

通常情况下，采用默认设置“文档”即可。选择好之后，在 URL 文本框中可以由系统自动生成被链接文档名。

4.1.2 创建图片链接

如果被链接的文件选择的是 JPG、SWF、GIF 或 PGN 等格式文件，浏览器可以自动识别并以网页格式载入图像并显示在浏览器窗口中。

例如，在“绿之韵”页面中给“冬天吃什么水果好”这段文字添加“image016.jpg”图像链接，如图 4-8 所示。

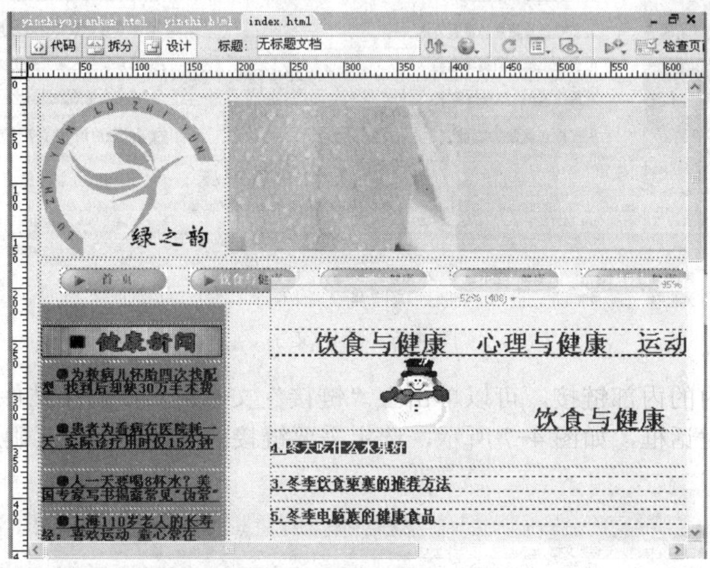

图 4-8 选定文字

在弹出的“选择文件”对话框中，选择要链接的图片，如图 4-9 所示。

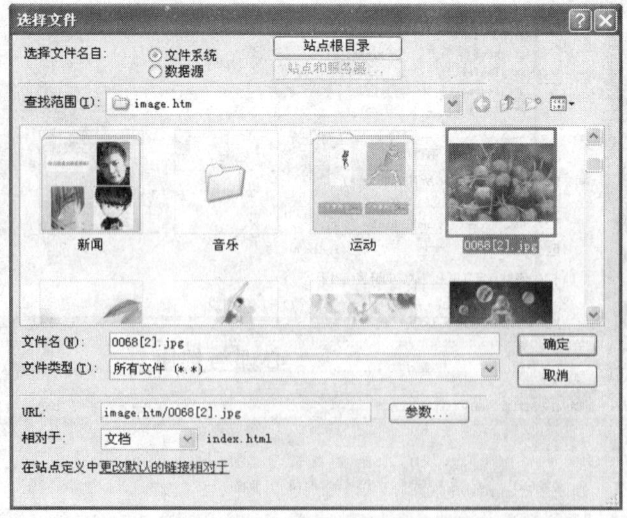

图 4-9 选择要链接的图片

当单击文字链接的时候将弹出下面的图像网页，如图 4-10 所示。

图 4-10　链接效果图

小知识：

如何快速在站点内创建超级链接？

快速在站点内创建超级链接的方法比较简单，首先选定对象，然后单击“属性”面板中的“链接”文本框右边的【指向文件】按钮，拖动到站点中的一个文件上以创建链接。首先以快速建立图像热区链接为例，如图 4-11 所示。

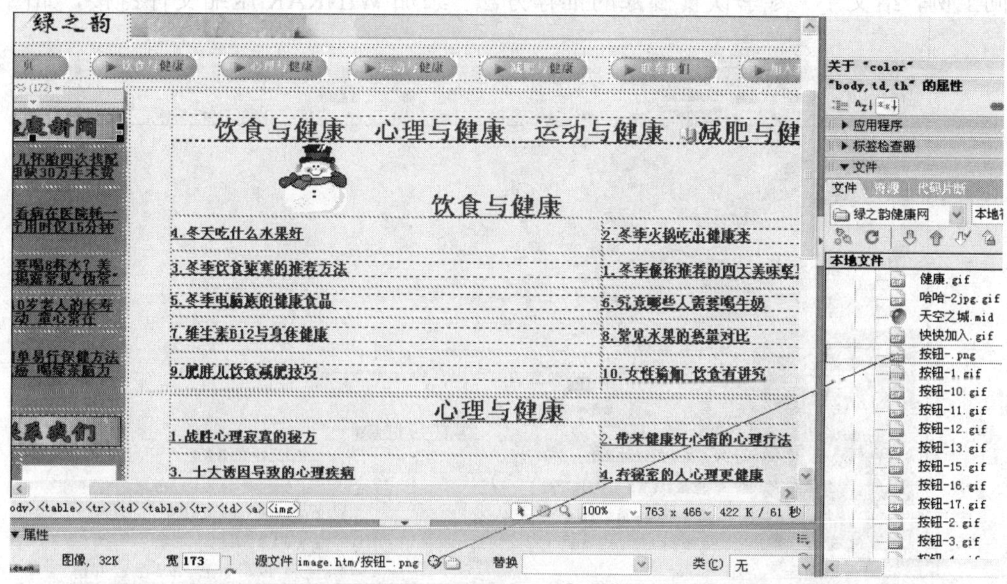

图 4-11　快速建立图像热区链接

快速建立文字内部链接方式相似，如图 4-12 所示。

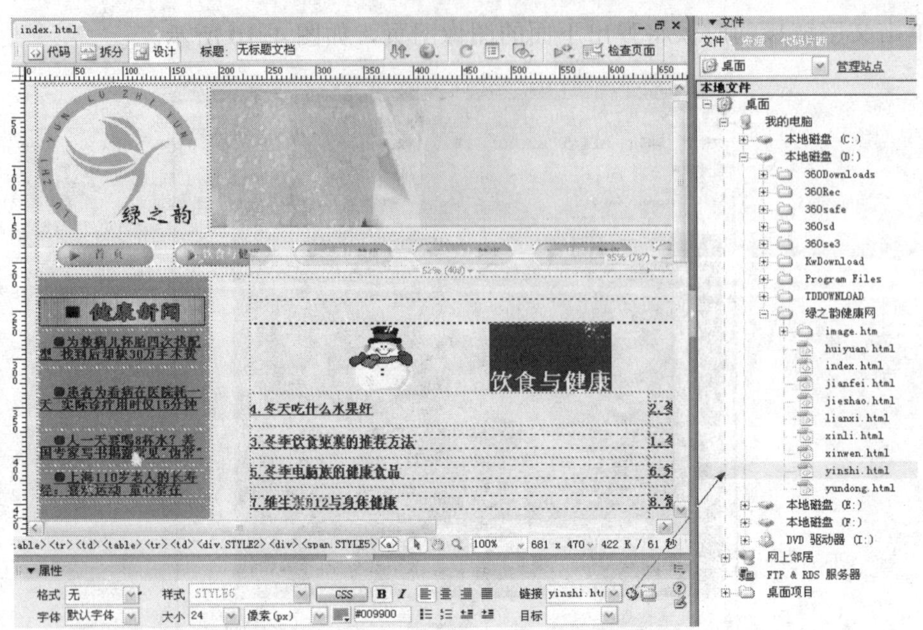

图 4-12　快速建立文字内部链接

4.1.3　创建下载链接

如果链接的文件是 ZIP 等压缩文件，浏览器不能进行识别，通常会弹出“下载文件”对话框，提示用户下载文件。也就是说，当被链接的文件是 EXE 文件或 ZIP 文件等浏览器不支持的类型时，这些文件会被下载，这就是网上下载的方法。链接到下载文件的方法，和链接到网页的方法完全一样。

同上例，给文字“冬季饮食御寒的推荐方法”添加 WINRAR 压缩文件链接，如图 4-13 所示。

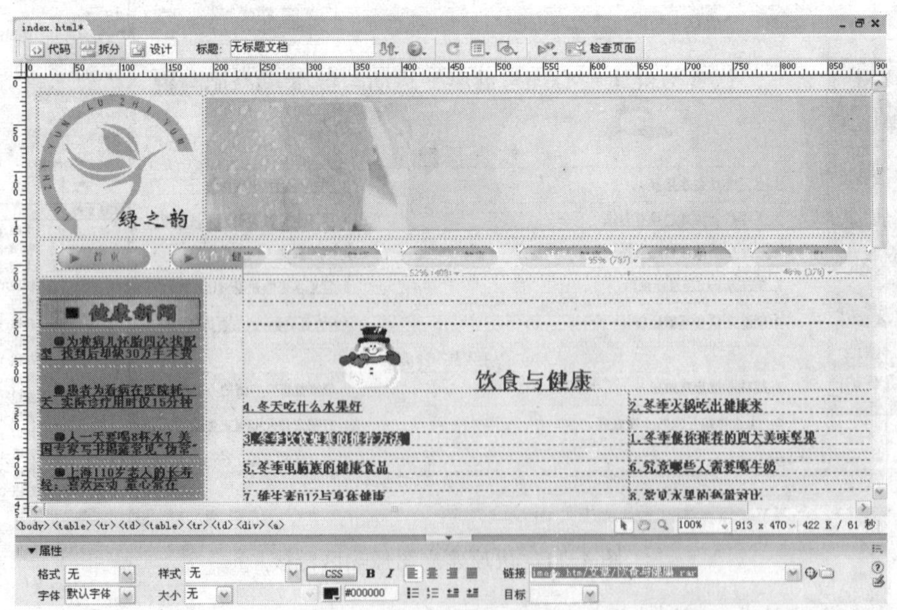

图 4-13　选择文字

当单击文字链接将弹出如图 4-14 所示的对话框。

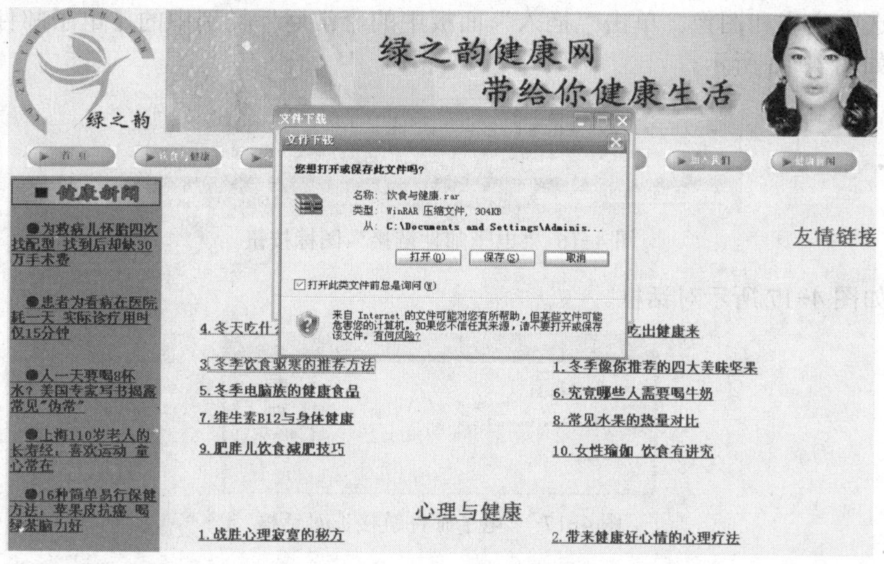

图 4-14 “文件下载”对话框

注意：一定要将“饮食与健康.rar”文件保存在站点根文件夹下。

4.1.4 添加邮件链接

许多网页会在最下方留下作者或公司的 E-mail 地址，当网友对网站有建议时可以直接单击 E-mail 超链接，给网站相关人员发邮件。E-mail 超链接既可以建立在文字上，也可以建立在图片上。

创建 E-mail 链接也有不同的方法，分别介绍如下。

1. 直接键入地址

选中对象，然后在“属性”面板里的“链接”文本框中直接输入“mailto:”和邮件地址即可，如前面提到的 E-mail 链接，如图 4-15 所示。

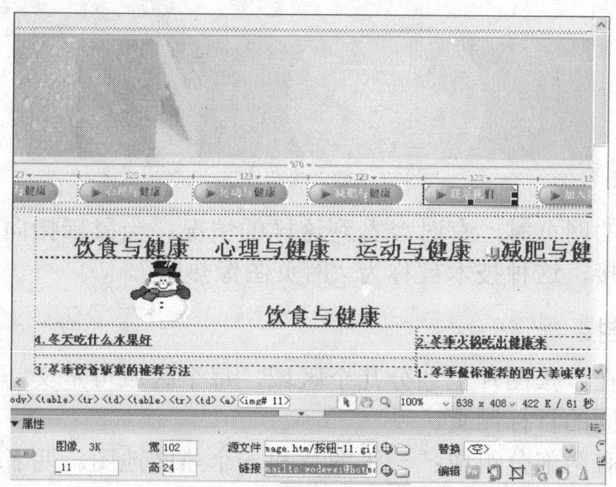

图 4-15　E-mail 链接

2. 使用 E-mail 链接对话框

首先选中文本和图像。单击"插入"面板中的"常用"类别中的【电子邮件链接】图标按钮，如图 4-16 所示。

图 4-16 "电子邮件链接"图标按钮

弹出如图 4-17 所示对话框。

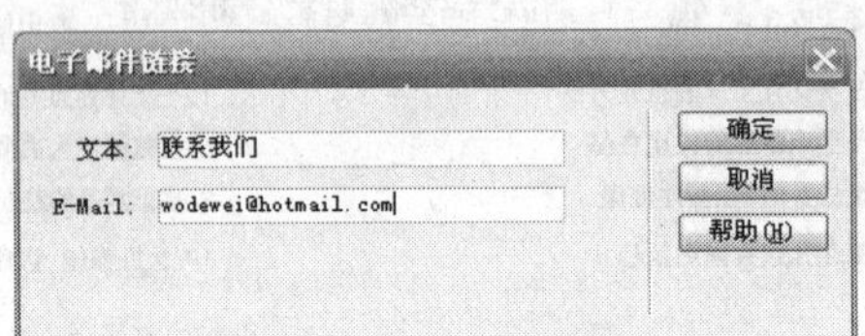

图 4-17 "电子邮件链接"对话框

在该对话框的"文本"框内输入要链接的文本，然后在"E-mail"文本框内输入邮箱地址，再单击【确定】按钮。

4.2 任务二 导航栏的制作——创建"绿之韵"页面导航栏

任务分析

对整个图像进行链接比较简单，同前面给文本添加超级链接操作相似，只是在开始的时候选定的对象变成了整个图像。如果要对图像的局部进行链接，则需要先创建用于链接的热区。

相关知识

1. 网页图像热区

当打开带有图片的网页时，有时会看到这样的情况：当鼠标指向图片的不同部位时，可以打开不同的超链接，这种技术被称为"网页图像热区"。

2. 图像热区超链接

图像热区超链接在一张图片上划分几个区域，每个区域可定义一个超链接，用户单击不同的区域可转向不同的目标网页。

图像热区超链接有两部分组成：一张图片和一个热区地图。两者通过一个共同的名字相关联。

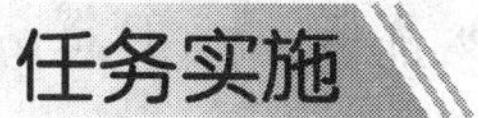

4.2.1　图像热点链接

（1）图像地图

图像地图是指已被分为多个区域（热点）的图像。当用户单击某个热点时，会发生某种操作。创建图像地图具体方法如下：

1）选中图像；

2）在图像“属性”面板中，使用热区工具（矩形、椭圆、多边形），在图像上划分热区；

3）为绘制的每一个热区设置不同的链接地址和替代文字。

（2）创建链接热区

首先在页面中插入一幅合适的图像，选定图像后，在对应的图像“属性”面板中选用热区工具创建热区。

热区工具□○▽，分别是绘制矩形、绘制圆形、绘制不规则图形，如图 4-18 所示。

图 4-18　用热区工具创建热区

注意：

1）只能在图像内部才能绘制热区，完成绘制的热区还可以用小箭头工具对热区进行大小和位置的调整。比如图 4-18 中手肘部分的三角形选区就是用调整不规则图形而得来的。

2）用鼠标选定其中一个热区后，在下面会出现相应的热区“属性”面板，如图 4-19 所示。

图 4-19　热区“属性”面板

- 链接：在该窗口只设置热区链接的 URL 地址。
- 目标：在其后的文本框中设置链接的打开方式（后面将会详细讲到）。
- 替换：在其后的文本框中设置热区的替代文字。

选择各热区，可依次将各热区设置成所需要的超链接。

3)由创建热区这种方法所设置的图像局部链接在实际网页浏览中是不会直接显示出来的，只有当鼠标移动到所创建的热区之后，单击鼠标左键，才能实现链接并跳转到另外的网页文档中。

4.2.2　锚记链接

前面在讲链接分类的时候提过锚记链接，这里来详细讲解它的制作，在制作之前先看一个页面，如图 4-20 所示。

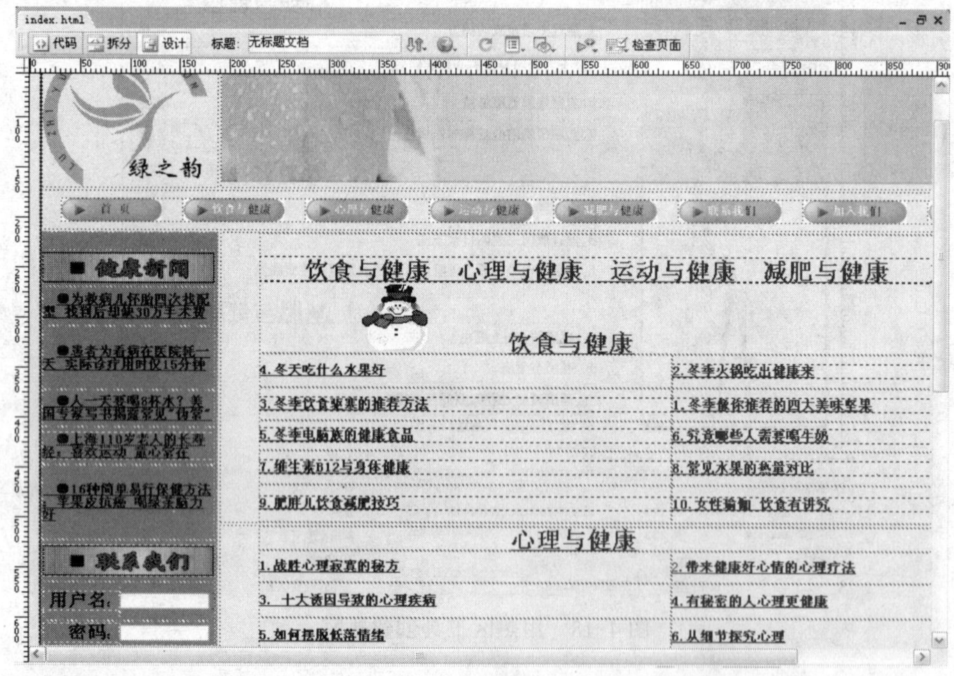

图 4-20　“绿之韵”网页

从右面的滚动条就可看出，这个页面非常长，这么长的页面阅读起来一般会遇到一个问题，即当看到页尾后，想返回到页首时，一般都是拖动右边的滚动条，操作起来比较烦琐，有没有好的办法解决这个问题呢？下面要讲的锚记链接就是来解决这个问题的。

创建锚记链接的方法如下：

1）将光标放置于要插入锚点的地方，这里放到标题“减肥与健康”前面。（锚记放在这里，等在页尾建立好锚记链接，单击将回到放锚记的位置）然后在“常用”类别中单击【命名锚记】按钮，如图 4-21 所示。

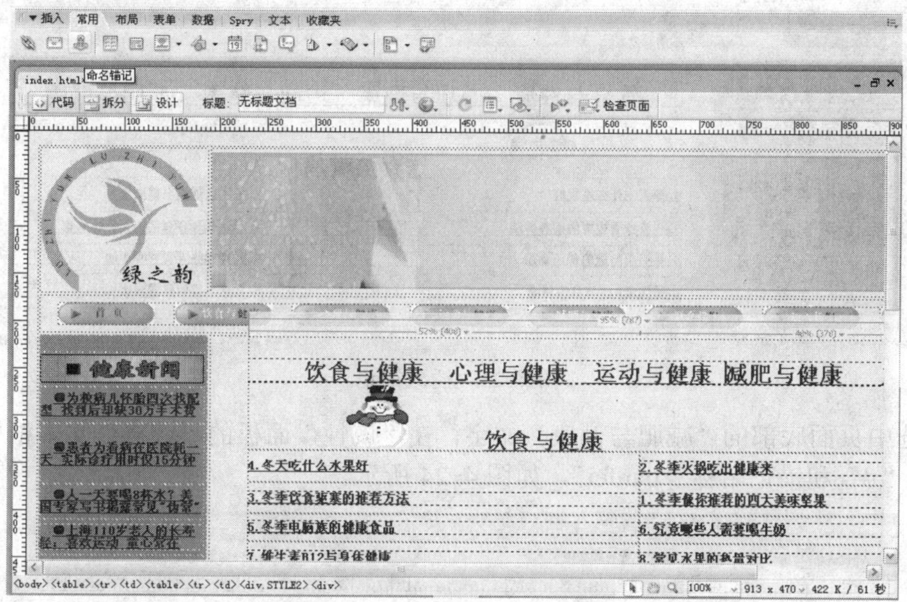

图 4-21　创建锚记链接

2）之后将弹出如图 4-22 所示的“命名锚记”对话框。

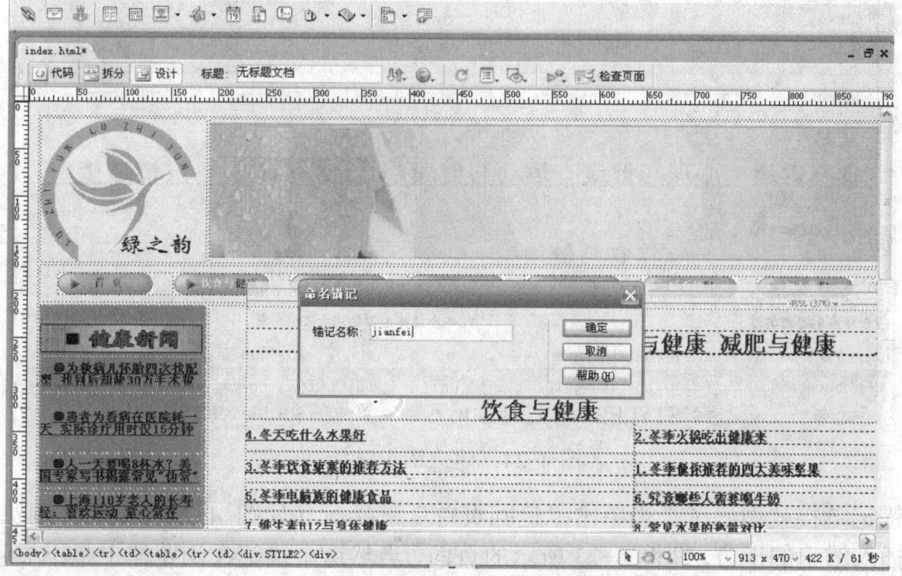

图 4-22 “命名锚记”对话框

3）将锚记命名为“jianfei”，然后单击【确定】按钮，刚才插入锚记的地方（也就是“插入点”）将变成如图 4-23 所示。

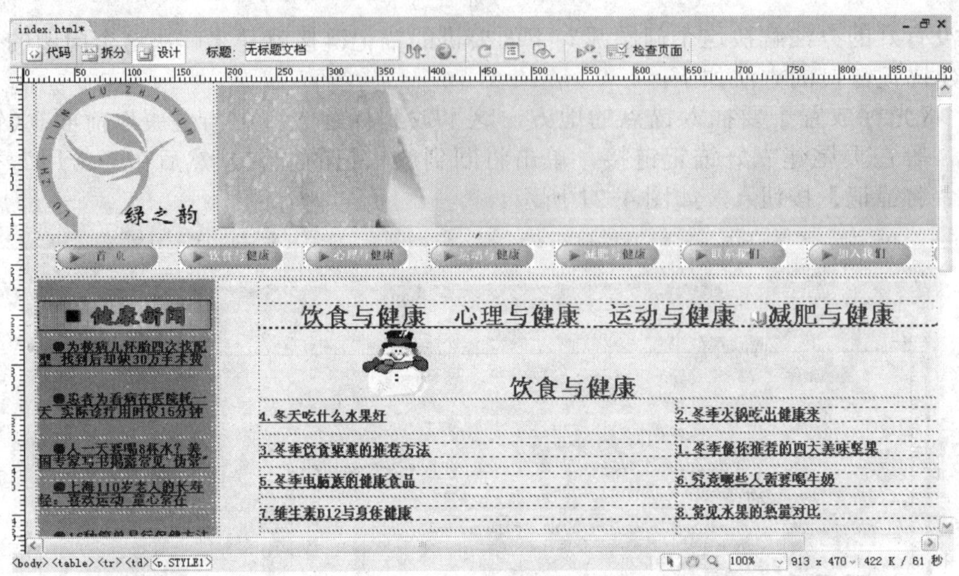

图 4-23　插入锚记

4）选中页面底部的“减肥与健康”文字，在“属性”面板的“链接”文本框中，输入一个符号“#”和锚记名称“jianfei”，如图 4-24 所示。

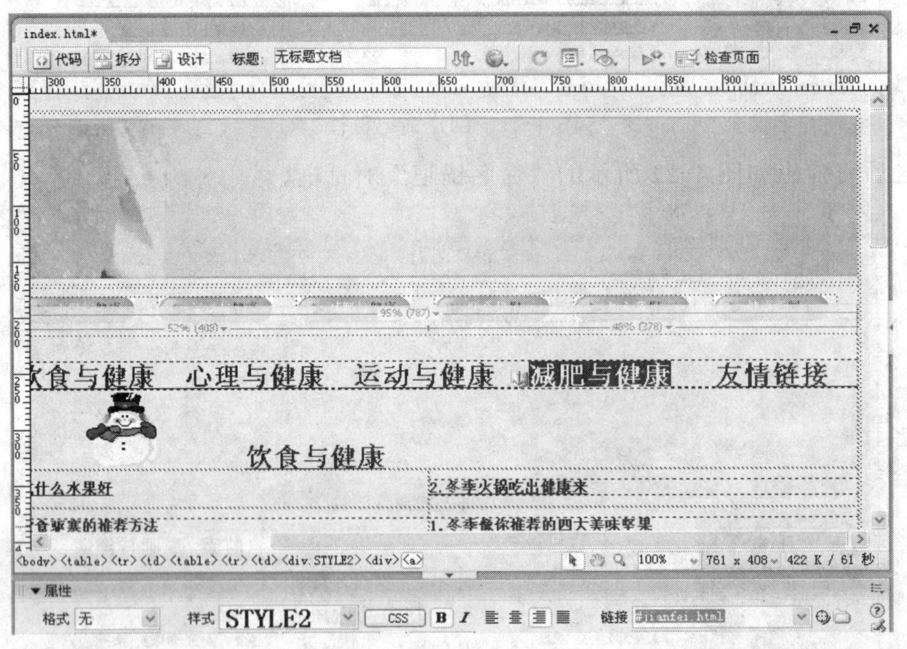

图 4-24　建立锚记链接

这样锚记链接就做好了，当单击“返回页首”链接时（如图 4-25 所示），浏览器将回到本页当初插入锚记的地方，即图 4-23 所示的页面，当然这个锚记在浏览器中是不显示出来的。

如果要链接的目标是本站中其他页面（如 Untitled-1.htm）的某个特定位置，那就在 Untitled-1 页面的特定位置加入锚记（如锚记名称为“news”），然后回到本页选择目标，再在“属性”面板的“链接”文本框中输入“Untitled-1.htm#news”即可。

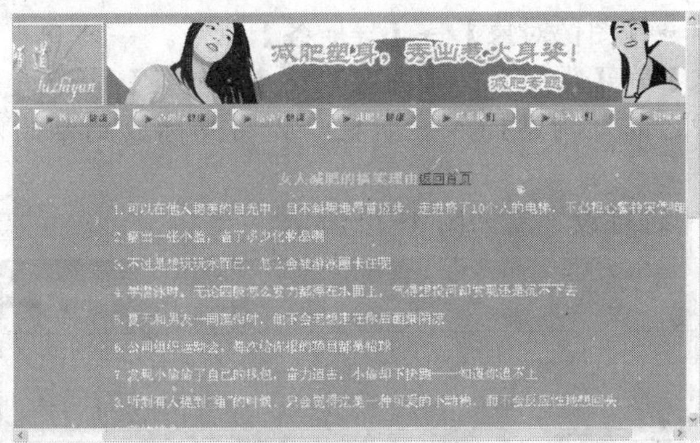

图 4-25　锚记链接返回

4.2.3　创建空链接

空链接用来激活页面中的对象或文本。当文本或对象被激活后，可以为之添加行为。具体操作方法如下：

选中要制作空链接的对象，在链接文本框中直接输入“#”。

在一般站点首页的导航栏中的首页链接，就可以是一个空链接。

4.2.4　创建跳转菜单

跳转菜单是文档中的弹出式菜单，可创建到可在浏览器中打开的任何文件类型的链接。具体操作方法如下：

1）选择菜单栏中的【插入栏】→【表单】→【跳转】命令。

2）在“插入跳转菜单”对话框中，单击“+”号添加菜单项。

3）在“选择时，转到 URL”文本框中，输入该文件的路径即可（模块七中会进行详细介绍）。

4.2.5　设置超级链接目标窗口

讲了这么多链接，不知有没有注意到“属性”面板的“链接”文本框下面基本上都有一个“目标”下拉列表，它是起什么作用的呢？大家平时在上网的时候，有没有注意到单击链接的时候，为什么有的是在新窗口打开页面，有的只是在原窗口打开页面呢？

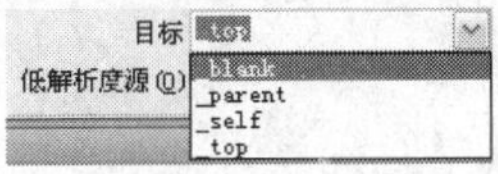

图 4-26　链接目标窗口

这个“目标”下拉列表就是设置这个选项的。

超级链接目标窗口如图 4-26 所示，有 4 个属性。

- _blank：新打开的空窗口。
- _parent：如果是嵌套的框架，则在父框架中打开。
- _self：会在当前网页所在的窗口或框架中打开。
- _top：会在完整的浏览器窗口中打开。

如果是在无框架的页面中，设置_parent，_self 和_top 的效果是一样的。

4.2.6　导航栏的制作

导航条中按钮图像的状态可以根据浏览者的鼠标动作而改变。具体操作方法如下：

1）将光标定位到要插入导航条的位置。

2）选择【插入】→【图像对象】→【导航条】命令。

3）或选择【插入】→【常用】→【图像】→【导航条】命令。

下面为实例“绿之韵”网站插入导航栏。先将光标放到要插入导航条的位置，如图 4-27 所示。

在弹出的对话框中进行设置，如图 4-28 所示。

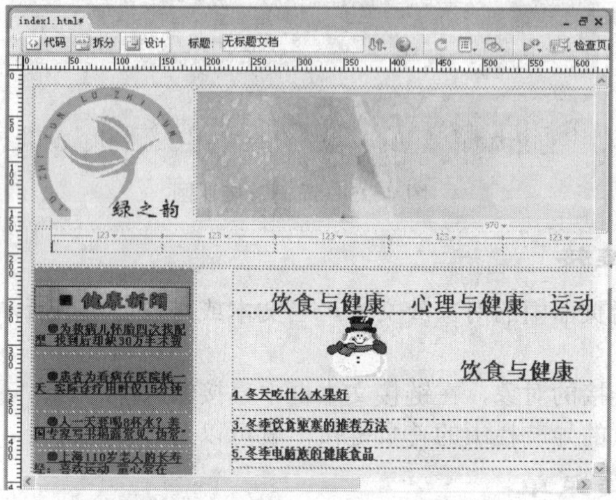

图 4-27　光标定位到要插入导航条的位置

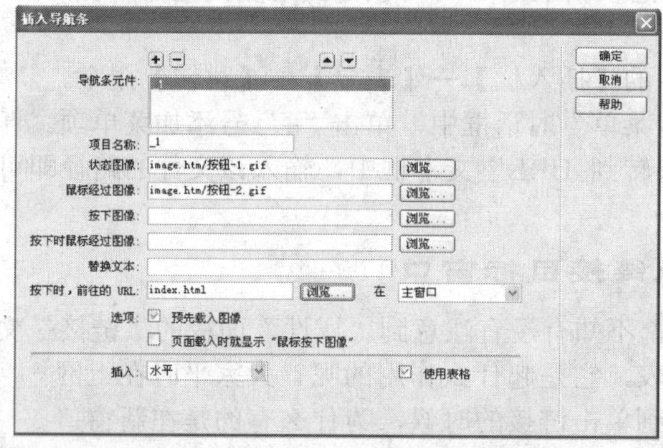

图 4-28 “插入导航条”对话框

在“插入导航条”对话框中可以进行如下设置。

- 项目名称：可以输入导航条名称。所输入的名称将在“导航条元件”列表中显示，用于调整导航条中各元素的显示次序。
- 状态图像：表示图像为页面载入时的初始图像。
- 鼠标经过图像：表示图像为鼠标移到【导航条】按钮上时所显示的图像。
- 按下图像：表示图像为单击【导航条】按钮时所显示的图像。
- 按下时鼠标经过图像：表示图像为单击【导航条】按钮后将光标移去时所显示的图像。
- 替换文本：输入该导航条按钮的替换文字。
- 按下时，前往的 URL：输入要链接的网页地址，并在右侧的下拉列表框中，选择在何处打开要链接的网页。
- 选项：包括两个复选框。如果要在导航条上显示“按下时鼠标经过图像”的图像，可选中“页面载入时就显示‘鼠标按下图像’”复选框。

单击【确定】按钮得到的效果图如图 4-29 所示。

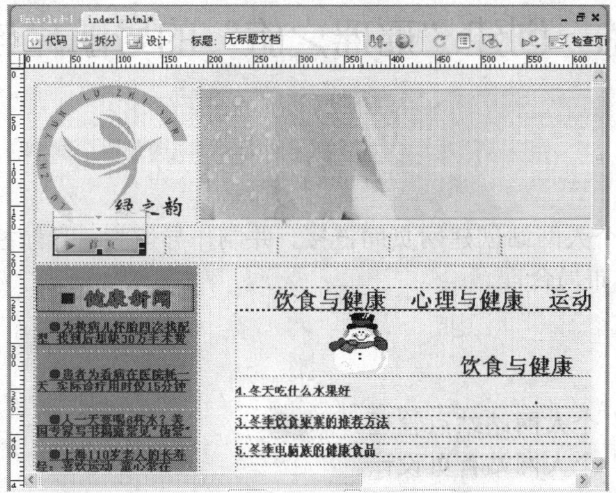

图 4-29　插入导航条后效果图

如果已插入导航栏，还可以进行修改，操作方法同上，不过弹出的将是“修改导航条”对话框，如图 4-30 所示。

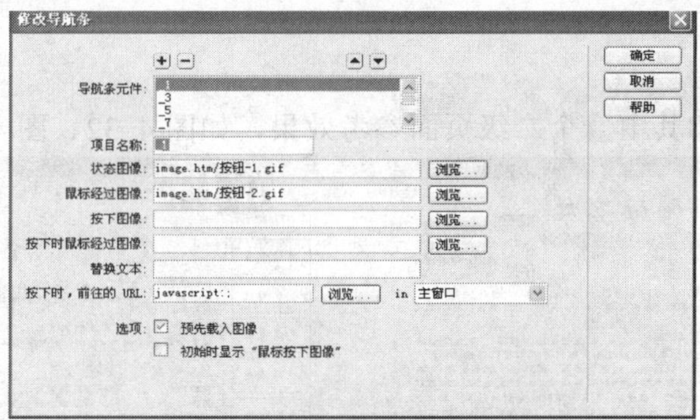

图 4-30　“修改导航条”对话框

可以重新选择所要插入的导航条按钮，效果如图 4-31 所示。

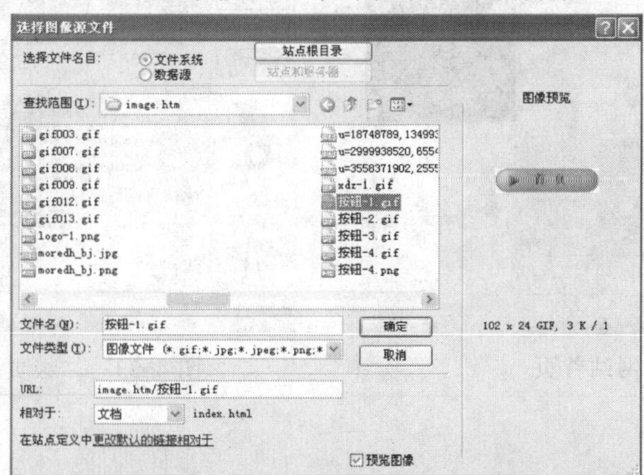

图 4-31　“选择图像源文件”对话框

4.3 拓展训练 创建“瑶瑶之旅”的导航栏与网页间链接

设计要求

为“瑶瑶之旅”个人网站创建网页间链接，并制作导航栏，导航栏设计可以体现个性。要求页面链接流畅，布局合理。

设计思路

1）“瑶瑶之旅”个人网站站点管理。
2）“瑶瑶之旅”个人网站首页设计。
3）“瑶瑶之旅”个人网站二级页面设计。
4）制作导航条。
5）创建网页间链接。

参考效果

以下是网站首页和其中一个二级页面参考效果，如图 4-32、图 4-33 所示。

图 4-32 网站首页

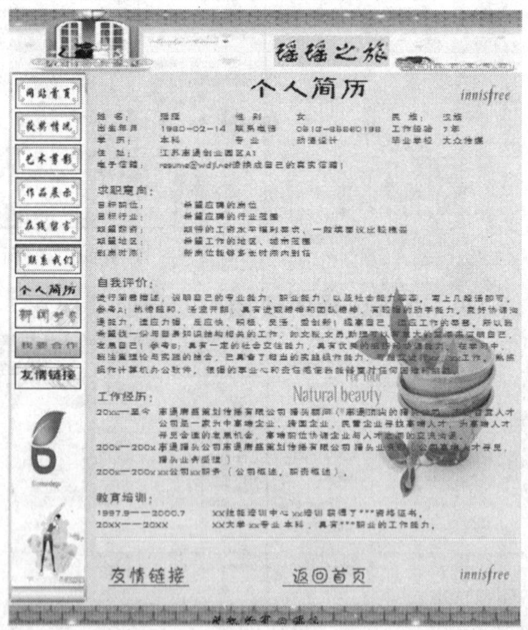

图 4-33 二级页面之个人简历

模块五

布局美化页面

模块 教学目标

设计首页的第一步是设计版面布局，就像传统的报纸杂志编辑一样，将网页看做一张报纸或一本杂志来进行排版布局。本模块以 3 个案例任务为载体，通过对网页布局的不同方法，使学生能掌握如何使用层布局网页，如何使用框架布局网页，如何使用 CSS 样式表布局网页元素以及美化页面的方法。

模块 教学重点

1）掌握如何描绘层和插入层，如何选择层和激活层；掌握层的属性设置方法，如何调整层的大小和位置；掌握在层中输入文本和插入图像的方法；掌握嵌套层的创建；了解层与表格之间的相互转换方法。

2）掌握在网页中创建框架、为框架命名、导入框架源文件的操作方法；掌握如何保存框架集文件和各个框架操作文件；掌握设置框架集属性和框架属性的操作方法；掌握编辑框架内容的操作方法；了解设置超级链接的操作方法。

3）定义CSS样式；编辑CSS样式；使用CSS样式表布局网页元素以美化网页。

模块 教学难点

1）使用层布局网页。

2）使用框架布局网页。

3）使用CSS样式表布局网页元素以美化网页。

5.1 任务一 使用层布局网页——创建“拼图游戏”页面

任务分析

通过对“拼图”游戏网站的制作，理解层的概念，体会应用层布局网页具有定位精确、插入灵活、加速浏览和可以叠加等优势；掌握如何描绘层、插入层、选择层和激活层；掌握层的属性设置方法，调整层的大小和位置；掌握在层中输入文本和插入图像的方法；掌握嵌套层的创建；了解层与表格之间的相互转换方法。最终效果如图 5-1 所示。

图 5-1 最终效果图

相关知识

1. 层的概念

层是制作网页时经常用到的对象，在控制页面布局方面，层要比表格更加的灵活，例如需要在文字上插入一幅图像时，可以用层来实现。层体现了网页技术从二维空间向三维空间的一种延伸，也是一种新的发展方向。Dreamweaver CS3 中的层是一种页面元素，用于控制页面中对象的精确位置，可以将它放置于页面上的任意位置。层可以包含文本、图像、表单、插件或者其他任何可在 HTML 文档正文放入的内容。层和表格可以互相转换。

层作为网页中的一个区域，既可以显示、隐藏、重叠和嵌套，也可以使用行为来控制层的显示与隐藏，还可以使用时间轴移动层或改变层的内容。层为网页制作提供了更多的选择和更快捷的途径。

2．表格

表格是网页制作中最为重要的一个对象，因为通常网页都是依靠表格来进行版面布局和各元素组织的，它直接决定了网页是否美观，内容组织是否清晰，合理地利用表格可以方便地美化页面。

3．网页的布局

设计首页的第一步是设计版面布局。就像传统的报纸杂志编辑一样，将网页看做一张报纸或一本杂志来进行排版布局。虽然动态网页技术的发展使得我们开始趋向于学习场景编剧，但是固定的网页版面设计基础依然是必须学习和掌握的。它们的基本原理是共通的，读者可以领会要点，举一反三。版面指的是浏览器看到的完整的一个页面（可以包含框架和层）。因为每个人的显示器分辨率不同，所以同一个页面的大小可能出现640×480像素，800×600像素，1024×768像素等不同尺寸。布局，就是以最适合浏览的方式将图片和文字排放在页面的不同位置。目前网络上常见的版面布局形式有以下几种：

1）“T”形布局。所谓“T”形，就是指页面顶部为横条网站标志广告条，下方左面为主菜单，右面显示内容的布局，因为菜单条背景较深，整体效果类似英文字母“T”，所以称之为“T”形布局。这是网页设计中用的最广泛的一种布局方式。这种布局的优点是页面结构清晰、主次分明，是初学者最容易上手的布局方法。缺点是规矩呆板，如果细节色彩上不注意，很容易让人“看之无味”。

2）“口”形布局。这是一个象形的说法，就是页面一般上、下各有一个广告条，左面是主菜单，右面放友情链接等，中间是主要内容。这种布局的优点是充分利用版面，信息量大。缺点是页面拥挤，不够灵活。也有将四边空出，只用中间的窗口型设计，如网易壁纸站。

3）“三”形布局。这种布局多用于国外站点，国内较少使用。特点是页面上横向两条色块，将页面整体分割为4部分，色块中大多放广告条。

4）对称对比布局。顾名思义，采取左右或者上下对称的布局，一半深色，一半浅色，一般用于设计型站点。优点是视觉冲击力强，缺点是将两部分有机地结合比较困难。

5）POP布局。POP引自广告术语，就是指页面布局像一张宣传海报，以一张精美图片作为页面的设计中心。常用于时尚类站点，如ELLE.com。其优点显而易见，漂亮且吸引人；缺点就是速度慢。作为版面布局还是值得借鉴的。

任务实施

5.1.1　描绘层和插入层、选择层和激活层

（1）描绘层和插入层

“层”在Dreamweaver中指的是带有定位CSS样式的“div”或“span”代码。“层”的特点是使用方便，能轻松地使用“层”来布局网页。在使用“层”布局页面的时候，需要根据参照对象描绘“层”，也需要精确掌控“层”的大小。下面介绍一个操作实例。

1）打开一个页面，选择菜单栏中的【修改】→【页面属性】命令，在“页面属性”对话框中，选择“跟踪图像”，如图5-2所示。

2）这个跟踪图像将作为“层”布局网页的参照对象，如图5-3所示。

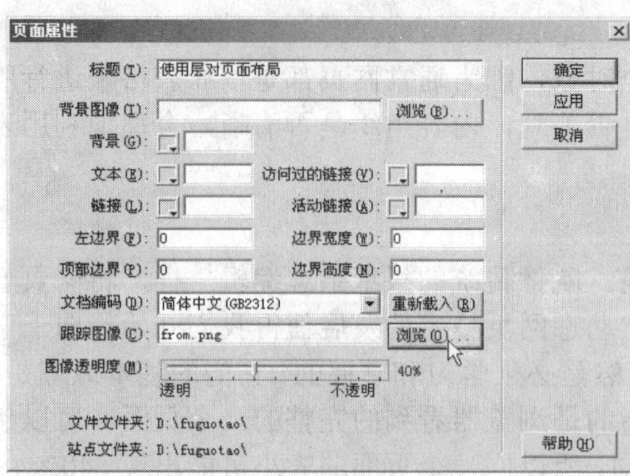

图 5-2 “页面属性”对话框

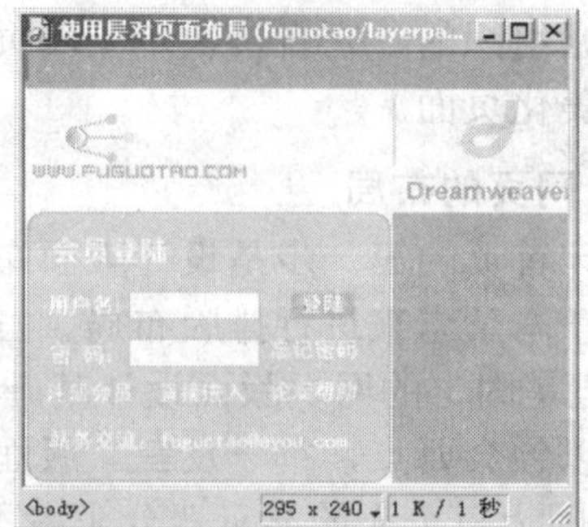

图 5-3 跟踪图像

3）选择【查看】→【标尺】→【显示】命令，打开标尺，如图 5-4 所示。

4）选择【查看】→【网格】→【网格设置】命令，如图 5-5 所示。

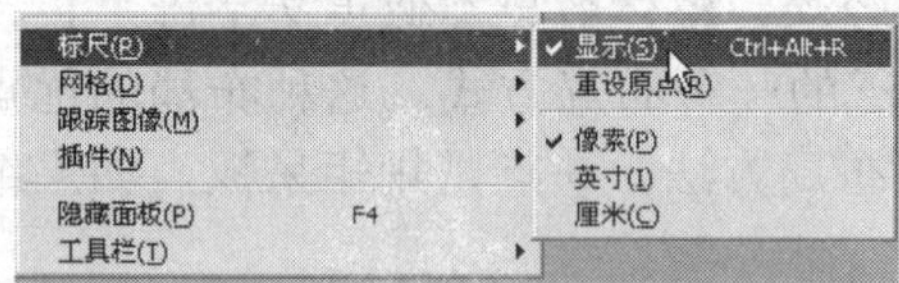

图 5-4 显示标尺

图 5-5 网格设置

5）在“网格设置”对话框中，勾选“显示网格”和“靠齐到网格”复选框，如图 5-6 所示。

6）为了防止“层”重叠，需要打开“层”面板。选择【窗口】→【其他】→【层】命令，打开“层”面板，如图 5-7 所示。

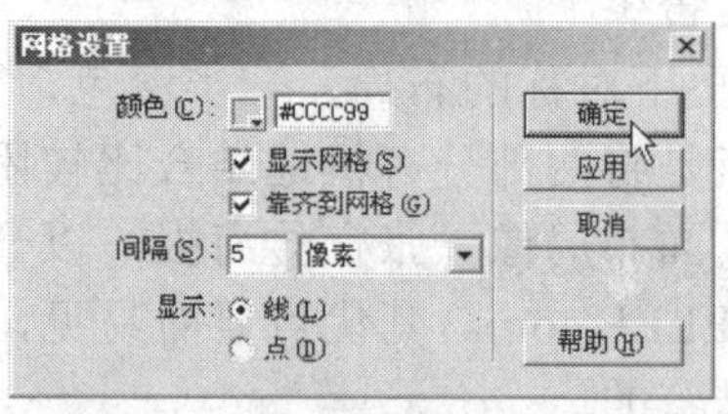

图 5-6 “网格设置”对话框

图 5-7 打开“层”面板

7）在“层”面板中，选中【防止重叠】复选框，如图 5-8 所示。

8）现在开始描绘层。单击“插入”面板的“常用”类别中的【描绘层】图标按钮，如图 5-9 所示。假如要连续描绘多个“层”，按住【Ctrl】键。

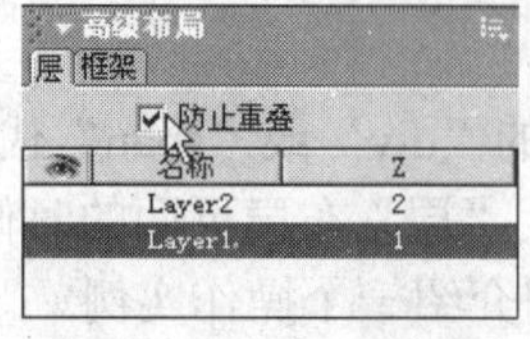

图 5-8 防止重叠

图 5-9 【描绘层】图标按钮

9）在文档中，参照“跟踪图像”、“标尺”、“网格”，按住【Ctrl】键描绘层，描绘的层对齐到网格，就能够精确控制层的大小。

使用页面背景图像：描绘层生成的页面，使用的是默认对齐，页面居左。为了适应大多数分辨率的显示器，“层”布局所占的页面大小，能够使用宽 770 像素×高 600 像素。可以选择一种恰当的背景颜色或一个小尺寸的图片作为背景，假如要选择单一图像作为页面的背景图像，能够选择宽 1600 像素×高 1924 像素的 GIF 图片，这是个粗略值，在大多数分辨率下，都会感觉网页内容很充实。

假如要使用单一的大图片作为页面背景图像，并且背景图像内容很多，就无需再配置“跟踪图像”了。使用“层”布局也会更简单，只需要描绘出放置文字内容、表单、链接、图像的层就足够了。

（2）选择层和激活层

在文件夹中新建文件，在文件中插入两个层。选择层有如下 3 种方法。

1）单击层边框，选择一个层，如果要选择多个层，按住【Shift】键的同时单击层的边框即可。

2）单击【确定】按钮，在设计窗口中显示两个“层锚记”，这些“层锚记”就是层标识符。“层锚记”的主要作用是在同一个网页内不同层之间进行跳转链接。用鼠标单击每个“层锚记”，即可在两个层之间跳转。

3）在“层”面板中单击层的名称，如果要选多个层，按住【Shift】键的同时，单击每个层的名称。

5.1.2　设置层属性、调整层的大小和位置

（1）设置层属性

当选择一个层时，层的“属性”面板中将显示该层的属性。查看和设置层属性，操作步骤如下：

1）在设计窗口中选中一个层。

2）在“属性”面板中，单击右下角的展开箭头，以查看层的所有属性。箭头向上表示层的“属性”面板展开，箭头向下表示层的“属性”面板未展开。

3）根据需要设置层的属性，按【Tab】键或【Enter】键确定。

“属性”面板中各选项的功能如下。

- 层编号：此下拉列表框用于指定一个名称，以便在“层”面板和 JavaScript 代码中标识该层。只应使用标准的字母数字字符，而不要使用空格、连字符、斜杠或句号等特殊字符。每个层都必须有它自己的唯一编号，如果不输入编号，则为默认的 Layer*（其中*号是随插入的层的多少依次递增）。
- 左（L）、上（T）：这两个文本框用于指定层的左上角相对于页面（如果嵌套，则为父层）左上角的位置。
- 宽（W）、高（H）：这两个文本框用于指定层的宽度和高度。如果层的内容超过指定大小，层的底边缘会延伸以容纳这些内容。（如果“溢出”，属性没有设置为“可见”，那么当层在浏览器中出现时，底边缘将不会延伸。）
- Z 轴（Z）：此文本框用于确定层的 Z 轴。在浏览器中，编号较大的层出现在编号较小的层的前面。值可以为正，也可以为负。当更改层的堆叠顺序时，使用“层”面板要比输入特定的 Z 轴值更为简便。
- 可见性（V）：此下拉列表框用来指定该层最初是否是可见的还是不可见的。这里

有 4 个选项，分别是“默认”、“继承”、“可见”和“隐藏”。

● 背景图像（I）：此文本框用于指定层的背景图像，单击其文件夹图标可浏览到一个图像文件并将其选定。

● 背景颜色（C）：此选项用于指定层的背景颜色，如果不设置此选项，则可以指定为透明的背景。

● 类（C）：此下拉列表框用于为层选择相应的 CSS 样式。

● 溢出：此下拉列框用于控制当层的内容超过层的指定大小时，如何在浏览器中显示层。

● 剪辑：此选项组用于定义层的可见区域。指定左侧、顶部、右侧和底边坐标可在层的坐标空间中定义一个矩形（从层的左上角开始计算）。层经过剪辑后，只有指定的矩形区域才是可见的。例如，若要使一个层的左上角为 50 像素宽、75 像素高的矩形区域可见，而其他内容均不可见，则将“左”设置为 0，“上”设置为 0，“右”设置为 50，“下”设置为 75。

（2）调整层的大小和位置

可以单个调整层的大小，也可以同时调整多个层的大小，以使层具有合适的宽度和高度。

调整单个层的大小，操作步骤如下：首先在设计窗口中，选择一个层，然后选择以下方法之一，调整层的大小。

1）通过拖动该层的调整柄调整大小。

2）若要一次调整一个像素的大小，在按住【Ctrl】键的同时，按下方向键移动层的右边框和下边框。

3）按网格靠齐增量来调整大小，在按住【Shift＋Ctrl】键的同时，按下方向键移动层的右边框和下边框调整大小。

4）在属性面板中，输入“宽度（W）”和“高度（H）”的值。

同时调整多个层的大小，操作步骤如下：

1）在设计窗口中，选择多个层。

2）在“属性”面板中的“多个层”中输入“宽度（W）”和“高度（H）”值，这些值将应用于所有选定层。

5.1.3 在层中输入文本和插入图像

先在层内的任何地方单击鼠标左键激活层，此时光标位于层内，然后在激活的层中输入文本或插入图像即可。

注意：

1）如果要移动层，必须选择层；如果需要在层中插入图像或输入文字，则必须激活该层，层选择状态和激活状态外观上有一定的区别。

2）层既可设置背景图像，也可以在层中插入图像。

5.1.4 嵌套层的创建

创建嵌套层有如下两种方法。

方法一：

1）选择层“Layer1”。

2）在 Dreamweaver CS3 主窗口中，选择菜单栏中的【插入】→【布局对象】→【层】命令。

3）在层“Layer1”中会自动插入一个的层，该层命名为“Layer3”。“Layer1”是父层，“Layer3”是子层，也即“Layer1”的嵌套层。

4）选择层“Layer3”，利用层的“属性”面板设置层 Layer3 的属性。在“Layer1”层中插入嵌套层“Layer3”，嵌套层“Layer3”的属性设置要求如下：

- 层“Layer3”的“宽”设置为“420px”，“高”设置为“340px”。
- 层“Layer3”的“左”设置为“60px”，“上”设置为“100px”。
- 层“Layer3”的可见性设置为“default”。

方法二：

1）先创建父层，然后将光标置于父层中，在 Dreamweaver CS3 主窗口中，选择菜单栏中的【插入】→【布局对象】→【层】命令，即可创建嵌套层。

2）利用“层”面板创建嵌套层，在“层”面板选中作为子层的层，按住【Ctrl】键，将选中的子层拖动到要作为父层的层上，释放鼠标即可创建嵌套层。

5.1.5 层与表格之间的相互转换

（1）将层转换为表格

层虽然应用方便，能够灵活、精确地定位页面元素，但是，如果使用低版本的浏览器浏览页面，页面将不能正确显示。在这种情况下，网页就不能存在层，必须通过 Dreamweaver CS3 的功能将层转化为表格。操作步骤如下：

1）在“渊博书屋”站点上新建一个文件 Untitled-7.htm，在设计窗口中插入两个层。

2）选择菜单栏中的【修改】→【转换】→【层到表格】命令，弹出“转换层为表格”对话框。

此对话框中各选项的功能如下：

- 最精确（A）：选中此单选按钮时，为每一个层建立一个表格单元，以及为保持层与层之间的间隔所需的附加单元格。
- 最小：合并空白单元（S）：选中此单选按钮时，如果几个层被定位在指定的像素值之内，那么这些层的边缘就要对齐。在该项下方的文本框内输入数值可以指定最小的像素值。选择该项的优点是生成的表格空行和空列最少。
- 使用透明 GIF（T）：选中此复选框时，可以强制用透明的 GIF 图像填充表格的最后一行。这样做可以让表格在所有浏览器中的显示结果都一样。值得注意的是，选中该复选框将不可能拖动由层转换生成的表格的列来改变表格的大小。
- 置于页面中央（C）：选中此复选框时，可使生成的表格在文档中居中对齐。不选中该复选框时，表格的默认对齐方式是左对齐。
- 防止层重叠（P）：选中此复选框时，可防止出现层重叠的情况。
- 显示层面板（L）：选中此复选框时，可以在完成层转换表格后显示“层”面板。
- 显示网格（G）：选中此复选框时，可以在完成层转换表格后显示网格。
- 靠齐到网格（N）：选中此复选框时，可以启用对齐网格功能。

3）设置相应的选项后，单击【确定】按钮，层转换为表格就完成了。

（2）将表格转换为层

通过前面讲述已经知道，使用表格对页面进行调整很麻烦，如果把表格布局转换为层布局，就用层可随意拖动的优点来调整布局。

操作步骤如下：

1）在“渊博书屋”站点上新建一个表格文件 Untitled-8.htm。

2）选择菜单栏中的【修改】→【转换】→【表格到层】命令，弹出“转换表格为层”对话框。

此对话框中的各选项功能如下：

- 防止层重叠（P）：选中该复选框时，防止层在创建、移动和调整时互相重叠。
- 显示层面板（L）：选中该复选框时，在完成表格转换后显示“层”面板。
- 显示网格（G）：选中该复选框时，在完成表格转换后显示网格。
- 靠齐到网格（S）：选中该复选框时，启用靠齐到网格功能。

3）选择“布局工具”中的复选框，单击【确定】按钮，即可将表格转换为层。

5.1.6 使用层布局网页案例

（1）在 Photoshop 里先制作出拼图的切图操作

1）选择“切片选取工具”，单击【划分切片】按钮，如图 5-10 所示。

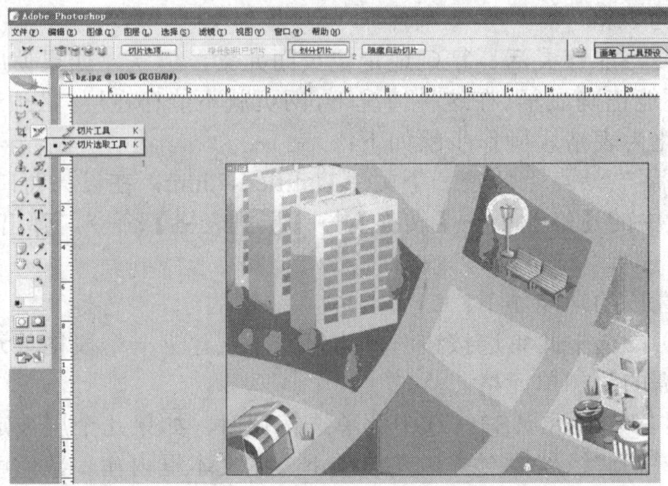

图 5-10 选择“切片选取工具”

2）随意设置划分数量，如图 5-11 所示。

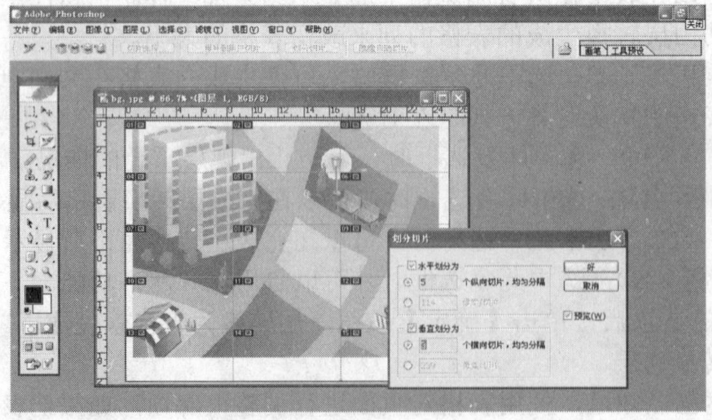

图 5-11 设置划分数量

3）在【文件】菜单中选择【存储为 Web 所用格式】命令，如图 5-12 所示。

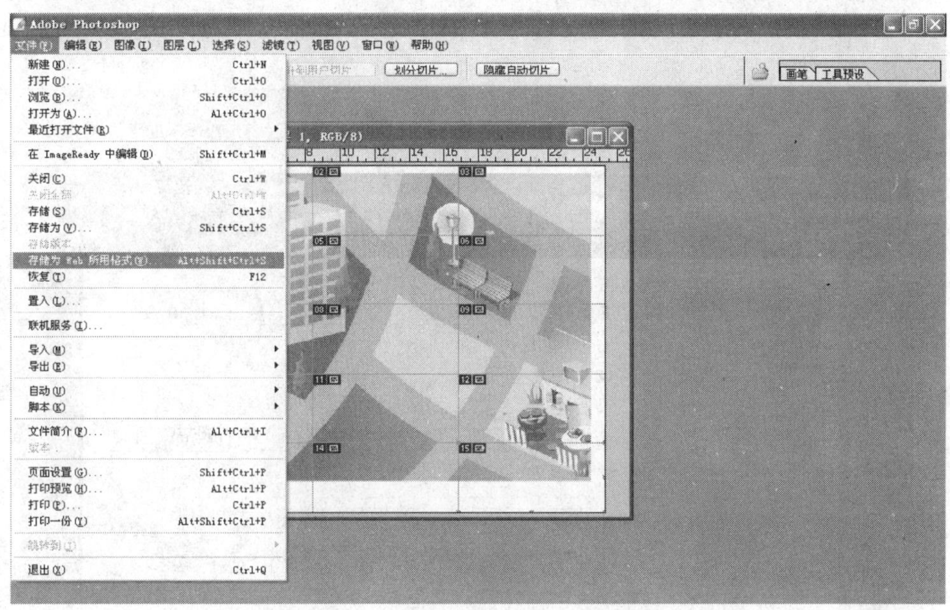

图 5-12　存储为 Web 所用格式

4）选择“JPEG”格式，单击【存储】按钮后打开“将优化结果存储为”对话框。保存类型选择“HTML 和图像”，切片选择“所有切片”，自定义文件夹及保存文件名（如 game.html），最后单击【保存】按钮，如图 5-13 所示。

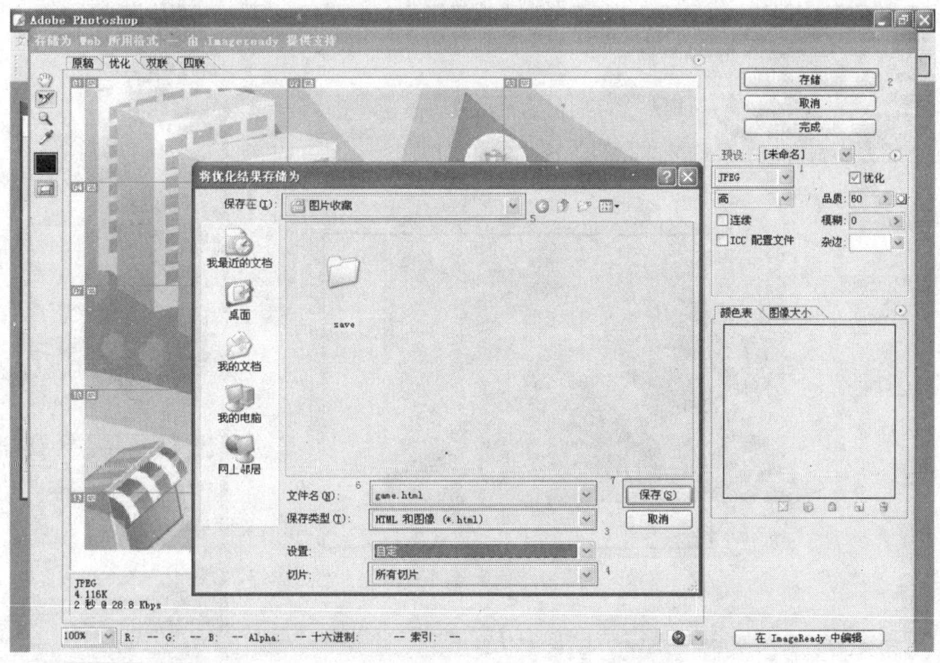

图 5-13　“将优化结果存储为”对话框

注意：保存后会发现在建立的文件夹中会出现一个 HTML 文档和一个名为“image”的文件夹。

（2）在 Dreamweaver 中完成拼图的制作

1）在“页面属性”对话框的“观外”项中设定左边距和上边距的值（可自定），如图 5-14 所示。

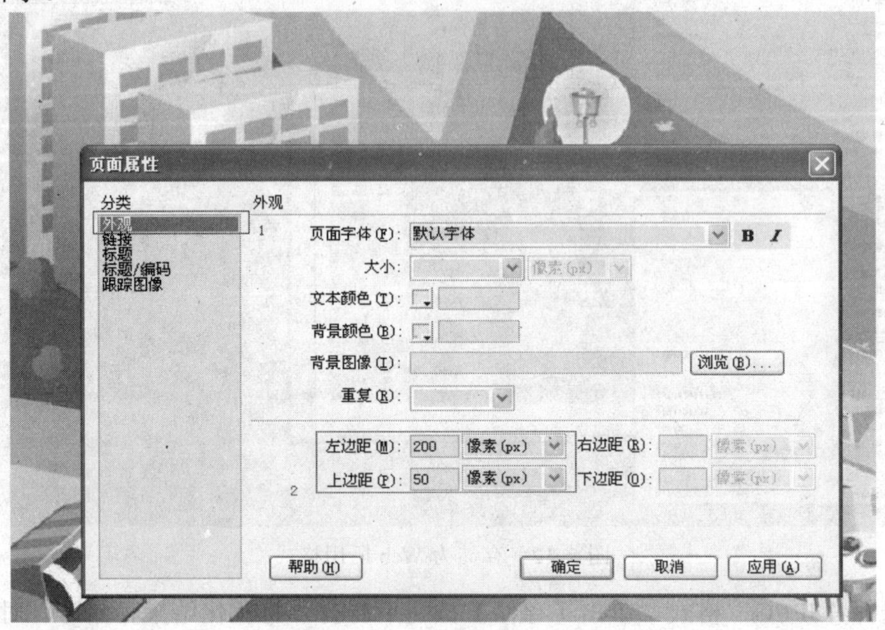

图 5-14　设定左边距和上边距

2）在任意位置绘制一个图层并设定大小为自制的拼图的尺寸，如图 5-15 所示。

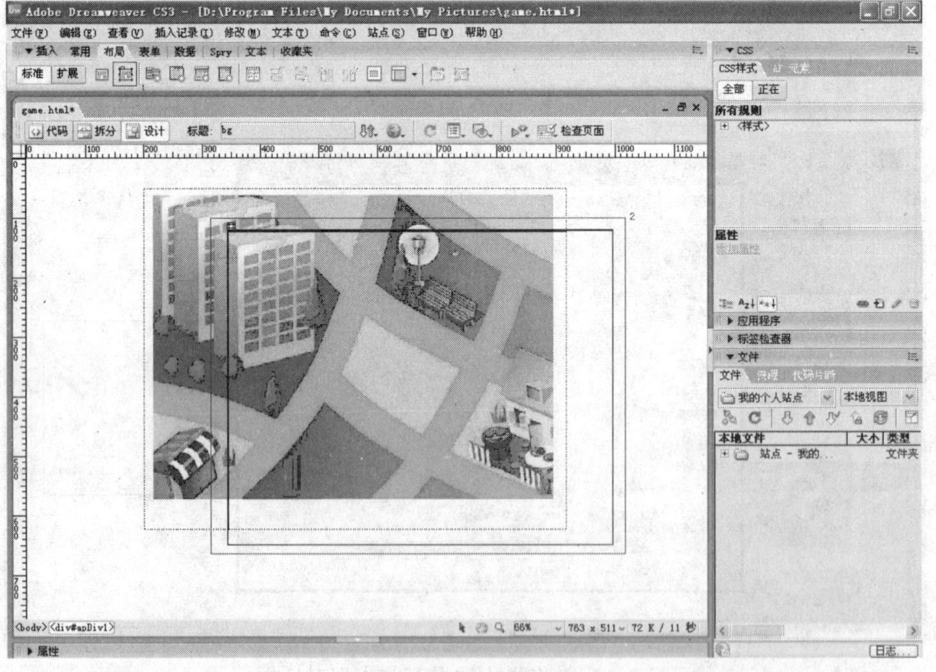

图 5-15　绘制图层

3）将下方表格和图复制进图层里并删除表格内的图，再将表格边框设定为 1，如图 5-16 所示。

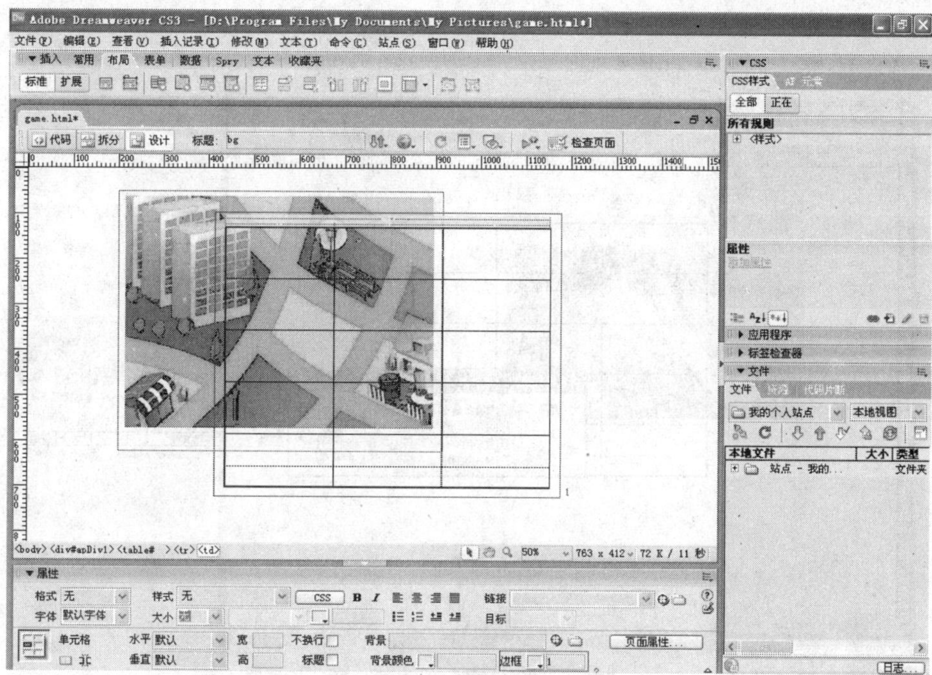

图 5-16　设置表格边框

4）选择表格选择菜单栏中的【修改】→【转换】→【将表格转换为 AP Div】命令，如图 5-17 所示。

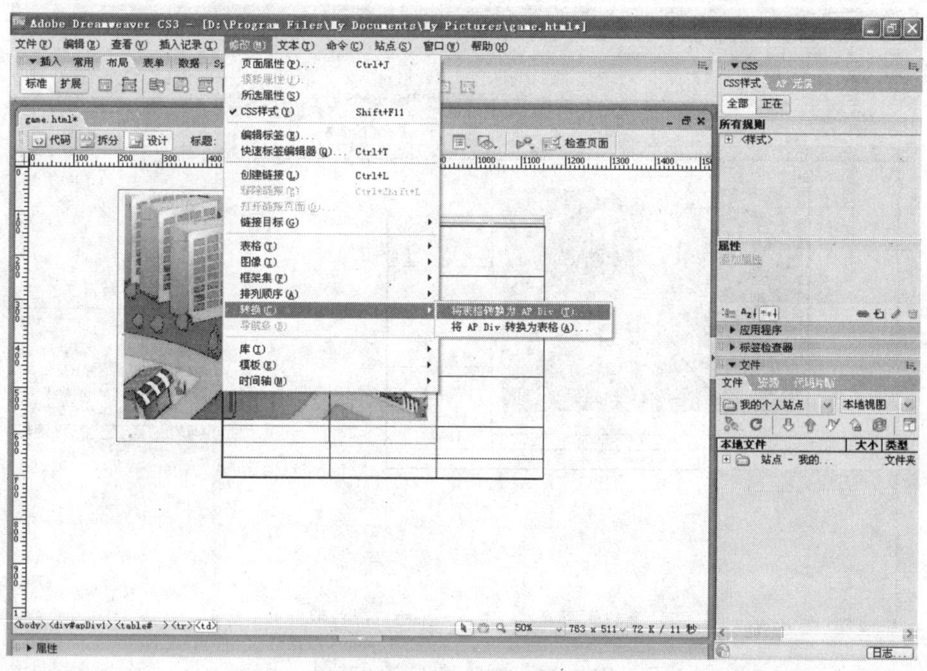

图 5-17　将表格转换为 AP Div

5）在打开的对话框中勾选“显示 AP 元素面板”复选框，再单击【确定】按钮，如图 5-18 所示。

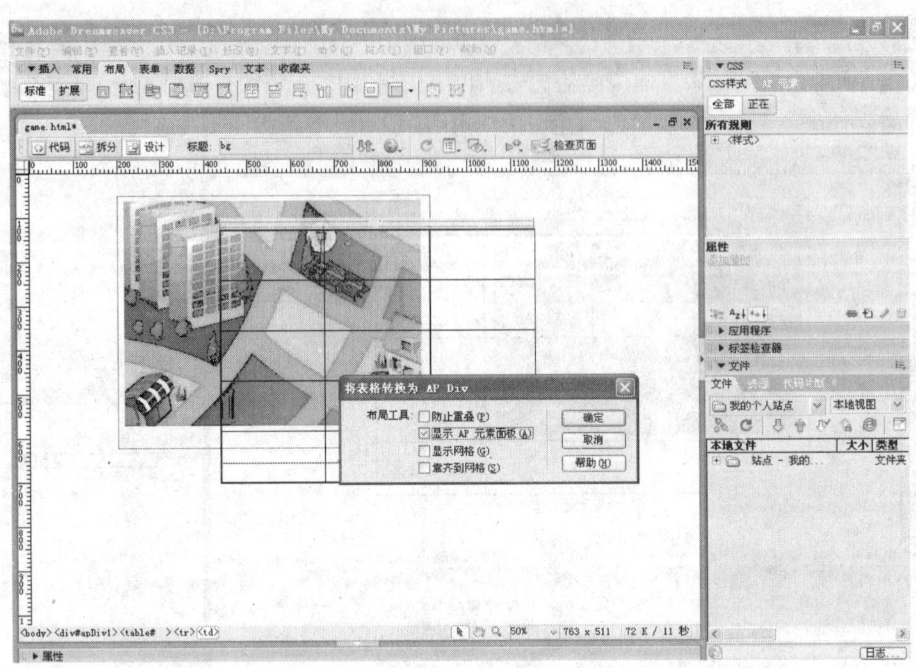

图 5-18　显示 AP 元素面板

6）在右侧“AP 元素”面板中删除最上面的图层（本例中为“apDiv18”图层），如图 5-19 所示。

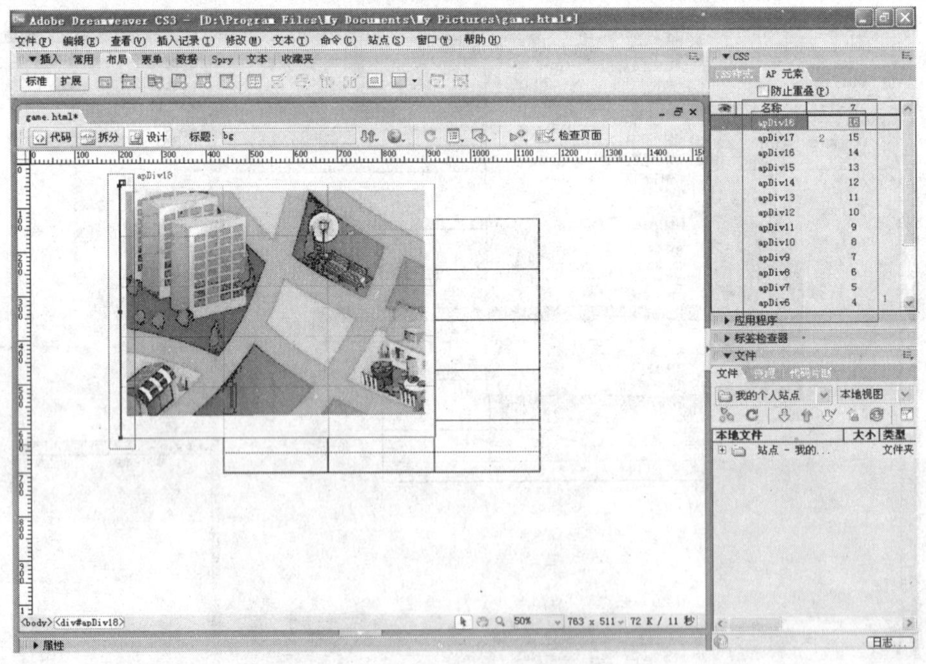

图 5-19　删除最上面的图层

7）将最下方的图层设定位置与原表格重合（本例中设定为左边距为 200px，上边距为 50px），如图 5-20 所示。

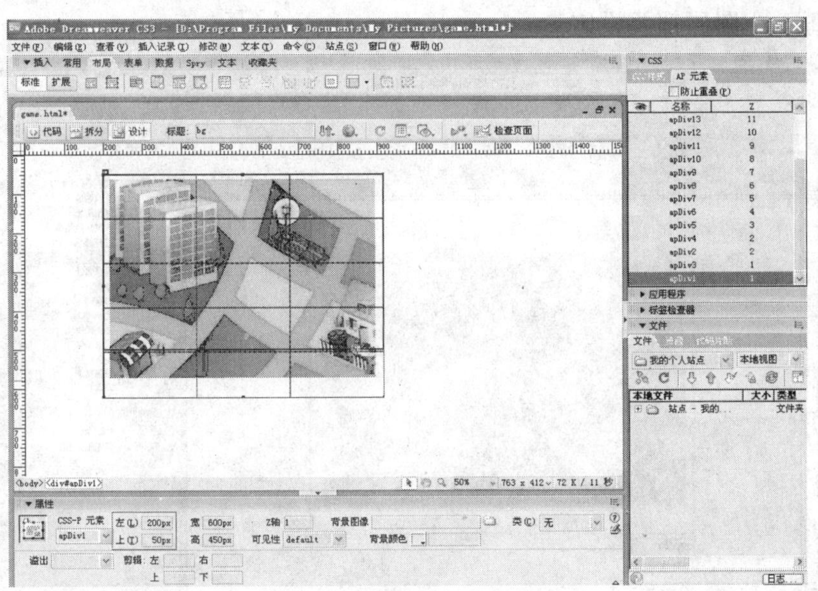

图 5-20 设置图层与表格重合

8）创建一个表单提交按钮“start”，属性设置如图 5-21 所示。

图 5-21 创建按钮“start”

9）在“行为”面板中选择【拖动 AP 元素】命令，如图 5-22 所示。

10）在打开的“拖动 AP 元素”对话框中，设置参数如下（如图 5-23 所示）。

AP 元素：可以下拉选择到每一个图层。

移动：不限制。

放下目标：单击【取得目前位置】按钮。

靠齐距离：可自定（本例中设为 100）。

注意：每一个图层都要设定。

图 5-22　拖动 AP 元素

图 5-23　“拖动 AP 元素”对话框

11）设定好所有的图层后，将图层随意拉出摆放在表格外，如图 5-24 所示。

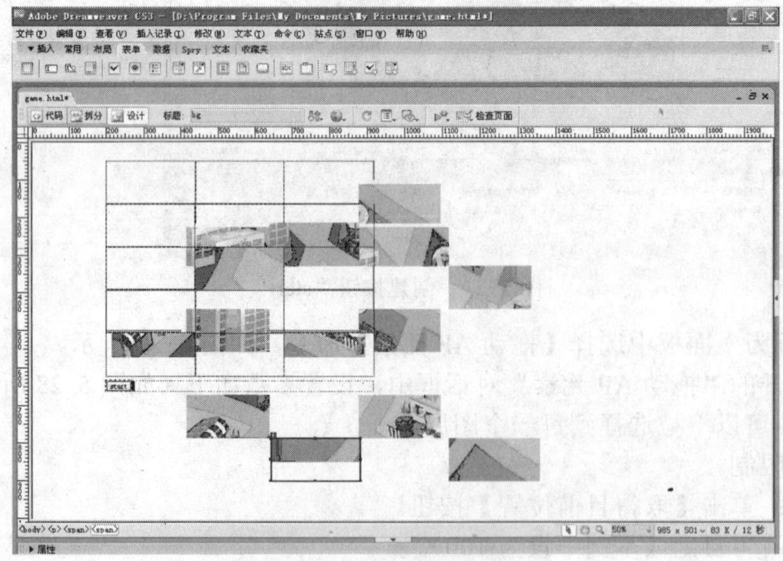

图 5-24　随意拉出图层

12）再设定一个按钮“again”，将其 URL 设定为此页面，至此浏览页面拼图游戏就制作完成了。

5.2 任务二　使用框架布局网页——创建“我的音乐小站”页面

任务分析

在个人站点“在线歌曲”栏目中的“MP3 点播”网页文档中，使用框架布局网页界面，使得用户单击左侧导航栏中歌曲名称时，网页在右侧的框架中显示对应 MP3 歌曲的播放器及歌词。用户不管点播哪一首歌曲，始终能够看到左侧的二级导航栏目。网页设计内容包括如下 3 个方面：

1）在网页中插入一个顶部和嵌套的左侧框架集结构。

2）设置框架集的边框属性，设置被嵌套的左侧和右侧框架的滚动条属性，使其中的页面内容超过框架的区域时，在垂直方向上出现滚动条。

3）在左侧的框架中添加超级链接，单击不同的链接时，其链接的目标网页在右侧框架中显示。

相关知识

1．框架

同一个站点中往往有不少网页具有相同的导航栏、标题栏等。如果在制作每一张网页时都要制作相同的导航等，会增加大量的工作，而框架则很好地解决了这个问题。所谓“框架”，就是将浏览器窗口划分为若干个区域，每个区域中显示具有独立内容的网页。作为一种特殊的网页，框架集定义了整体的框架布局，但其本身并不提供实际的网页内容。框架集记录了框架网页中所包含的框架数量以及拆分方式等信息，网页中的具体内容是由单独的网页决定的。常用的框架结构为“上侧固定，左侧嵌套”，如图 5-25 所示。图中框架网页内共有 3 个框架，对应 3 个网页。3 个小矩形分别对应 3 个注网页，加上框架集，共有 4 个网页。

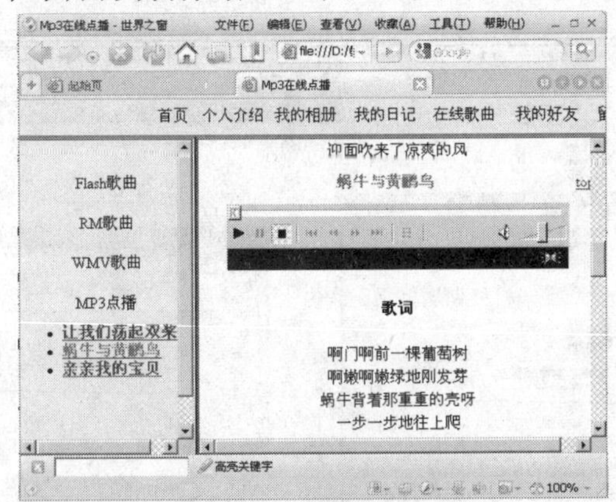

图 5-25　任务的效果图

2．导航栏

导航栏实际是超级链接的综合应用。为了方便网站访问者浏览网站中相关信息，通常将许多超链接有规律地排列网页的上部或者左侧，这些超链接就是浏览者访问网站的向导，形象地称为“导航栏”，尤其是首页一般都有导航栏。

导航栏可以理解为超链接的有序排列。导航条的布局方式通常分为横向排列、纵向排列、弧形排列、浮动导航栏等多种形式；导航栏中的超链接载体可以为文字、图片、Flash动画、按钮等；导航栏也可做成弹出式菜单形式。导航可以排列在页面的上方、左侧、右侧、底部，有的网站将导航栏置于页面的中部位置。

任务实施

5.2.1 在网页中创建框架

框架网页的建立方法如下：选择菜单栏中的【文件】→【新建】命令；在“新建文档”对话框中选择“框架集”类别，从“框架集”列表选择所需的框架集，单击【创建】按钮。

5.2.2 为框架命名并导入框架源文件

1）选中上方的框架，则在框架“属性”面板中的“源文件”文本框中显示的是框架文件的源文件地址。

2）单击“源文件”文本框右边的【打开】按钮，在弹出的“选择 HTML 文件”对话框中选择已制作好的网页文件。

3）用同样的方法在另外两个框架中导入已制作好的网页文件。

5.2.3 保存框架集文件和各个框架操作文件

（1）保存框架集文件

在“框架”面板或“文档”窗口中选择框架集，选择【文件】→【框架集另存为】命令。

（2）保存框架中文档

在框架中单击鼠标左键，然后选择【文件】→【保存框架】或【框架另存为】命令，如图 5-26 所示。

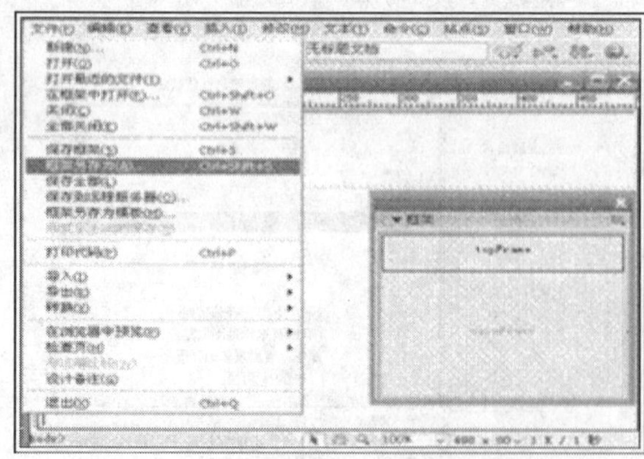

图 5-26 【框架另存为】命令

注意：也可通过选择【保存全部】命令保存与一组框架关联的所有文件，关注框架集周围出现的边框即可。

5.2.4　设置框架集属性和框架属性

（1）修改框架属性

在“框架”面板上或者在编辑窗口中选中框架，打开“属性”面板，如图 5-27 所示。框架属性的设置略述。

图 5-27　框架的“属性”面板

（2）设置框架集的属性

选中框架集，打开“属性”面板。框架集面板的设置略述。

5.2.5　编辑框架内容

用鼠标单击要编辑的框架的边框，像调整画面尺寸一样。这样可以使要编辑的框架获得编辑焦点，然后在代码编辑框中进行编辑即可。

老版本的浏览器不支持框架结构，那就要用 Dreamweaver 定制无框架页面，具体步骤如下：在菜单栏中选择【修改】→【框架集】→【编辑无框架内容】命令，此时 Dreamweaver 清除窗口，并在内容区顶部显示“无框架内容”，再将希望访问者看到的内容输入。再次选择【修改】→【框架集】→【编辑无框架内容】命令就能回到原框架编辑环境。

5.2.6　设置超级链接

1）在当前站点中文件夹“07 框架网页”下新建一个子文件夹“link”，用于存放链接网页。

2）为导航栏中的“旋转木马”创建一个对应的网页“07_1.html”，该网页中插入一幅图像，并将其保存在 link 子文件夹下。

3）切换到“07.html”网页的编辑窗口，在左侧的导航栏中选中文字“旋转木马”，在“属性”面板的“链接”栏右侧单击【浏览文件】按钮，在“选择文件”对话框中选择刚才创建的网页文档“07_1.html”。然后单击“属性”面板“目标”栏右侧的下拉列表，从中选择“mainFrame”打开方式，即在主框架中打开链接网页。

4）底部框架的源文件为“main07.html”，该网页文档原先已制作好，只需设置框架的源文件即可。

5.2.7　使用框架布局网页案例

任务一：在网页中插入一个“顶部和嵌套的左侧框架集”结构，设置框架集及其中框架属性，并编辑、保存每个框架中的网页文档。

1）新建包含框架集的网页文件。在个人站点中，新建一个名为“framesets.html”的网页文件，如图 5-28 所示。

2）插入框架结构。在“插入”面板的“布局”类别中单击【框架】图标按钮，在其下拉的菜单列表中选择【顶部和嵌套的左侧框架集结构】菜单选项，如图 5-29 所示。

图 5-28　新建包含框架集的网页文件

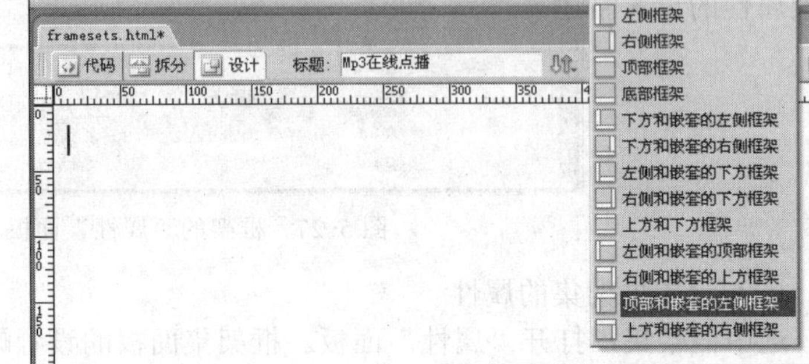

图 5-29　插入框架

3）设置框架标题属性。在系统弹出的“标题属性”对话框中，为其中的 3 个框架指定个性化的框架标题，如图 5-30 所示，然后单击【确定】按钮，完成框架标题属性，Dreamweaver 会自动在网页设计窗口中插入一个如图 5-31 所示的框架结构。

4）设置框架集的属性。首先，设置嵌套框架集中外部框架集的属性，用鼠标单击上部框架的“横向”边框，选中框架集，在下面的“属性”面板中设置框架集的属性，边框设为“是”，边框颜色设为墨绿色（#336600），边框宽度为 3 个像素，如图 5-31 所示。然后，设置嵌套框架集中内部框架集的属性，用鼠标单击左侧框架的“纵向”边框，选中框架集，在下面的属性面板中设置框架集的属性，边框设为“默认”，边框颜色设为红色（#FF0000），边框宽度为 5 个像素。

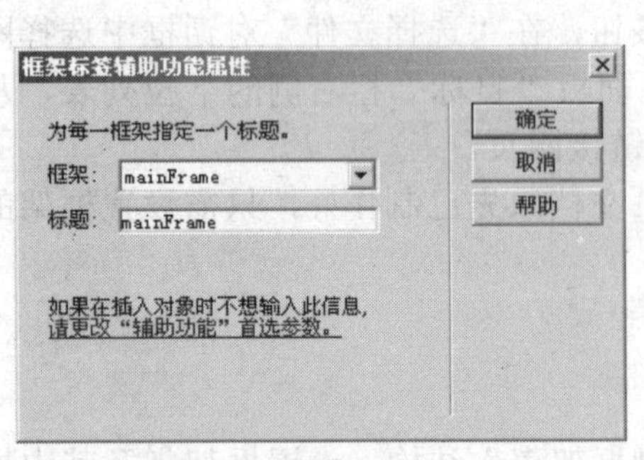

图 5-30　设置框架标题属性

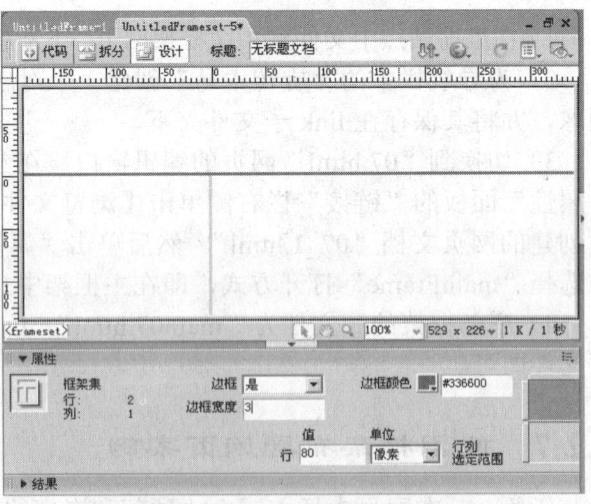

图 5-31　设置框架集的属性

5）保存框架集及其中的框架网页文件。首先，保存框架集所在网页文件，用鼠标单击外层框架的边框，选择【文件】菜单中的【框架集另存为】命令，如图 5-32 所示，然后将其保存为步骤 1 中新建的“framesets.html”文件，如图 5-33 所示。然后，分别保存框架所在网页文件，将光标定位到上部框架中，如图 5-34 所示，选择【文件】菜单中的【保存框架】或【框架另存为】菜单命令，在弹出的“文件保存”对话框中输入“topFrame.html”文件名，然后单击【保存】按钮，如图 5-35 所示，即可将上面的框架的网页保存为 topFrame.html；然后分别为下部左侧的框架保存为“leftFrame.html”，下部右侧框架保存为“mainFrame.html”。

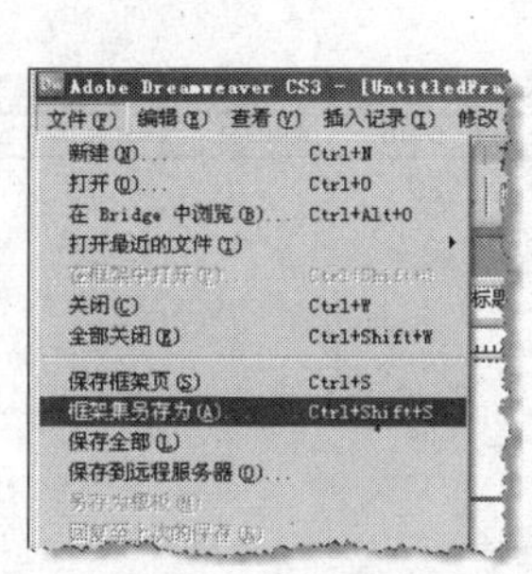

图 5-32 保存框架集的菜单命令

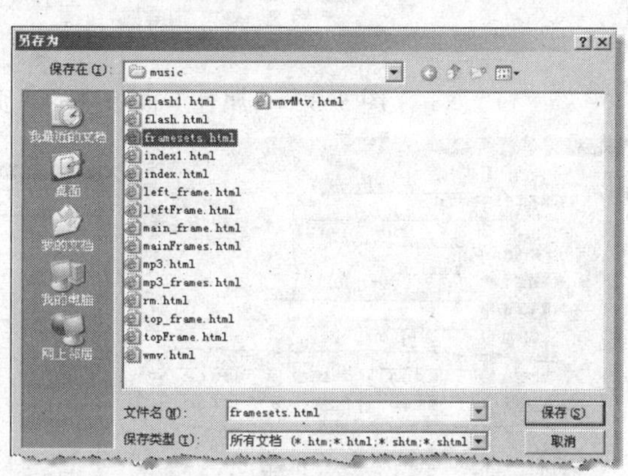

图 5-33 保存框架集所在网页为 framesets.html

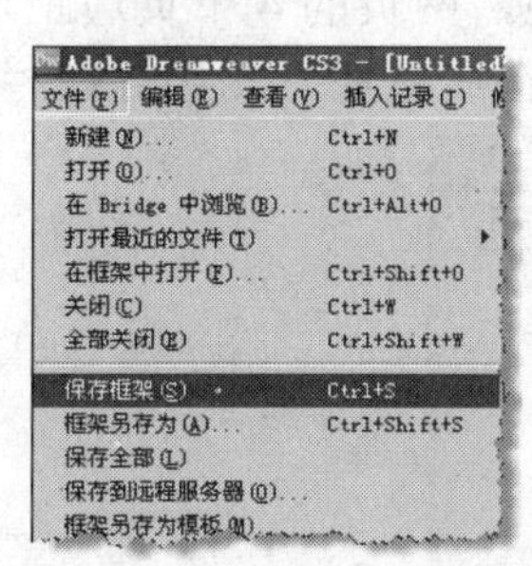

图 5-34 保存框架所在网页的菜单命令

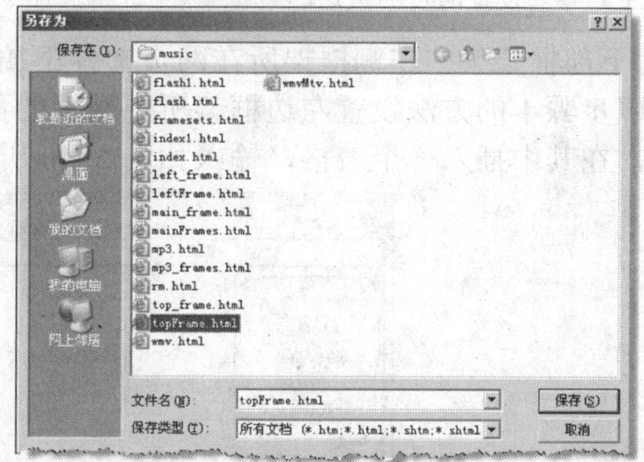

图 5-35 保存上部框架所在网页文件

6）按【F12】键，预览添加了框架集的网页界面效果，如图 5-36 所示。

图 5-36 预览效果

任务二：为顶部框架网页添加页眉内容，并在左侧的框架中添加超级链接，单击不同的链接时，其链接的目标网页在右侧框架中显示。

1）为框架集中的顶部框架添加个人网站的“一级导航栏”。将光标定位到顶部框架内，单击“属性”面板中的【页面属性】按钮，如图 5-37 所示。然后，在弹出的如图 5-38 所示的对话框中设置当前网页的页边距，使页边距等于 0；最后，使用复制功能，从别的网页中把你的个人网站的“一级导航栏”复制到当前框架所在网页，如图 5-39 所示。

图 5-37 “属性”面板中的“页面属性”按钮

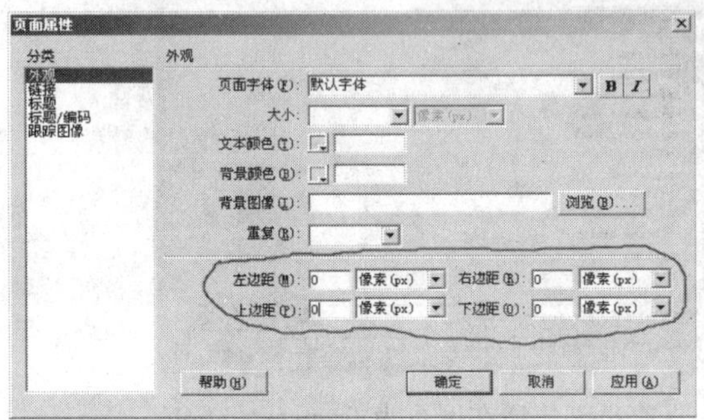

图 5-38 设置网页的页边距

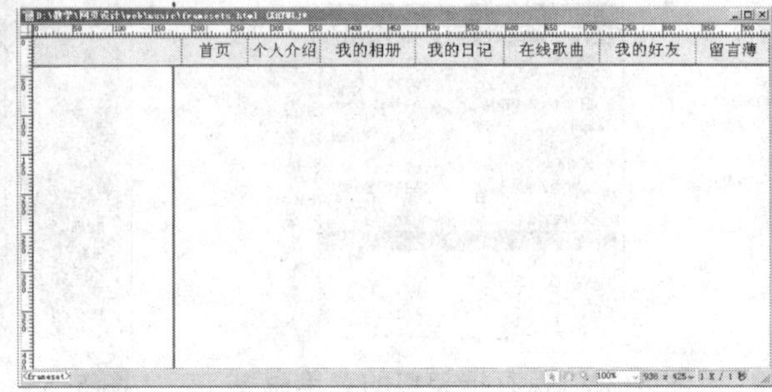

图 5-39 添加个人网站的“一级导航栏”

2）为下部框架集中左侧框架所在网页文件添加“在线歌曲”栏目的“二级导航栏”。首先，参照步骤 1 的方法设置左边框架所在网页的页面边距，网页的 4 个页边距均为 0 像素；然后，在其中插入一个表格，输入如图 5-40 所示的“在线歌曲”二级导航栏。

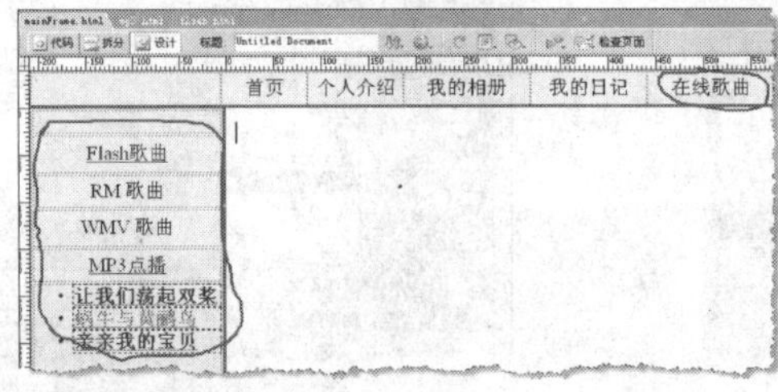

图 5-40 在下部框架集的左侧框架中添加“在线歌曲”二级导航栏

3）为下部框架集中右侧框架所在网页文件添加 3 首 MP3 文件的播放器及其歌词。首先，参照步骤 1 的方法设置右边框架所在网页的页面边距，网页的 4 个页边距均为 0 像素；然后，将原来 MP3 在线点播的 3 首歌曲的播放器和歌词复制到右边框架所在的网页，如图 5-41 所示。

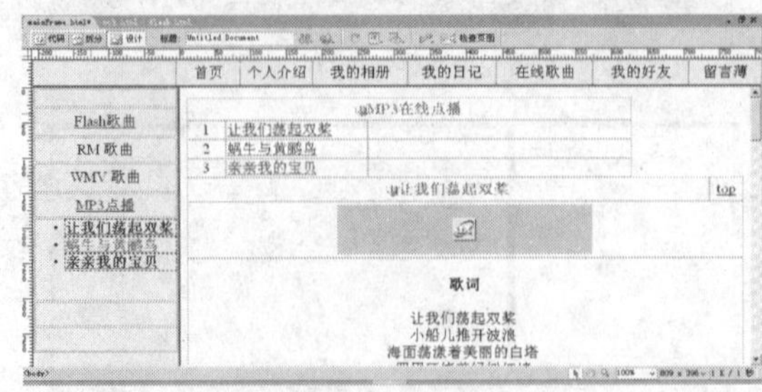

图 5-41 在下部框架集的右边框架中输入在线点播的 3 首歌曲的播放器和歌词

4）在左侧的二级导航栏中歌曲标题增加超级链接。如图 5-42 所示，使用鼠标选中左侧框架网页中的“让我们荡起双桨”的歌曲标题，在“属性”面板的“链接”属性栏目中输入链接目标地址“mainFrame.html#shuangjiang”，同时在其下面的“目标”属性下拉菜单中选择打开链接目标的目标框架“mainframe”；然后，按照以上操作过程，分别为“蜗牛与黄鹂鸟”和“亲亲我的宝贝”两首歌曲增加在右侧框架打开的超级链接；最后，在文件菜单中选择【保存所有】菜单命令，如图 5-43 所示。

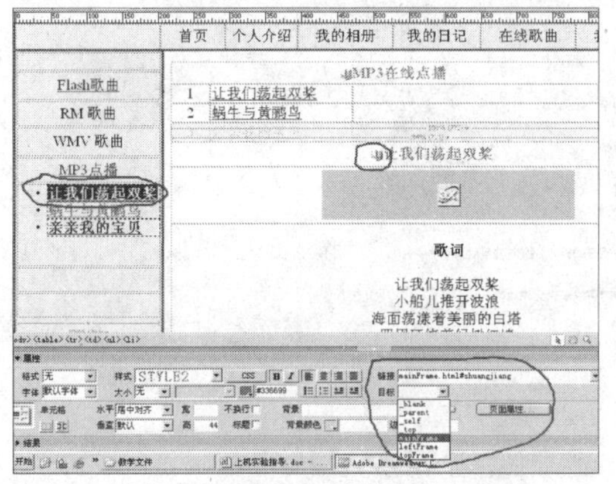

图 5-42　设置框架集中超级链接的属性

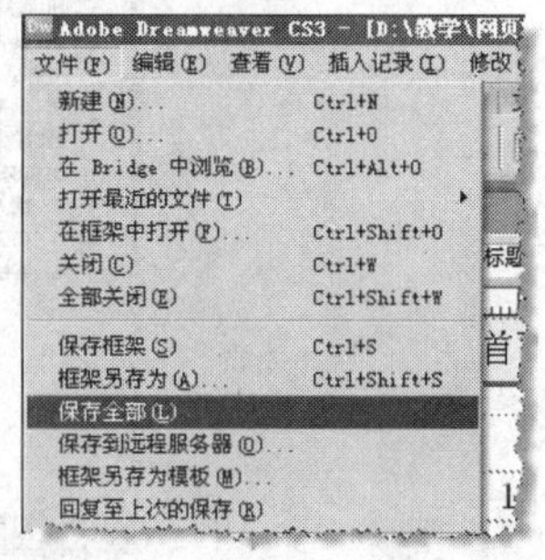

图 5-43　保存框架集中所有框架网页文件中的修改

5）测试、预览结果。按【F12】键，打开 IE 浏览器，预览框架集页面，测试框架间的超级链接是否正确，如图 5-44 所示。

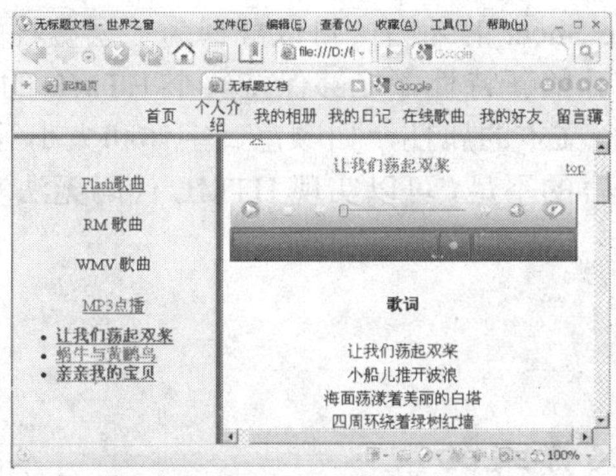

图 5-44　预览和测试的结果界面

5.3 任务三　CSS 的应用——重新布局“在线求诊”页面

任务分析

CSS 可以将网页和格式进行分离，提供对页面布局更强的控制能力以及更快的下载速度。在如今的网页制作中，几乎所有精美的网页都用到了 CSS。有了 CSS 控制，网页便会给人一种赏心悦目的感觉。CSS 虽然只是一些代码，得到的效果却不同凡响。

Dreamweaver CS3 在 CSS 功能设计上做了很大的改进。本模块将通过一个网页的布局来介绍如何在 Dreamweaver 中利用 CSS 美化网页，提高网页制作的品质，其效果如图 5-45 所示。

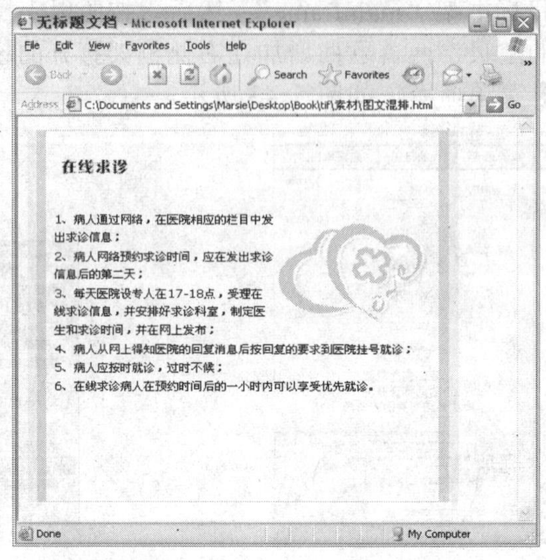

图 5-45 最终效果图

相关知识

CSS 是 Cascading Style Sheet 的缩写，可以翻译为“层叠样式表”或“级联样式表”。CSS 是一个辅助 HTML 设计的新特性，能够保持整个 HTML 的统一外观。使用 CSS 可以在设置文本之前，制定整个文本的属性，如颜色、字体和大小等，即可获得统一的外观。CSS 样式弥补了 HTML 语言的不足，可以实现 HTML 代码无法实现的一些效果。使用 CSS 美化页面更加简洁、方便。

任务实施

5.3.1 标签样式与类样式的定义

（1）定义标签样式

这种方式主要是针对于某一个标记，所定义的样式也只应用于选择的标记。

定义形式为：

标记名称{属性名称：属性值}

例如

body {margin-left : 15px ; margin-right : 15px; }

（2）定义类样式

定义类样式的形式为：

.样式名称 { 属性名称 ：属性值 }

应用样式的形式为：

<标记名称　class="样式名称">

（3）建立标签样式

1）在 Dreamweaver CS3 主窗口中，选择菜单栏中的【窗口】→【CSS 样式】命令，或者单击“属性”面板中的【CSS】按钮，打开“CSS 样式”面板。单击【新建 CSS 规则】按钮，弹出“新建 CSS 规则”对话框，如图 5-46 所示。

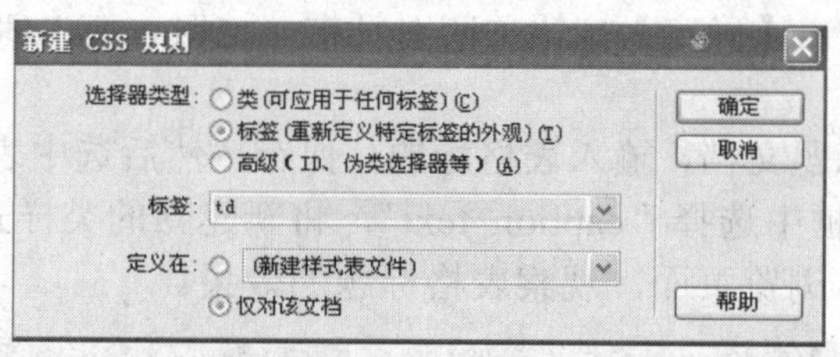

图 5-46　“新建 CSS 规则”对话框

2）在“新建 CSS 规则”对话框的“选择器类型”中单击【标签】单选按钮，在“标签”下拉列表框中选择“td”，选择【仅对该文档】单选按钮，这样 CSS 样式就被定义在该文档中。

3）设置完成后，单击【确定】按钮关闭该对话框，这时会打开样式编辑器，进入样式表的定义。

4）在“字体”下拉列表框中选择“楷体_GB2321”；在“大小”下拉列表框中选择字体大小“24”，“单位”为“像素”；在“颜色”文本框中输入“#FF6600”，其他属性使用默认设置，如图 5-47 所示。

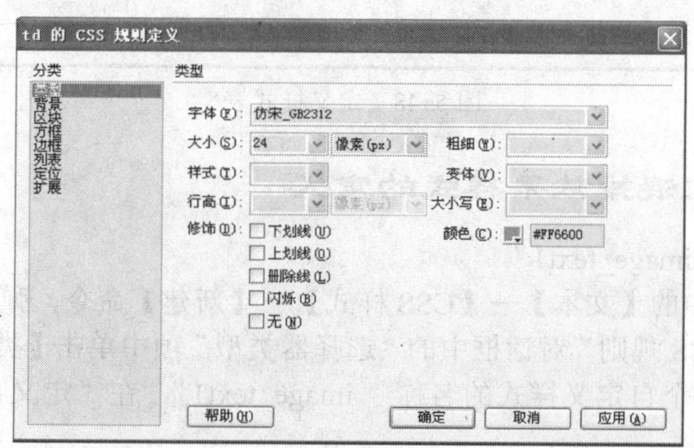

图 5-47　样式编辑器

5）设置完成后，单击【确定】按钮，关闭对话框，这时在“CSS 样式”面板中会出现建立好的样式。

（4）建立用于表格标题文本的类样式

1）选择菜单栏中的【文本】→【CSS 样式】→【新建】命令，弹出“新建 CSS 规则”对话框。

2）在“新建 CSS 规则”对话框的“选择器类型”中单击【类】单选按钮，在“名称”文本框中输入这个自定义样式的名称，命名必须以“.”开头，如果没有输入“.”，Dreamweaver 也会自动添加，这里命名为“.caption_text1”。在“定义在”选项中选择【仅对该文档】单选按钮。

3）单击【确定】按钮关闭对话框，自动打开样式表编辑器，进入样式表的定义。

4）在".caption_text1 的 CSS 规则定义"对话框中，"字体"列表框中选择"楷体_GB2312"，"大小"列表框中选择"24"，"粗细"列表框中选择"粗体"，"行高"列表框中输入"20"，单位设置为"像素"，"颜色"文本框中输入"#0000FF"，其他属性使用默认设置，如图 5-48 所示。

5）设置完成后，单击【确定】按钮关闭对话框。这时，在"CSS 样式"面板中会出现建立好的样式。

6）新建一个表格标题文档，输入表格标题，保存，然后选中表格标题，在"属性"面板的"样式"下拉列表框中选择"caption_text"，将新建立的类样式被应用到表格标题。

7）保存网页文档，浏览页面，观察表格标题的效果。

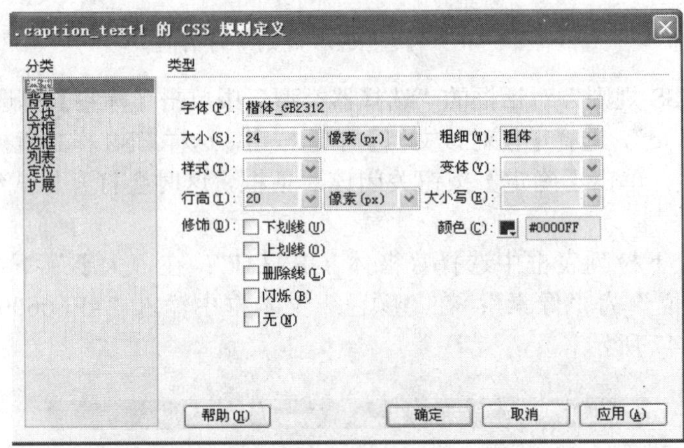

图 5-48　定义样式表

5.3.2　实现图文混排效果样式的定义

（1）建立样式"image_text1"

1）选择菜单栏中的【文本】→【CSS 样式】→【新建】命令，弹出"新建 CSS 规则"对话框。在"新建 CSS 规则"对话框中的"选择器类型"项中单击【类】单选按钮，在"名称"文本框中输入这个自定义样式的名称".image_text1"，在"定义在"项中单击【仅对该文档】单选按钮。

2）在".image_text1 的 CSS 规则定义"对话框中的"分类"栏中选择"方框"项，在右边的"浮动"下拉列表框中选择"左对齐"，取消"全部相同"复选框的选中状态，在"右"列表框中输入"10"，单位为"像素"，其余选项保持默认设置。

（2）应用样式

选中表格第三行中的左边的图像，选择菜单栏中的【文本】→【CSS 样式】命令，在"CSS 样式"菜单中选中"image_text1"样式，把样式套用到图片中。保存网页，浏览网页效果。

（3）建立样式"image_text2"

建立一个类似的样式 image_text2，在"CSS 的规则定义"对话框的"浮动"列表框中选择"右对齐"，"左"列表框中输入"10"，其他的属性设置与"image_text1"相同。然后将该样式应用于另一幅图像。

5.3.3 实现特殊表格边框效果样式的定义

（1）建立样式“border”

建立一个名为“.border”的样式，在“.border 的 CSS 规则定义”对话框的“分类”栏中选择“边框”项，在“上”对应的“样式”下拉列表框中选择“凸出”，“宽度”下拉列表框选择“中”，“颜色”选择“#CCCC33”，其余选项保持默认设置。

（2）应用样式

选中网页中整个表格，单击鼠标右键，在弹出的快捷菜单中选择【CSS 样式】→【border】命令，把样式套用到表格。

5.3.4 高级样式的定义

CSS 选择符是一种特殊类型的样式，常用的有 4 种：a:link、a:active、a:visited 和 a:hoer。其中：

a:link 设置正常状态下链接文字的外观；

a:active 设置鼠标单击时链接的外观；

a:visited 设置访问过的链接外观；

a:hoer 设置鼠标放置在链接文字之上时文字的外观。

建立高级样式：将页面表格中最后一行的链接设置成以下样式：默认的链接是蓝色、宋体、9pt（点数）、没有下划线；访问过的链接为紫色、宋体、9pt、没有下划线；而鼠标经过时的链接变成橘黄色、宋体、9pt、出现下划线。

具体的操作过程如下：

1）在“CSS 样式”面板中单击【新建 CSS 规则】按钮，弹出“新建 CSS 规则”对话框，在该对话框中“选择器类型”项中单击【高级】单选按钮。

2）定义链接默认样式，在“选择器”列表框中输入“a.my.link”，其中 my 为自定义的链接样式。在“定义在”项中单击【仅对该文档】单选按钮，这样 CSS 样式就被定义在该文档中。

3）单击【确定】按钮关闭对话框，这时会自动打开样式表编辑器，进入样式表的定义。

4）在“CSS 规则定义”对话框中，在左边的“分类”栏中选择“类型”项，在右边“字体”下拉列表框中选择“宋体”，“大小”列表框中选择字体大小为“9”，单位为“pt（点数）”，在“颜色”处定义文本颜色为“#0000FF”，在“修饰”处勾选“无”复选框，其他属性使用默认设置，设置完成后，单击【确定】按钮关闭对话框。这时，在“CSS 样式”面板中会出现建立好的样式。

5）重复上述步骤 2～4，定义“a.my.visited”样式，在“CSS 规则定义”对话框中，“字体”设置为“宋体”，“大小”设置为“9pt”，“颜色”设置为“#CCCCCC”，“修饰”处勾选“无”复选框，其他属性使用默认设置。

6）重复上述步骤 2～4，定义“a.my.hover”样式，在“CSS 规则定义”对话框中，“字体”设置为“宋体”，“大小”设置为“9pt”，“颜色”设置为“#FF9900”，“修饰”处勾选“下划线”复选框，其他属性使用默认设置。

7）样式设置完成以后，对于自定义的高级样式，需要进行样式的应用。分别选中表格中最后一行的文字“返回首页”、“公司简介”、“民族建筑”，然后在“属性”面板中的“样式”下拉列表框中选择“mylink”，样式即被应用到链接上。

8）保存网页文档，浏览网页效果，当鼠标指向链接后，可以看到链接设置的效果。

5.3.5 应用 CSS 滤镜制作文字特效

在 Dreamweaver CS3 中，CSS 滤镜只能作用于有区域限制的对象，如表格、单元格、图片等，不能直接作用于文字，所以需要把设置特效的文字事先放在表格的单元格中，然后对单元格应用 CSS 样式，从而使文字产生特殊效果。

1）新建一个文件，插入一个 1 行 1 列的表格。

2）设置表格属性。表格宽度设置为“95%”，边框粗细设置为“0”，单元格边框设置为“0”，单元格间距设置“0”，对齐设置为“居中对齐”。

3）在表格中输入一行文字“长沙世界之窗欢迎你”。

4）在 Dreamweaver CS3 主窗口中，选择菜单栏中的【文本】→【CSS 样式】→【新建】命令，弹出“新建 CSS 规则”对话框，在“选择器类型”项中单击【类】单选按钮，样式名称输入“.dropshadow_text”，在“定义在”项中单击【仅对该文档】单选按钮，再单击【确定】按钮。

5）在弹出的“.dropshadow_text 的 CSS 规则定义”对话框中，先在左侧选择“类型”项，在右侧设置字体为“隶书”，大小为“30px”，修饰为“无”，颜色为“#DDDD00”。

6）接着在左侧选择“扩展”项，在右侧的“滤镜”下拉列表框中，选择“DropShadow 滤镜”，即“DropShadow(Color=?, OffX=?, OffY=?, Positive=?)”，这种滤镜能产生阴影文字效果。

7）按【Ctrl】键单击选中新插入的 1 行 1 列表格，然后在“属性”面板的“样式”列表框中选择“dropshadow_text”，对该单元格应用样式。

8）保存网页文档，浏览其效果。

5.3.6 样式的编辑

下面修改样式“caption_text1”，设置“区块”样式属性中的“文本对齐”为“居中对齐”，“显示”为“表格标题”。编辑 CSS 的步骤如下：

1）在“CSS 样式”面板中，先单击选择样式“caption_text1”，然后单击【编辑样式】按钮，打开“.caption_text1 的 CSS 规则定义”对话框。

2）在对话框中左侧“分类”栏中选择“区块”项，然后在右侧的“文本对齐”列表框中选择“居中”，“显示”列表框中选择“表格标题”。然后单击【确定】按钮关闭对话框。

3）在页面中选择表格标题，应用该 CSS。

5.3.7 使用 CSS 样式表美化页面案例

Dreamweaver CS3 中的样式与 Word 中的样式类似，能够让用户更加方便、有效地对网页元素进行控制。创建一个样式，可以将该样式应用到多处，达到“创建一次，使用多次”的目的，大大提高了网页排版的效率，方便网页制作者统一网站的整体风格。Dreamweaver

CS3 的 CSS 样式包含了 W3C 组织规定定义的所有 CSS 的属性，这些属性分为类型、背景、区块、方框、列表、定位、扩展等 8 类。Dreamweaver CS3 的 CSS 属性设置实现了可视化，无需编写代码。

按以下要求定义 CSS 样式，且应用样式对网页进行美化。以下面这段文字为例，如图 5-49 所示。

1）这是没有应用任何样式的 6 个段落。下面就来定义字体属性和背景属性。首先单击【新建 CSS 规则】按钮，将弹出“新建 CSS 规则”对话框，如图 5-50 所示。

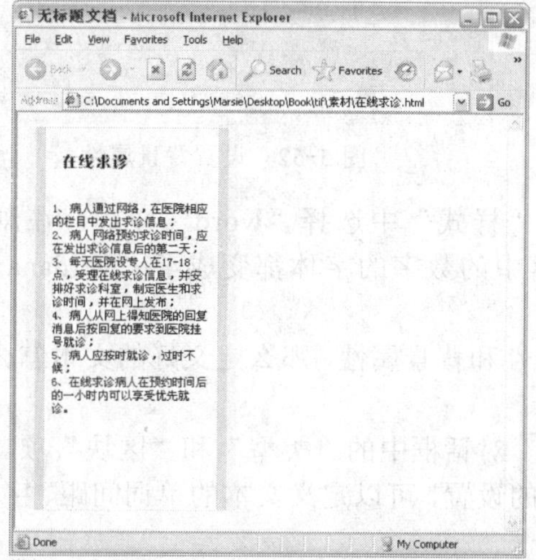

图 5-49　美化前的文字效果

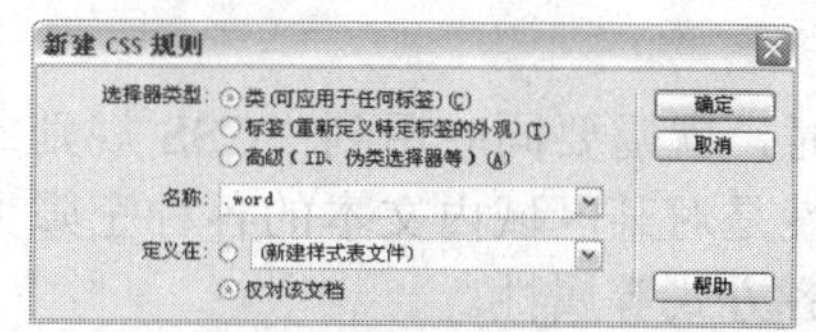

图 5-50　“新建 CSS 规则”对话框

2）将新建的规则命名为“.word”，从“新建 CSS 规则”对话框上可看到，用 Dreamweaver 在页面内定义 CSS 有 3 种方式——类、标签和高级。

● “类”是一种新的样式表示符，可以任意命名，以“.”开头，如“.title”，“.h”等。它是将 CSS 样式应用于选定的区域，若要在整个页面的相关区域应用 CSS 样式，则需选择“标签”和“高级”方式。“类”比较类似于 html 样式的设置，用“类”定义的 CSS 样式的使用也比较类似于 html 样式。

● “标签”是将页面源文件中的 html 标记重定义。用标签定义的 CSS 样式设置完毕后，该 CSS 样式马上生效。

● “高级”是将此时的 CSS 样式用于特定的 html 标记组合或 ID 名。可从“选择器”后的下拉列表里选择，选框里有 4 个选项——a:active、a:hover、a:link 和 a:visited，分别代表超级链接的激活状态、鼠标移动到超级链接上的状态、超级链接的链接状态和超级链接访问过的状态。也可直接在文本框里填入一些 html 标记组合。例如，填入“td”，则这个 CSS 样式将用于网页上所有<td>标记内标记的作用范围。还可填入以符号“#”开头的 ID 名，例如可填入“#abc”，则这个 CSS 样式将用于网页上所有带有 ID=“abc”的 html 标记的作用范围。

在该对话框的下方选区里，可以选择 CSS 样式表的引用方式，这里单击【仅对该文档】单选按钮。那么这两个选项有什么区别呢？选择【新建样式表文件】表示对 CSS 样式表的引用是外部文件方式，而选择【仅对该文档】则表示对 CSS 样式表的引用是内部文档头方式。

3）设置完毕后，单击【确定】按钮，弹出“CSS 规则定义”对话框。在该对话框中有

8 种分类，其中，“类型”项是对文字属性的设置，如图 5-51 所示。

4）“背景”项是对背景属性的设置，可以为段落设置背景图像，如图 5-52 所示。

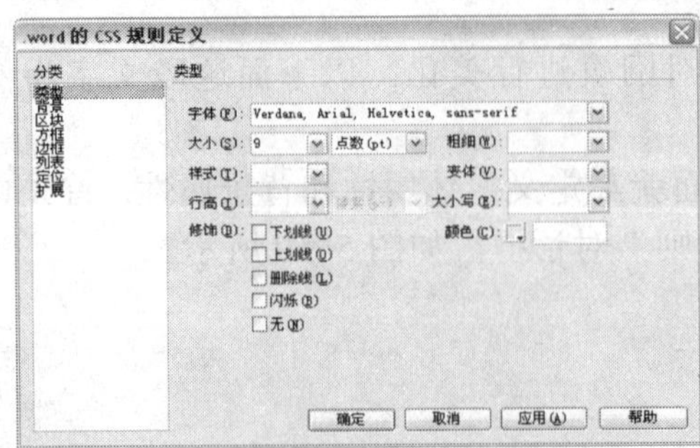

图 5-51　设置文字属性

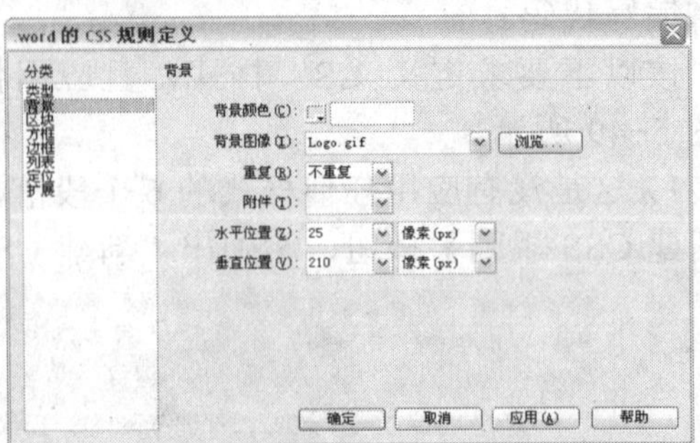

图 5-52　设置背景属性

5）上述操作完成之后，选中段落后在“样式”中选择“word”样式，在浏览器中预览的效果如图 5-53 所示，可以看到段落中的数字的字体都变成了“Verdana”，背景也添加了图像。

现在已经知道了如何用 CSS 定义字体属性和背景属性，那么定义好的文本怎么进行排版呢？

这时，就需要同时用到“CSS 规则定义”对话框中的“类型”和“区块”项。“区块”样式属性是对某区域内文本的各种空隙大小的设置，可以定义文本的单词间距、字母间距、垂直对齐方式等属性。

6）双击“CSS 样式”面板中的“.word”样式，在“区块”项中做如图 5-54 所示的设置，并在“类型”项中设置“行高”为“20pt”。

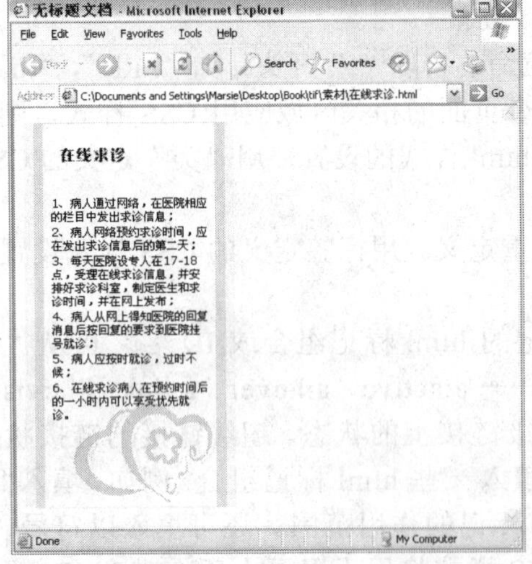

图 5-53　完成之后的效果

图 5-54　“区块”参数设置

7）上述操作完成之后，保存文件并按【F12】键在浏览器中预览，效果如图 5-55 所示。

由上面的介绍可以看出，利用 CSS 的文本属性可以方便地对页面中的段落进行排版。

下面先看看没有添加 CSS 样式的网页，效果如图 5-56 所示，这里的图像并不是背景，而只之前插入在段落之前的。

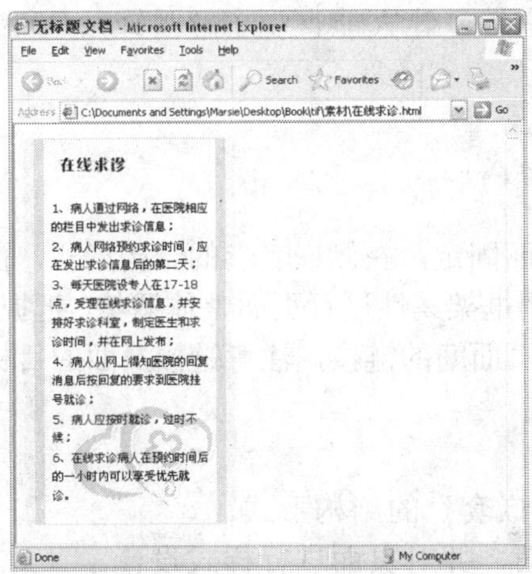

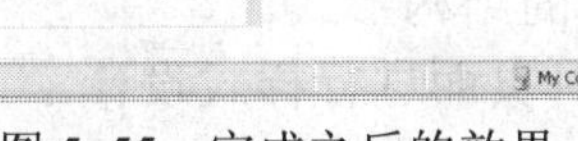
图 5-55　完成之后的效果

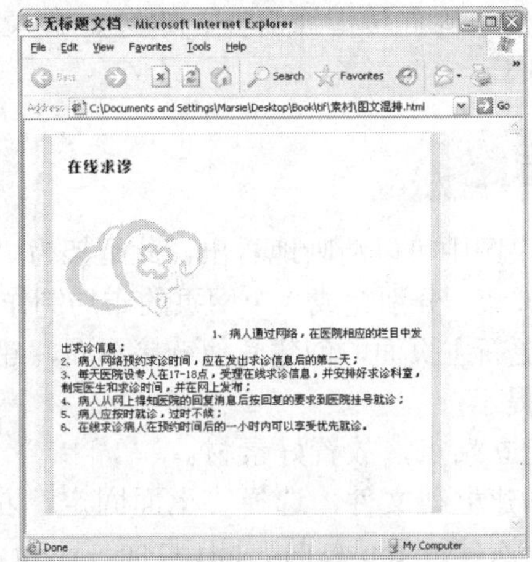

图 5-56　排版前的效果

为该网页新建一个样式“.word”，按照前面的方法对文字“类别”样式属性进行设置。然后，在“CSS 规则定义”对话框中选择“方框”项，设置如图 5-57 所示。

上面的设置定义了图像浮动在文字的右边。单击【应用】按钮，可以在文档中看到效果。单击【确定】按钮，在浏览器中预览效果，如图 5-58 所示。

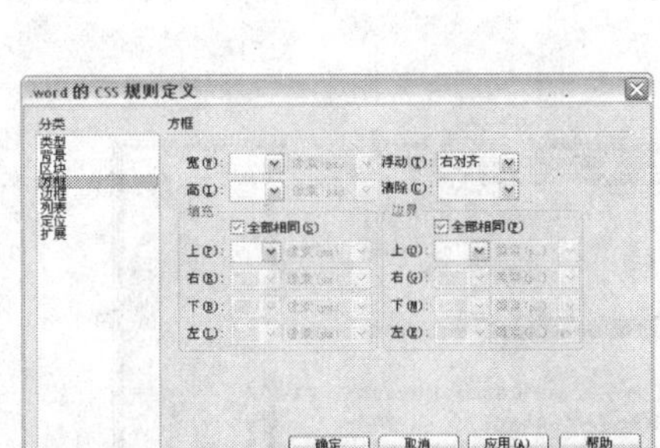

图 5-57　在“方框”分类中进行设置

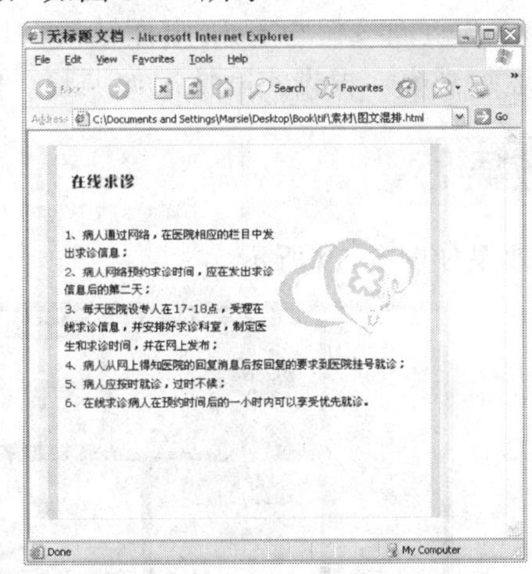

图 5-58　浏览器中预览效果

不用表格也能实现图文混排的效果，并且减少了大量的代码。有兴趣的读者还可以试试图像浮动的其他效果。由此可以看出，充分利用 CSS 的“类型”、“区块”、“方框”样式属性，将会使页面布局更加合理，样式更加漂亮。

5.4 拓展训练　创建“雷锋精神宣传”网页

设计要求

每年的 3 月 5 日，是学雷锋的日子。建立“雷锋精神宣传”网，采用上面固定、左侧嵌套的框架结构宣传雷锋简介、事迹、个人名言等，让人能直观了解雷锋，从而产生学习雷锋的信心。

设计思路

从效果图中可以清晰地看出，此框架为“上面固定，左侧嵌套”的结构形式，由 3 个网页组成框架集。分别完成 3 个网页的布局制作，用框架属性进行页面整体调整，把握好保存完整要点。更新主页面，创建其他链接页面，建立页面间的链接，注意链接页面的目标位置。

操作提示：

1）建立站点，放置好素材。

2）创建框架文件，选择“上面固定，左侧嵌套”的结构形式。

3）依次建立 top 页面、left 页面、right 页面，并对页面进行样式设计。

4）根据个人喜好，调整框架属性窗口的相关设置。

5）分别选中 top 页面、left 页面、right 页面；依次保存 top、left、right 框架页。

6）选中框架集，保存框架集为 index 文件。

7）对 right 页面进行修改，进行雷锋精神内容布局；保存修改内容为框架页 right2。

8）依次修改 right 页面为雷锋事迹、学习雷锋内容并分别保存为 right3、right4。

9）将 left 页面按钮与 right 页面链接，目标选择 mainframe。

10）运行观察，根据实际情况如调整。保存框架集。

参考效果

参考效果如图 5-59 所示。

图 5-59　最终效果图

模块六

创建表单页面

模块 教学目标

在制作动态网页实现信息交互时，大多数制作人员都需要使用表单。常见的表单有搜索表单、用户登录注册表单、调查表单、留言簿表单等。本模块主要是在制作旅游网站的过程中为各个页面添加不同类型的表单。但是如果要真正实现表单的功能，则需要通过服务器程序进行信息处理，例如 CGI、JSP 或者 ASP 等应用程序处理，这些都属于动态网页部分的内容。

模块 教学重点

1）了解表单的基本概念和各个元素。

2）掌握常用表单元素的添加。

3）掌握检查表单的方法。

模块 教学难点

1）表单元素的设置和检查。

2）利用CSS修饰表单。

6.1 任务一　制作搜索和用户登录表单——创建“探索旅行网”首页

任务分析

通过设计并规划“探索旅行网”网站页面，了解如何对旅行网站进行前期规划。通过制作搜索表单和用户登录表单掌握表单的插入、文本域密码域的创建和表单按钮的添加。效果如图 6-1 所示。

图 6-1 “探索旅行网”首页

相关知识

1. 表单（Form）

（1）表单

表单是浏览网页的用户与网站管理者进行交互的主要窗口，Web 管理者和用户之间可以通过表单进行信息交流。

（2）语法结构

＜FORM ACTION="URL" METHOD="GET|POST" ENCTYPE="MIME" TARGET="..." ＞…＜/FORM＞

其中 ACTION="URL"是指当提交表单时，处理表单的程序方法。它可以是一个 URL 地址（提交给程式）或一个电子邮件地址等。

METHOD="GET|POST"表示将表单中的数据传送给服务器进行处理。共有两种方法：POST 方法和 GET 方法。

ENCTYPE="MIME"规定在发送到服务器之前应该如何对表单数据进行编码。这个特性的默认值是"application/x-www-form-urlencoded"。

TARGET="..."规定在何处打开 ACTION="URL"。_blank：在一个新的、无名浏览器窗口调入指定的文档；_self：在指向这个目标的元素的相同的框架中调入文档；_parent：把文档调入当前框的直接的父框中，这个值在当前框没有父框时等价于_self；_top：把文档调入原来的最顶部的浏览器窗口中（因此取消所有其他框架），这个值等价于当前框没有子框时的_self。

2．常见的表单形式

（1）用户登录和注册表单

在会员制的网页中，需要通过注册用户成为网站会员，进入网站还需要进行用户登录。这些可以输入会员信息的网页形式，大部分都是采用表单实现的。

例如，在“开心网”的注册页面中，最左边是登录页面，只需要输入账号和密码，然后单击【登录】按钮即可。中间区域是注册区，用户需要通过输入电子邮箱、密码、姓名，选择性别，通过下拉菜单选择出生日期等信息。登录和注册两大功能是通过两个表单进行实现的，如图 6-2 所示。

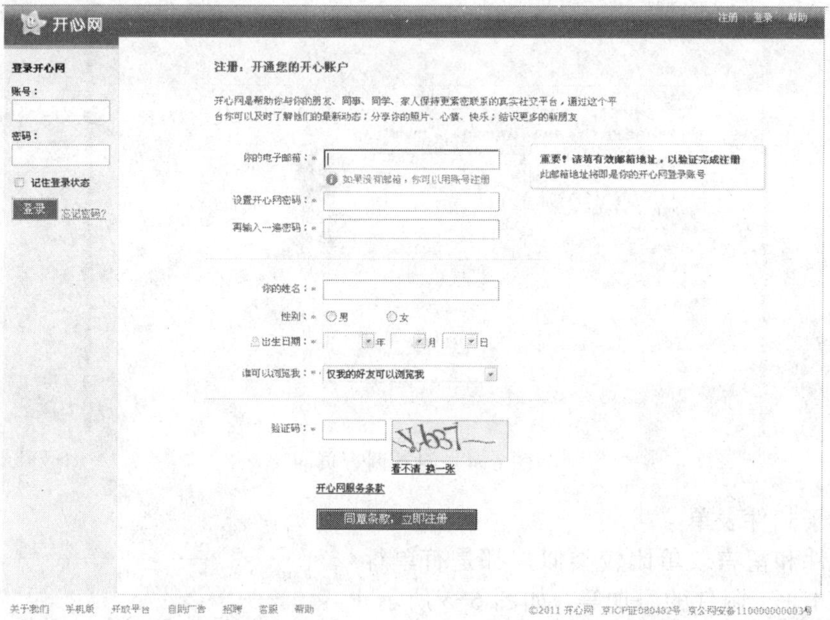

图 6-2　登录和注册页面

（2）搜索表单

当网上信息量较大时，需要通过搜索表单对站内或者整个网络进行信息搜索。常见的搜索表单有信息较全面的搜索引擎，也有针对于本网站内的简单搜索表单。

高级的搜索引擎，可以输入关键字，还可以通过下拉菜单选择搜索结果显示的条数、时间和文档形式，还可以选择语言、关键词位置等，如图 6-3 所示。

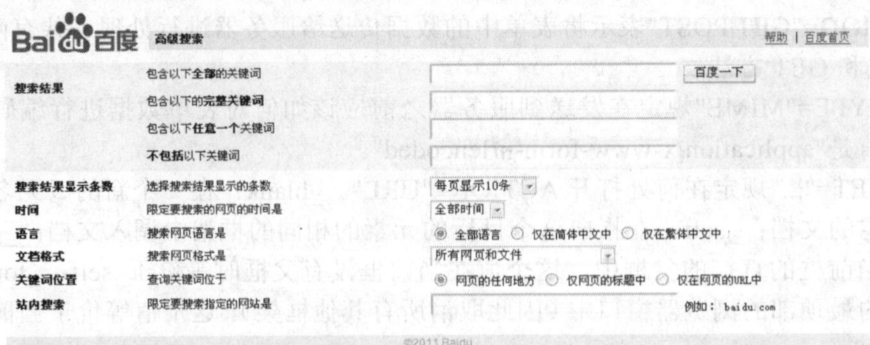

图 6-3　搜索页面

（3）问卷调查表单

问卷调查表单、在线测试表单等都是常见的表单形式。一般这些类型的表单都包括了单选、多选、文本框等内容，如图 6-4 所示。

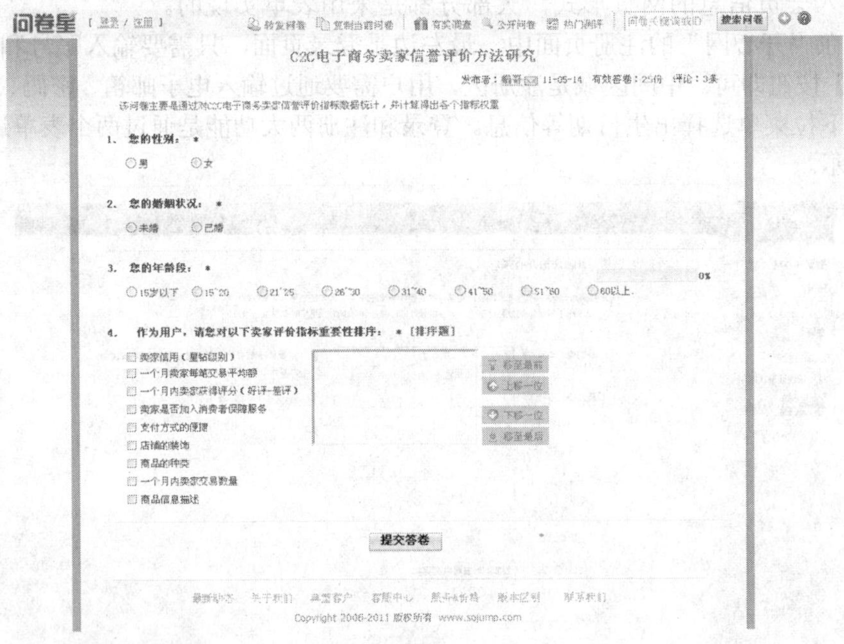

图 6-4　问卷调查页面

（4）电子邮件表单

电子邮件和留言表单比较类似，都是有单行和多行的文本框、附件的添加等，如图 6-5 所示。

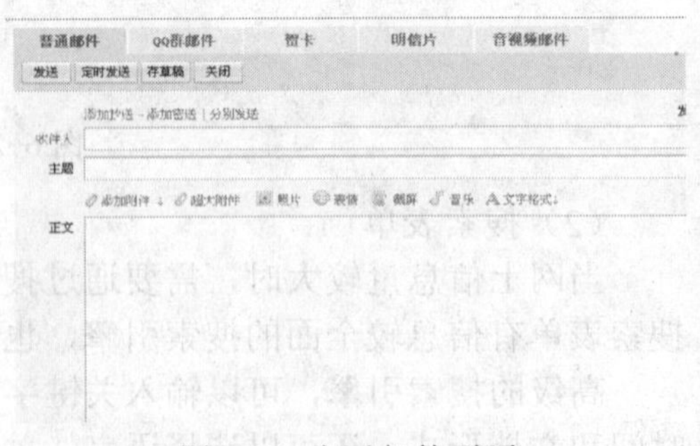

图 6-5　电子邮件页面

3．域和值

（1）域

组成表单样式的各个要素称为域（Field）。以登录表单为例，由输入用户名的文本域、输入密码的密码域和登录时的提交按钮等组成。如果要在多个项目组只选择一项，主要是用单选按钮或

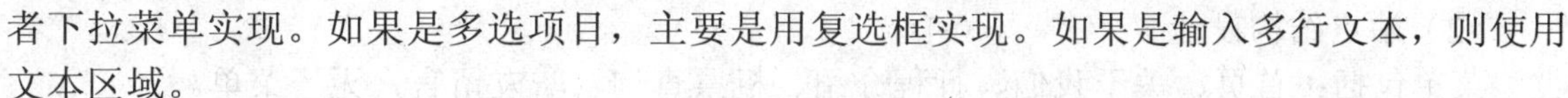

者下拉菜单实现。如果是多选项目，主要是用复选框实现。如果是输入多行文本，则使用文本区域。

（2）值

在域中，需要确定域名称和值（Value）。例如在下拉菜单中，访问者选择了一个项目时，会给处理程序传递一个值，这个值是处理程序时区分每个项目的唯一标识。处理程序只要一接受到这个值，就可以判断出访问者选择了哪个项目。

4. 文本域和按钮

（1）文本域（Text Field）

文本域是表单中最常用的一种元素。访问者可以通过文本域输入文本内容，例如登录表单中的用户名输入、搜索表单的关键字输入、电子邮件表单中的收件人输入和主题输入都是通过文本域来实现。文本域的“属性”面板如图 6-6 所示。

字符宽度是用来设置文本域的显示宽度，最多字符数是设置文本域能一次性输入的最多字符，最多字符数可以设置大于也可以小于字符宽度的值。文本域有 3 种类型，分别是单行、多行和密码。如果类型是多行时，可以设置显示的行数。如果类型是密码，则在文本域内输入内容后都显示为●或者*的形式。初始值可以设置文本域在默认状态时所显示的内容。

图 6-6 文本域的“属性”面板

（2）按钮（Button）

所有的表单都需要有按钮，才能向服务器提交所输入的信息内容。按钮也可以用来实现清空表单内容。按钮的“属性”面板如图 6-7 所示。如果想使用其他图片作为按钮，就要使用到图像域。

值是用来设置按钮上显示的文本内容。按钮的动作有 3 种，其中提交表单是执行表单 ACTION="URL"属性设置的操作，重设表单则是清空表单内所填写的信息内容。

图 6-7 按钮的“属性”面板

任务实施

6.1.1 旅游网站首页规划

（1）背景资料

本模块主要是设计一个旅游网站——“探索旅行网”。企业主要需要通过网站推广和宣传其旅游服务，客户通过网站了解旅游服务信息，并可以进行预订查询等操作。“探索旅行网”是一个旅游服务网站，通常提供的产品有较大幅度的优惠，可以解决旅行者的后顾之忧。本网站属于比较正统的商业型网站，但同时带有旅游网站活泼轻松的特点。

（2）站点结构设计

菜单包括：首页、关于我们、行程介绍、机票查询、驴友留言，无子菜单。

（3）站点颜色整体设计

旅游服务网站轻松活泼，所以颜色选择可以蓝色系（如携程旅行网、中青旅遨游网）、黄绿色（黄金假日旅行网）等。本案例实施就选择了蓝色系，局部搭配灰色线条或背景。

（4）网站版式设计

网站首页从上至下依次是导航栏（Flash 动画）、广告栏（Flash 动画）、页面主要内容块、版权信息。其中页面的主要内容块是竖向 3 栏结构，左侧放置会员登录和线路查询，中间放置常用信息，右侧放置景点介绍。

6.1.2 首页页面设计

（1）页面构图设计

确定了网站风格后，为页面设计并制作 Flash 导航栏和 Flash 广告。该网站主要是采用蓝色系，页面 900 像素（px）宽。服务类网站一般都有广告栏，此处设计了 3 个旅行线路的广告，与主要内容块的 3 栏划分相对应。导航的 Flash 由于有进入的动画效果，所以宽为 950 像素，如图 6-8、图 6-9 所示。

图 6-8　Flash 导航

图 6-9　Flash 广告

（2）新建页面

打开 Dreamweaver，新建站点。新建空白页，并保存为 index.html。

（3）插入 Flash

此处页面结构简单，使用表格布局完成，步骤如下。

1）插入表格。导航的 Flash 尺寸为 950×270 像素，插入一行一列 950 像素宽的表格，如图 6-10 所示。

2）插入 Flash 导航。插入 header.swf 文件，如图 6-11 所示。

3）插入 Flash 广告。继续插入表格，广告栏的 Flash 尺寸为 900×180 像素，插入一行一列 900 像素宽的表格，插入 banners.swf 文件，效果如图 6-12 所示。

4）设置居中效果。此时页面是默认的左对齐，由于两个 Flash 尺寸不一，所以出现错位，此时只需要设置页面居中即可。选择<body>标签，在“属性”面板中单击【居中对齐】按钮即可，如图 6-13、图 6-14 所示。

图 6-10　插入表格

图 6-11　插入 Flash 导航

图 6-12　插入 Flash 导航和广告效果

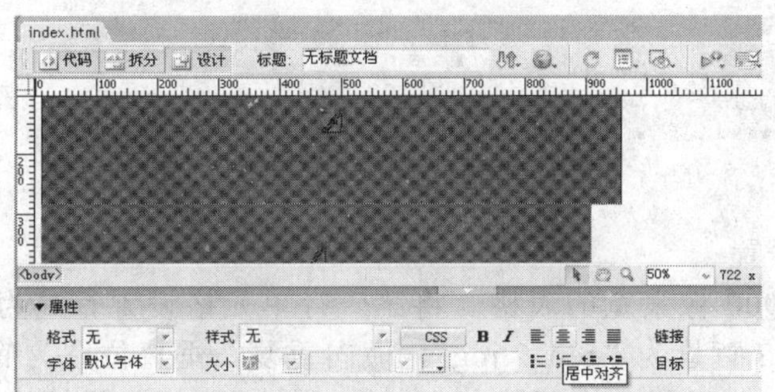

图 6-13　选择<body>标签

图 6-14　页面居中效果

（4）主要内容块划分

该板块主要是用竖向 3 栏进行布局，每栏宽 300 像素，操作步骤如下。

1）插入分割线。在广告栏与主要内容块之间设置一条分割线，对板块进行分割。插入一行一列 900 像素宽的表格，并设置单元格高为 4 像素，背景为“rep_1.jpg”，如图 6-15 所示。如果设置单元格的高度不成功时，选择单元格，打开“代码”视图，将<td>…</td>标签中的“ ”代码删除。“ ”在 HTML 代码中表示空格。

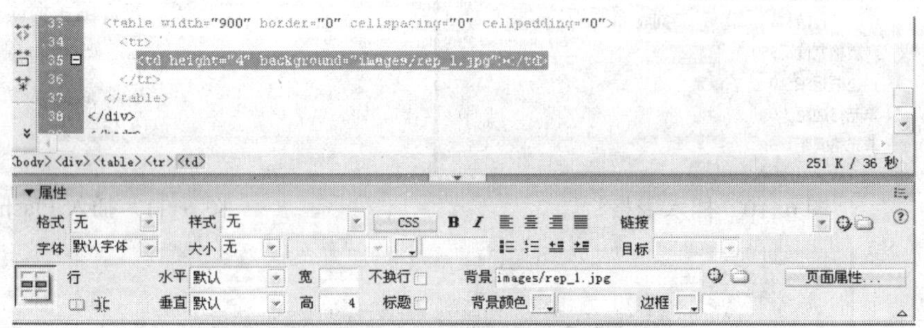

图 6-15　插入分割线

2）插入表格，将板块等分成 3 栏。在分割线后继续插入一行三列宽 900 像素的表格，并在“属性”面板中设置每个单元格宽 300 像素，如图 6-16 所示。

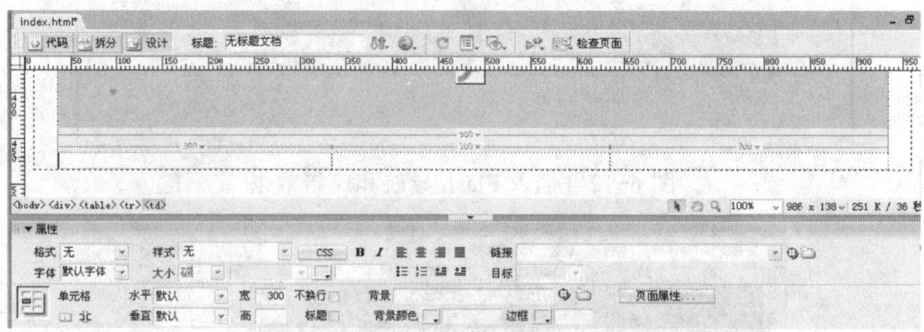

图 6-16　分栏效果

（5）版权信息设置

插入三行一列 900 像素宽的表格。将第一行单元格设置行高为 3 像素，并删除空格，设置单元格 CSS 背景为“rep_2.jpg”，横向重复，垂直位置为底部。分别在第 2 行和第 3 行单元格输入辅助导航和版权信息。在“属性”面板中设置文本样式，如图 6-17、图 6-18 所示。

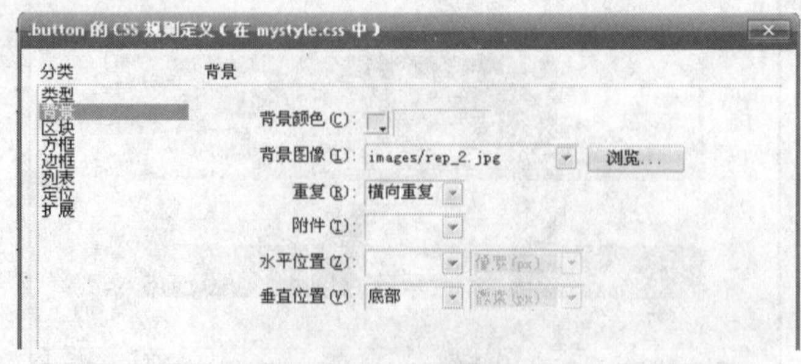

图 6-17　插入版权信息

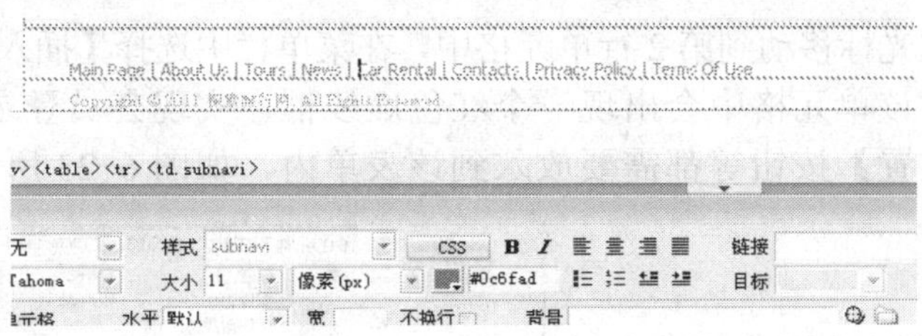

图 6-18　插入版权信息

6.1.3　会员登录表单和搜索表单制作

（1）表格布局

在主要内容块表格的最左边一个单元格中，插入一行五列 300 像素宽的表格，如图 6-19 所示。

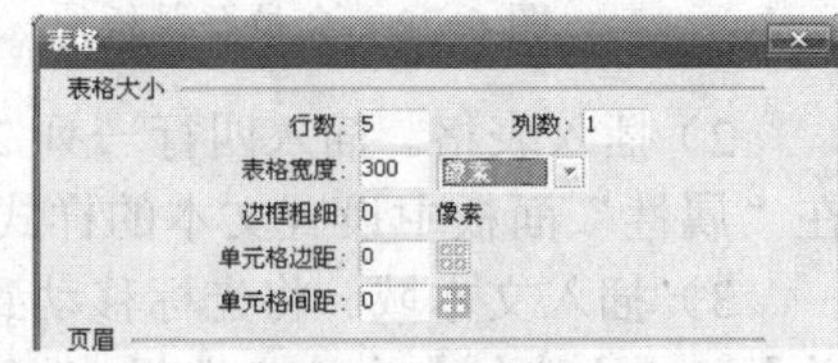

图 6-19　插入表格

（2）输入标题

在表格的第 1 行和第 4 行分别输入版块标题“会员登录”和“线路查询”。在“属性”面板中设置文本样式。将光标移动到第 3 行单元格，在“属性”面板中设置行高为 2 像素，背景颜色为“#E2E4DC”。第 4 行和第 5 行设置背景颜色为“#F0F1EC”。为板块标题所在的两行单元格设置 CSS 背景为图片“find.gif”，不重复，水平居中，垂直位置为底部，如图 6-20、图 6-21 所示。

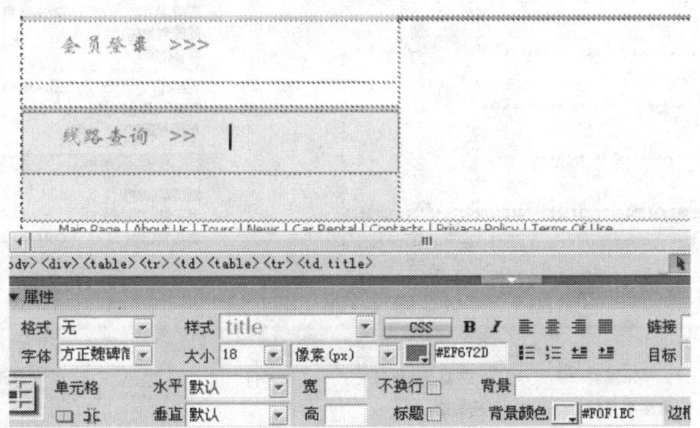

图 6-20　添加标题

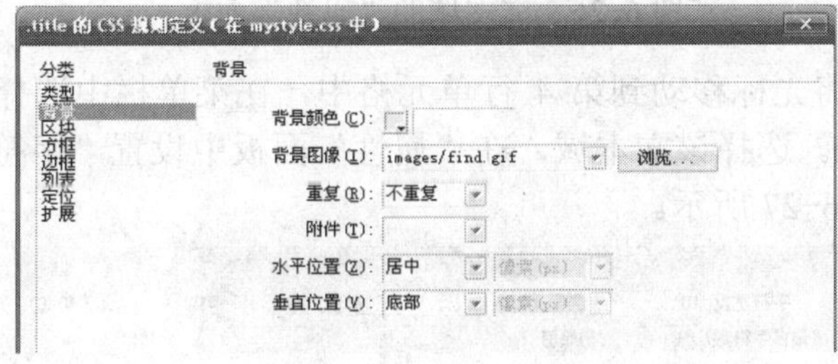

图 6-21　插入表单

（3）会员登录表单

此处实现会员登录功能，包括用户名输入栏、密码输入栏、【登录】按钮和【重置】按钮，这些内容全部都需要放入到同一个表单（Form）内才能其实现。效果如图 6-22 所示。

1）插入表单。将光标移动到第 2 行单元格中，在菜单栏中选择【插入记录】→【表单】→【表单】命令，此时该单元格中会出现一个红色虚线框，实现会员登录的用户名、密码、【登录】按钮和【重置】按钮等都需要放入到该表单内，如图 6-23 所示。

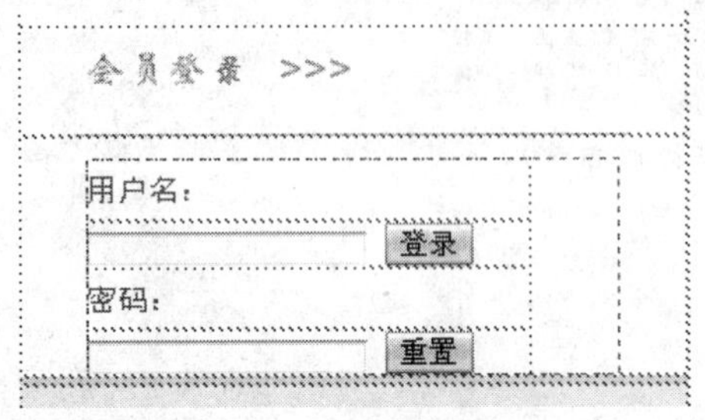

图 6-22　会员登录板块

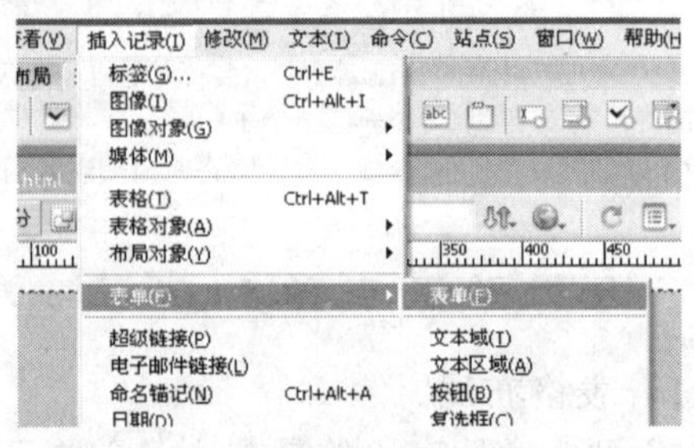

图 6-23　插入表单

2）插入表格。插入四行一列 200 像素宽的表格，分别在第 1 行和第 3 行输入文字，并在“属性”面板中设置文本的样式，如图 6-24 所示。

3）插入文本域。将光标移动到第 2 行单元格中，在菜单栏中选择【插入记录】→【表单】→【文本域】命令。选择该文本域，在“属性”面板中设置“字符宽度”为“18”，“类型”为“单行”，如图 6-25、图 6-26 所示。

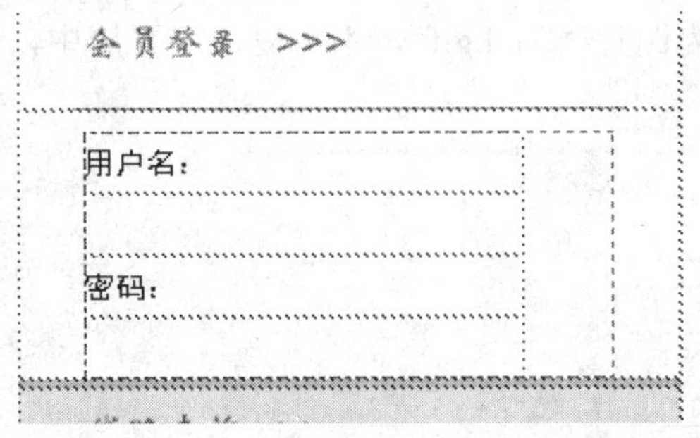

图 6-24　插入表格并输入文本

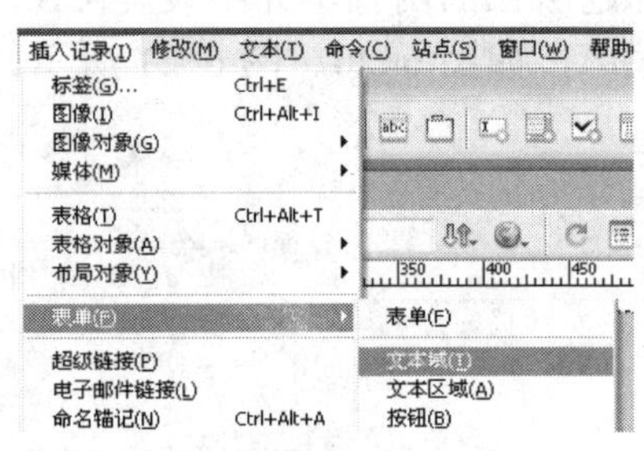

图 6-25　插入文本域

图 6-26　文本域的“属性”面板

4）插入密码域。将光标移动到第 4 行单元格中，在菜单栏中选择【插入记录】→【表单】→【文本域】命令。选择该文本域，在“属性”面板中设置“字符宽度”为“18”，“类型”为“密码”，如图 6-27 所示。

图 6-27　密码域的“属性”面板

5）插入【登录】按钮。将光标移动到第 2 行文本域后，在菜单栏中选择【插入记录】→【表单】→【按钮】命令。选择该按钮，在“属性”面板中设置“值”为“登录”，“动作”

为“提交表单”，如图 6-28、图 6-29 所示。

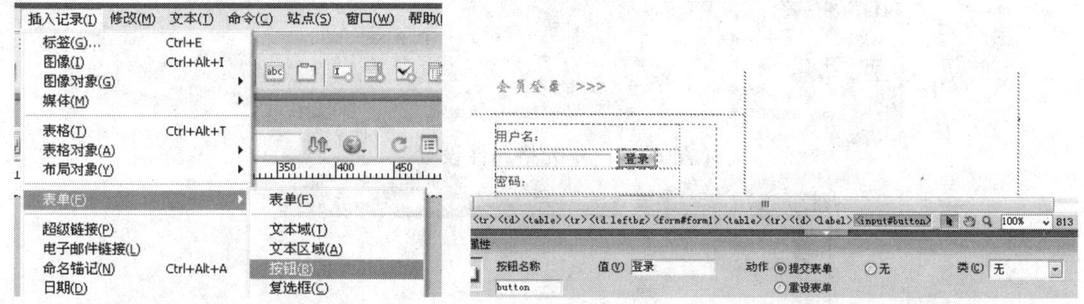

图 6-28　插入按钮　　　图 6-29　设置【登录】按钮属性

6）插入重置按钮。将光标移动到第 4 行文本域后，在菜单栏中选择【插入记录】→【表单】→【按钮】命令。选择该按钮，在“属性”面板中设置“动作”为“重设表单”，如图 6-30 所示。

图 6-30　设置【重设】按钮属性

（4）搜索表单

搜索表单只有一个搜索输入栏和一个搜索按钮。这些内容也需要放置在同一个表单内。插入表单，插入文本域，在“属性”面板中设置“字符宽度”为“18”。插入按钮，在“属性”面板中设置“值”为“查询”，“动作”为“提交表单”，如图 6-31 所示。

图 6-31　搜索表单及属性

6.1.4　常用信息板块

（1）插入表格

将光标移到主要内容块表格的中间单元格，设置该单元格水平居中对齐，文本大小为“12 像素”，颜色为“蓝色”。插入三行一列宽 240 像素的表格，并为第 2 行和第 3 行单元格设置 CSS 样式背景为“rep_3.jpg”，并横向重复，如图 6-32，图 6-33 所示。

图 6-32 单元格属性设置

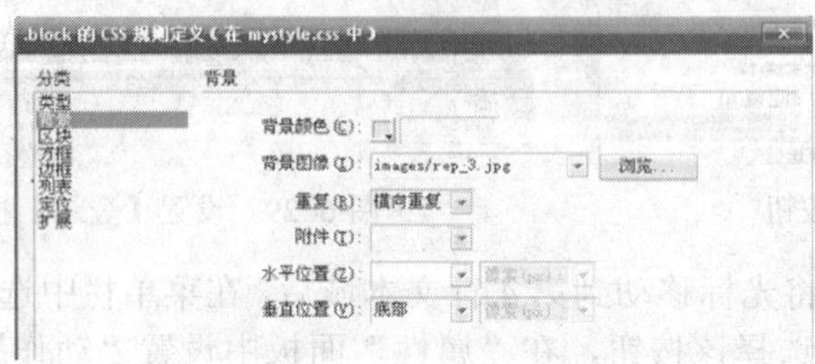

图 6-33 设置 CSS 背景

（2）图片运用

将光标移动到新表格的第 2 行单元格，插入图片“pic_1.jpg”，如图 6-34 所示。

图 6-34 插入图片

（3）添加文本内容

将光标移动到新表格的第 3 行单元格，插入四行两列宽 240 像素的表格，设置第 1 列单元格宽为 15 像素。在第 1 列的每个单元格中插入图片“point_1.jpg”，第 2 列中输入相应文本内容，如图 6-35、图 6-36 所示。

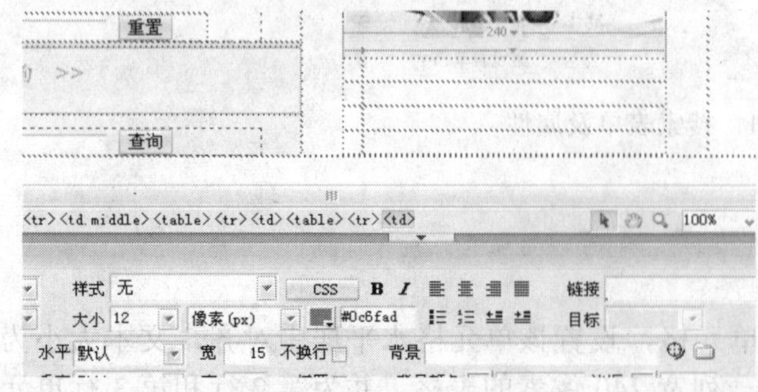

图 6-35 调整单元格宽度

图 6-36 插入图片和文本

6.1.5 景点介绍板块

（1）插入表格

将光标移到主要内容块表格的最右侧单元格，插入两行一列宽 300 像素的表格，设置单元格水平右对齐。为该单元格设置 CSS 样式的左侧边框为 1 像素宽的实线，如图 6-37 所示。

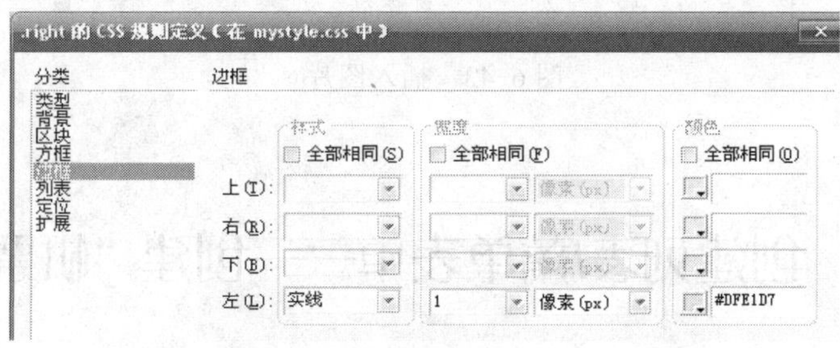

图 6-37 设置 CSS 边框

（2）图文排版

旅游网站在首页一般会有多个热门景点介绍，图文的混排可以让景点展示更为直观，效果如图 6-38 所示。

1）将光标移动到新表格的第 1 行单元格，插入两行两列 270 像素宽的表格，设置第一列单元格为 65 像素，如图 6-39 所示。

马耳他是世界上几个最小的国家之一，它位于地中海中央的几个岛屿上，因而被称为“地中海的心脏”。

塞班有着蔚蓝如洗的晴空、翡翠般湛蓝的海水及细白的沙滩，西临菲律宾，是西太平洋的度假胜地。

图 6-38 图文混排效果

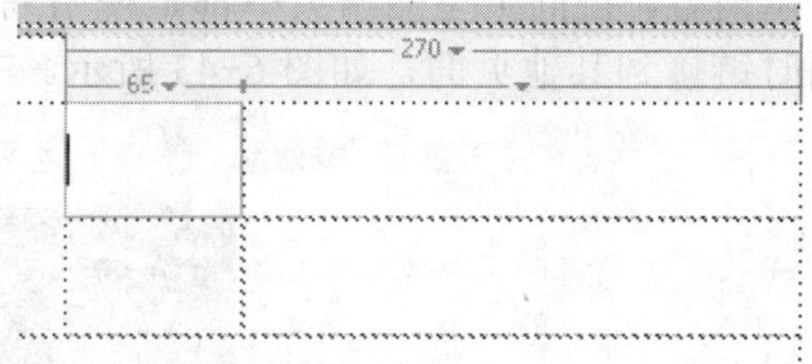

图 6-39 插入表单

2）设置虚线效果。在第 1 列单元格分别插入图片“malta.jpg”和“malta_2.jpg”，第 2 列分别插入两段文本介绍，并为 4 个单元格设置 CSS 样式背景为“rep_3.jpg”，并横向重复，如图 6-40、图 6-41 所示。

塞班有着蔚蓝如洗的晴空、翡翠般湛蓝的海水及细白的沙滩，西临菲律宾，是西太平洋的度假胜地。

图 6-40 虚线背景

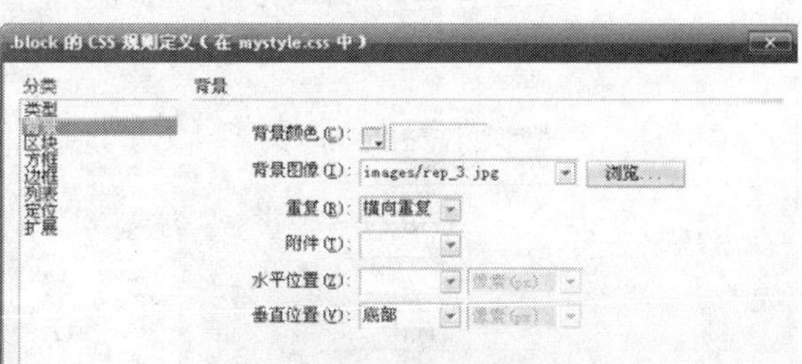

图 6-41 设置 CSS 背景

3）在第 2 列单元格中插入图片“banner_1.gif”，如图 6-42 所示。

图 6-42　插入图片

6.2 任务二　创建列表/菜单表单——创建“机票查询”页面

任务分析

一般在高级搜索页面和注册页面会有用于在多个项目中选择一个的内容。单选按钮和列表/菜单都是实现多选一功能的表单要素。列表/菜单在页面中是显示矩形区域，比单选按钮更加整洁。

在制作“机票查询”页面时，乘客类型、航程类型都是在固定的多个项目中选择其中一个内容，在同类型的网页中都是使用列表/菜单来实现。跳转菜单可以在进行选择项目的同时链接到其他页面，如图 6-43 所示。

图 6-43　“机票查询”页面效果

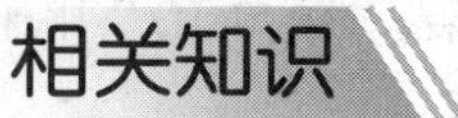

1. 列表/菜单（Select）

列表/菜单一般用来在网页中制作下拉菜单，菜单中的选项都是固定的，如图 6-44 所示。

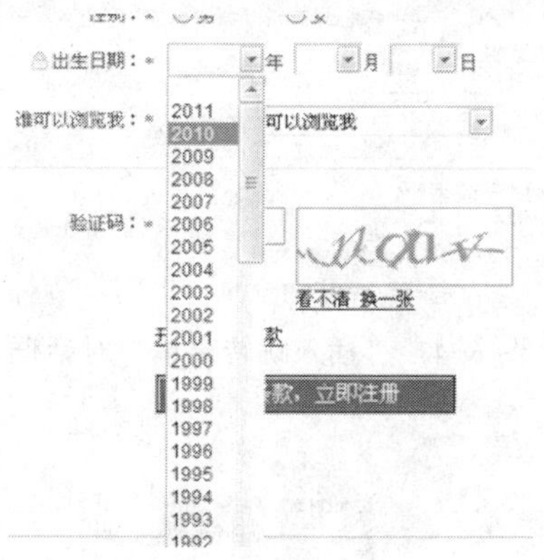

图 6-44　常见的列表/菜单

列表/菜单的“属性”面板如图 6-45 所示。

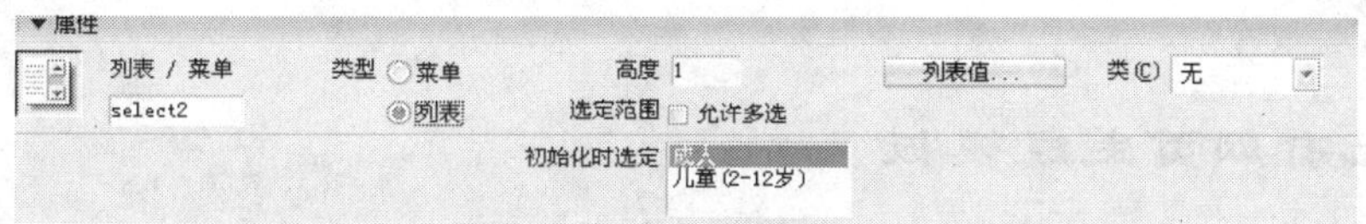

图 6-45　列表/菜单的“属性”面板

其中“类型”有菜单和列表两种，菜单是只能在所提供的项目中进行单选并且一次只能显示一行，列表则可以设置高度（页面中显示所选项目的行数），还可以设置是否允许多选。“初始化时选定”是在所列项目中默认显示的项目。“列表值”可以输入或者修改列表/菜单中的各项目标签和值。“项目标签”是在网页中显示的内容，“值”则是选择的相应的标签后提交到服务器的数据内容，如图 6-46 所示。

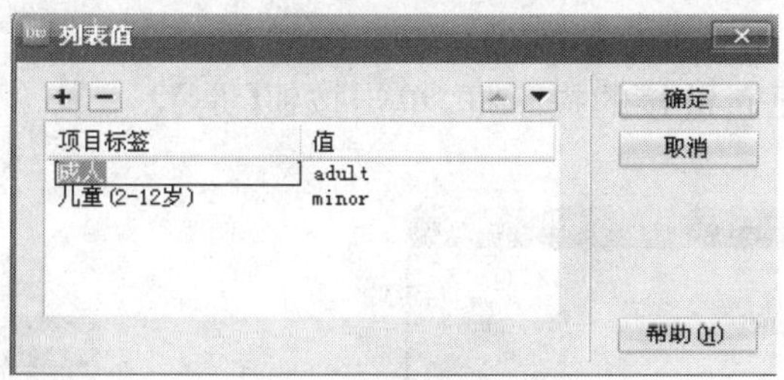

图 6-46　“列表值”对话框

2. 跳转菜单（JumpMenu）

利用列表/菜单所制作出的下拉菜单只能进行选择，利用跳转菜单所制作出的下拉菜单则可以在选择同时链接跳转到其他文件。

“插入跳转菜单”对话框如图 6-47 所示。其中，“菜单项”是在下拉菜单中所显示的项目名称，可以通过“文本框”对文字内容进行修改，也可以通过“选择时，转到 URL”

来为该项目设置链接路径。“打开窗口于”可以设置显示链接文件的框架。“菜单 ID”用来设置跳转菜单的名称。

跳转菜单的“属性”面板如图 6-48 所示，与列表/菜单的“属性”面板内容基本一样。

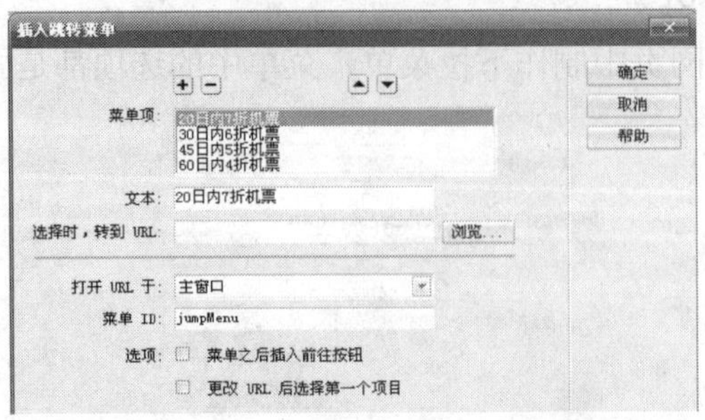

图 6-47 “插入跳转菜单”对话框

图 6-48 跳转菜单的“属性”面板

任务实施

6.2.1 将已有网页生成模板

网站需要创建多个同风格、布局类似的网页，可以利用模板功能来快速完成其他页面的设计制作（有关模板的相关知识将在模块七中介绍）。

1）打开 index.html，选择【文件】→【另存为模板】命令，如图 6-49 所示。

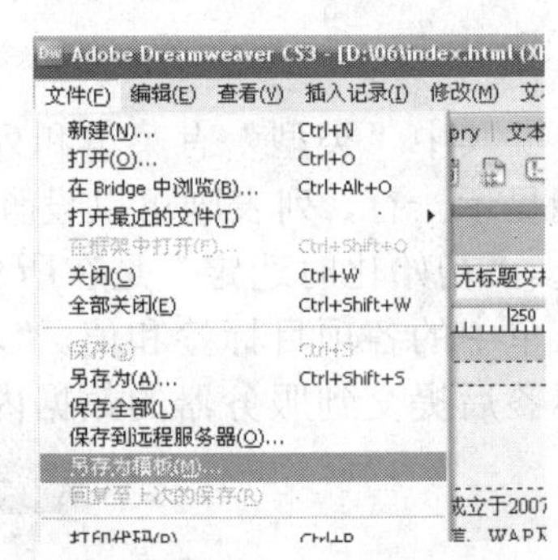

图 6-49 另存为模板

2）打开“另存模板”对话框后，在“站点”下拉列表中出现当前的本地站的名称。在“另存为”文本框中输入模板的名称为“Travel”，单击【保存】按钮，如图 6-50 所示。

3）这时会弹出是否更新链接的提示框，单击按钮【是】，如图 6-51 所示。

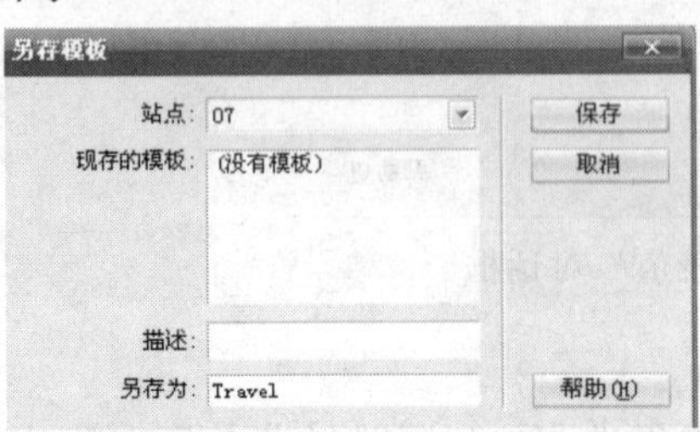

图 6-50 “另存模板”对话框

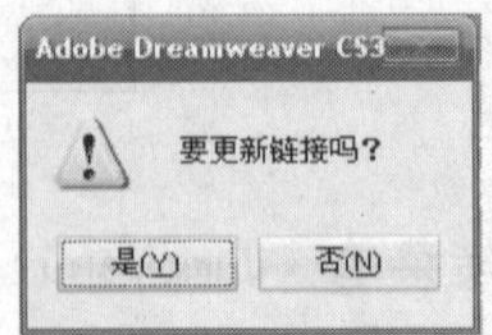

图 6-51 更新链接

4）此时在标题栏中显示的是 temp.dwt。这表示当前文档为模板文档。在“文件”面板中出现了刚刚创建的“Templates”文件夹，文件夹内包含了 Travel.dwt 的模板。

模板创建后，还需要设置可编辑区域，操作步骤如下。

1）在页面会员登录区域，选择需要进行编辑的区域，在标签选择器上选择<table>标签，如图 6-52 所示。

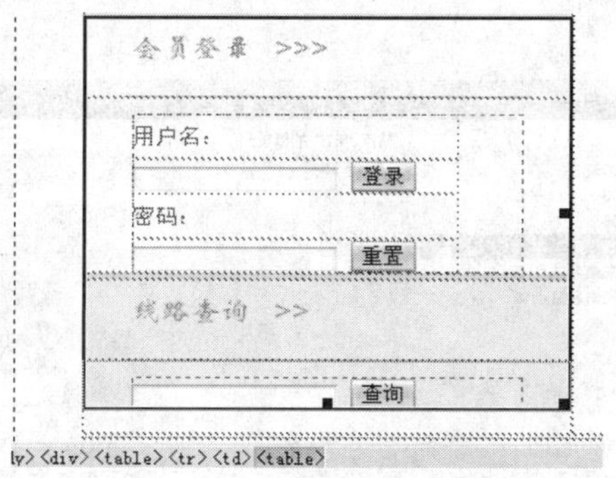

图 6-52 选择可编辑区域

2）单击鼠标右键，选择【模板】→【新建可编辑区域】命令。在弹出的“新建可编辑区域”对话框中，设置名称为“left”，即该区域是命名为“left”的可编辑区域，而且该区域是可以进行修改的，如图 6-53、图 6-54 所示。

3）用同样的方法将常用信息板块创建为可编辑区域，如图 6-55 所示。

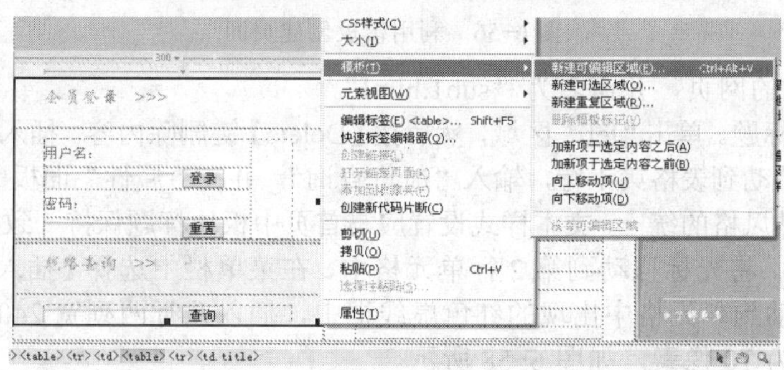

图 6-53 新建可编辑区域

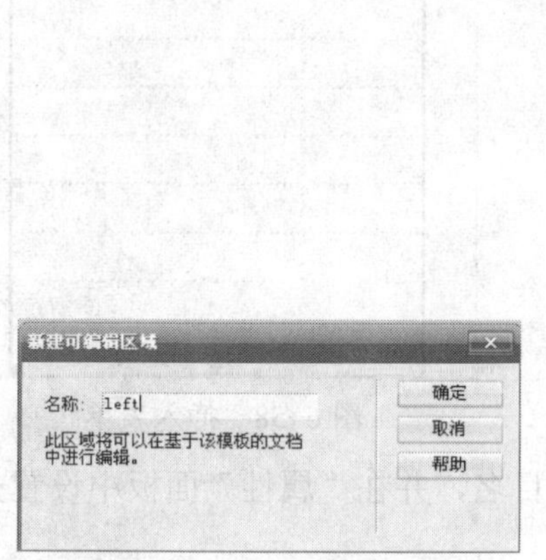

图 6-54 为可编辑区域命名

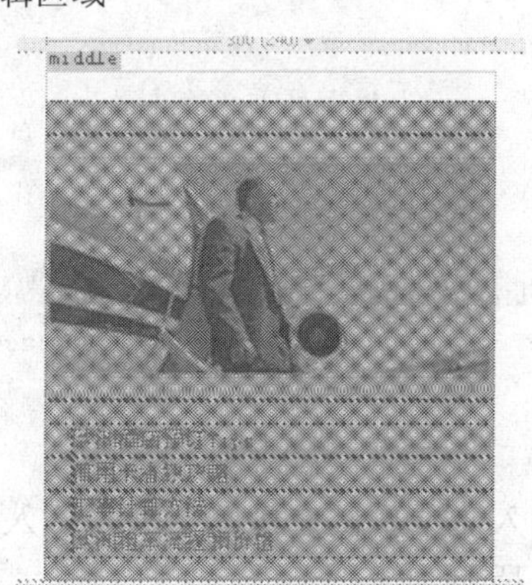

图 6-55 设置可编辑区域

6.2.2 利用列表/菜单表单制作“机票查询”页面

首先利用列表/菜单制作航班查询板块，操作步骤如下。

1）新建页面。按下快捷键【Ctrl＋N】，打开“新建文档”对话框，选择“模板中的页”项，可以看到在本站点内，有一个名为“Travel”的模板，最右侧是预览效果图。勾选上“当模板改变时更新页面”复选框，以便于修改模板时可以自动更新网页。最后单击【创建】按钮，如图 6-56 所示。

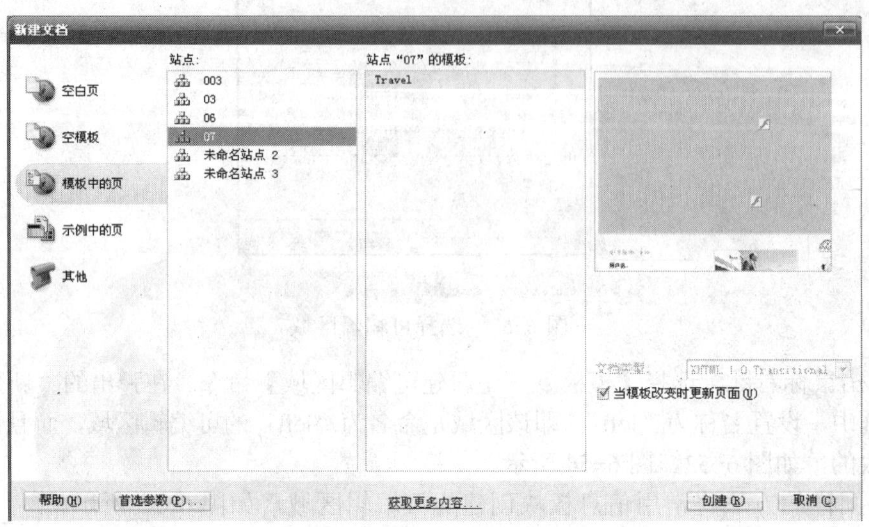

图 6-56　利用模板创建页面

2）保存新建的网页，并命名为“sub1.html”。

3）输入板块标题。单击“left”区域，然后按【Delete】键删除内容。插入两行一列宽 100% 的表格。将光标移动到表格第 1 行，输入“航班查询”，并在“属性”面板中设置文本样式。为了保持整个网站风格的统一，文本样式设置应与首页中板块标题保持一致，如图 6-57 所示。

4）插入表单。将光标移动到第 2 行单元格中，在菜单栏中选择【插入记录】→【表单】命令。将光标移动到单元格中出现的红色虚线框中，插入八行两列宽 240 像素的表格。设置表格第一列宽为 70 像素，如图 6-58 所示。

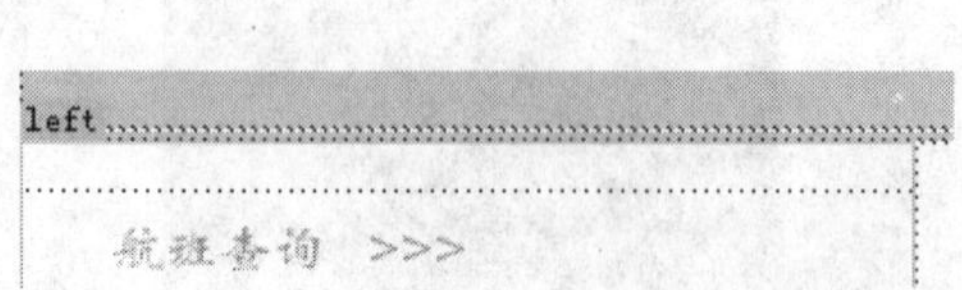

图 6-57　输入标题

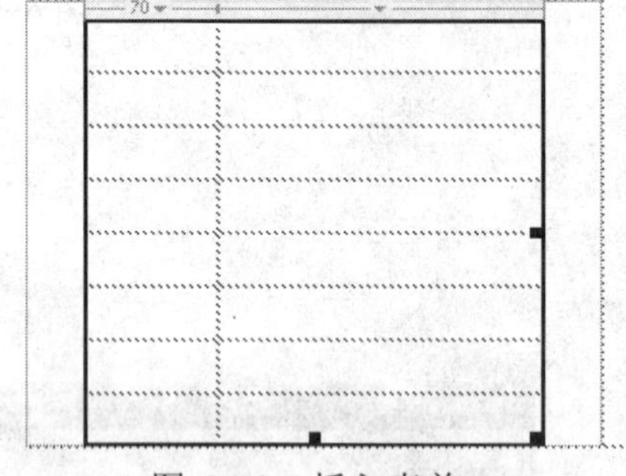

图 6-58　插入表单

5）输入文字。在表格第 1 列中输入查询的项目名，并在“属性”面板中设置文本样式，如图 6-59 所示。

6）插入文本字段。将光标移动到第 2 列第 1 行的单元格，在菜单栏中选择【插入记录】→【表单】→【文本字段】命令。选择该文本域，在“属性”面板中设置“字符宽度”为“18”，“类型”为“单行”，“初始值”为“中文/英文”。用同样的方法在第 2、3、4 行中插入文本域，如图 6-60、图 6-61 所示。

7）利用列表/菜单制作下拉菜单。将光标移动到第 2 列第 5 行的单元格，在菜单栏中选择【插入记录】→【表单】→【列表/菜单】命令。选择该列表菜单，在“属性”面板中设置“类型”为“菜单”。单击【列表值】按钮，弹出“列表值”对话框，在项目标签和值中分别输入 1～9。用同样的方法在第 6、7 行中插入文本域。项目标签和值可以设置相同或者不同，在网页内只能看到项目标签的内容，但是传递到服务器的数据则只有值，每一项的值都应该是唯一的，如图 6-62～图 6-65 所示。

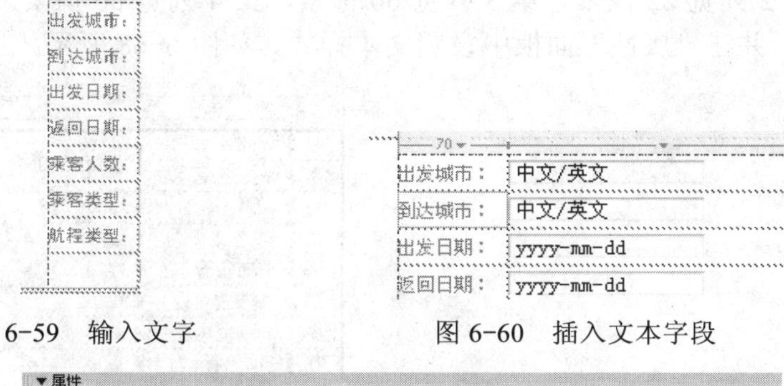

图 6-59　输入文字　　图 6-60　插入文本字段

图 6-61　修改文本字段属性

图 6-62　下拉菜单

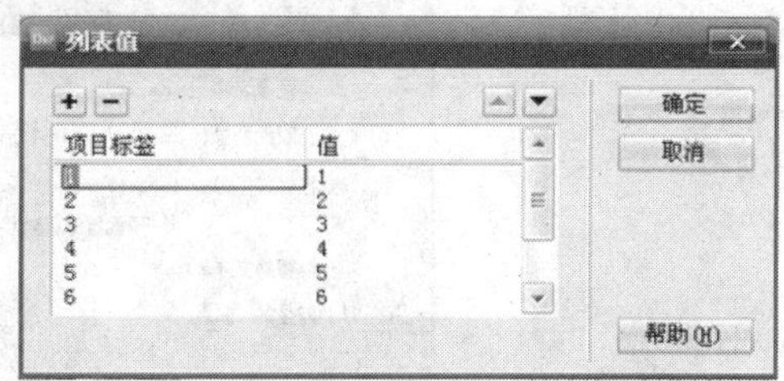

图 6-63　乘客人数列表值

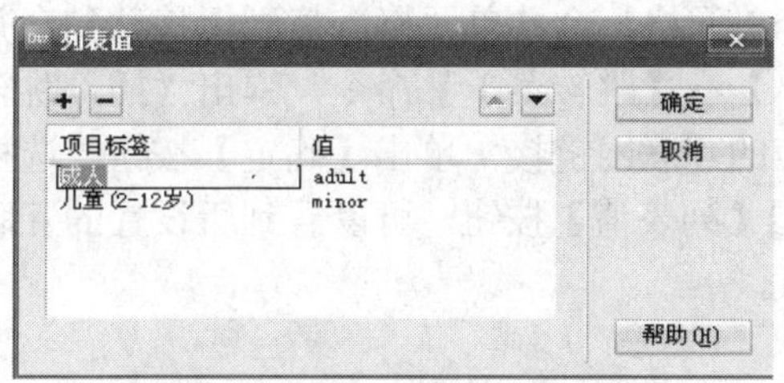

图 6-64　乘客类型列表值

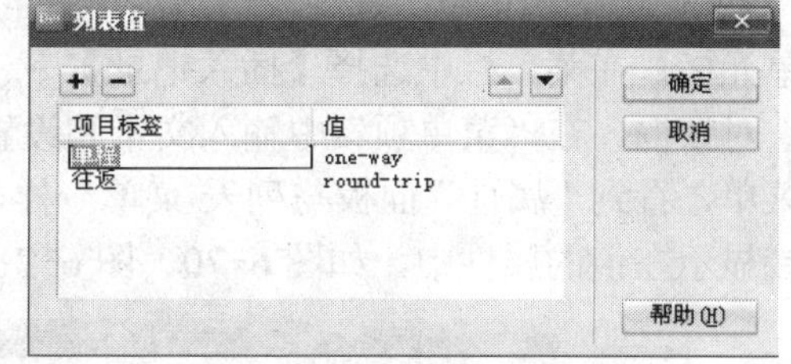

图 6-65　航程类型列表值

8）插入按钮。将光标移动到第 2 列最后一行的单元格，菜单栏中选择【插入记录】→【表单】→【按钮】命令。选择该按钮，在“属性”面板中设置“值”为“查询航班”，“动作”为“提交表单”，如图 6-66 所示。

图 6-66　插入按钮

刚刚利用列表/菜单制作了不带链接的下拉菜单。利用跳转菜单制作的下拉菜单，既可以链接站点的内部页面，也可以链接互联网上的页面，操作步骤如下。

1）单击“middle”区域，然后按【Delete】键删除内容。插入两行一列宽 300 像素的表格。将光标移动到表格第 1 行，输入“往返特惠”，并在“属性”面板中设置文本样式。为了保持整个网站风格的统一，文本样式设置应与“航班查询”标题保持一致，如图 6-67 所示。

2）输入文字内容。将光标移动到第 2 行，插入九行五列宽 240 像素的表格。设置第 1 列宽 30 像素，第 2 列宽 22 像素，第 3 列宽 60 像素，第 4 列宽 60 像素。并在第 1、3、4 列输入文字内容，并在“属性”面板中设置文本样式，如图 6-68 所示。

往返特惠 >>>

北京	⇌	布鲁塞尔	￥4110
北京	⇌	法兰克福	￥3570
北京	⇌	莫斯科	￥2380
北京	⇌	伦敦	￥4320
上海	⇌	布鲁塞尔	￥3720
上海	⇌	法兰克福	￥4270
上海	⇌	慕尼黑	￥3500
广州	⇌	莫斯科	￥3200

东方航空

图 6-67 往返特惠板块内容

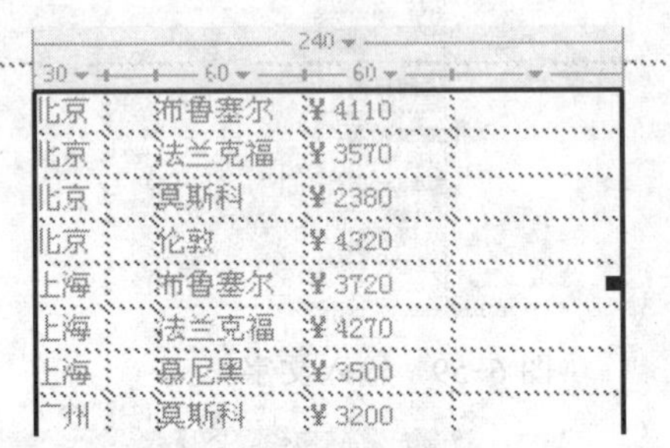

30		60	60	
北京		布鲁塞尔	￥4110	
北京		法兰克福	￥3570	
北京		莫斯科	￥2380	
北京		伦敦	￥4320	
上海		布鲁塞尔	￥3720	
上海		法兰克福	￥4270	
上海		慕尼黑	￥3500	
广州		莫斯科	￥3200	

图 6-68 插入表格并输入文字

3）插入图片，在第 2 列每个单元格中插入图片“arrow.jpg”，在第 5 列插入鼠标经过图像，如图 6-69 所示。

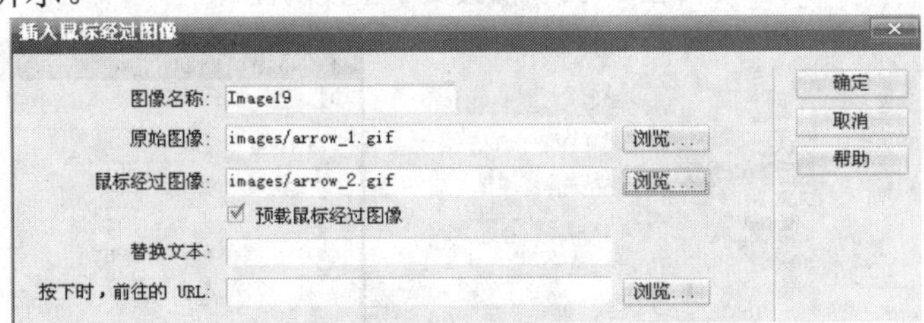

图 6-69 设置鼠标经过图像

4）使用跳转菜单。选中表格最后一行的 5 个单元格，合并单元格。将光标移动到合并后的单元格，在菜单栏中选择【插入记录】→【表单】→【跳转菜单】命令，弹出“插入跳转菜单”对话框。在“菜单项”中输入文本和设置对应的互联网链接，单击【确定】按钮。选择跳转菜单，看到“属性”面板与列表/菜单一样，单击【列表值】按钮，可以看到所设置的互联网链接显示在值的属性中，如图 6-70、图 6-71 所示。

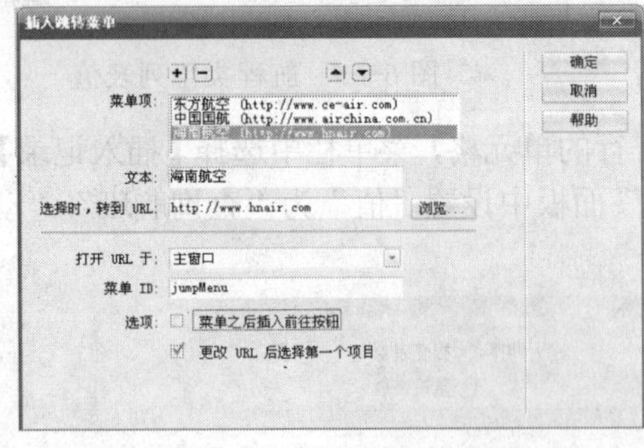

图 6-70 “插入跳转菜单”对话框

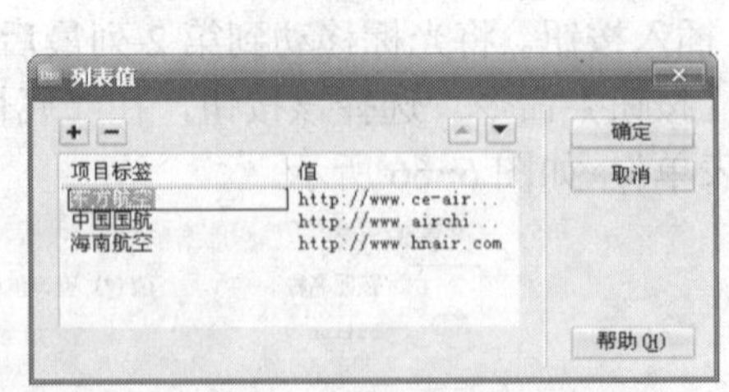

图 6-71 跳转菜单列表值

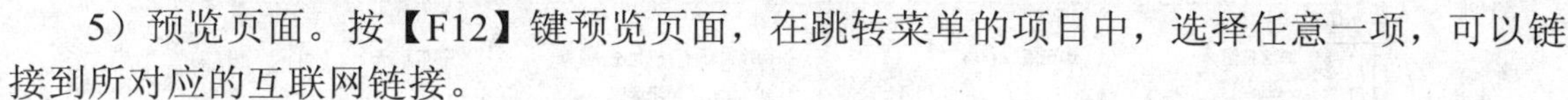

5）预览页面。按【F12】键预览页面，在跳转菜单的项目中，选择任意一项，可以链接到所对应的互联网链接。

6.3 任务三 使用单选按钮和复选框——创建“网站活动”页面

任务分析

一般的问卷调查中往往都是单选或者多选的项目，在旅游调查页面中则是利用单选按钮和复选框来制作问卷调查，效果如图 6-72 所示。

图 6-72 “网站活动”页面效果

相关知识

1. 单选按钮（Radio）

单选按钮是在多个项目中只选择一项的按钮。

单选按钮组：为了实现单选按钮的功能，应该把两个以上的项目合并为一个组，并且一个组的单选按钮都应该具有相同的名称，这样才能看出它们是同一个组的项目。除此以外，一定要输入单选按钮的“值”属性。这样访问者在选择项目时，单选按钮的“值”属性才能传递到服务器上，并对不同的项目进行区分。

单选按钮的“属性”面板如图 6-73 所示。

图 6-73　单选按钮的“属性”面板

2. 复选框（Checkbox）

利用复选框可以在罗列的多个选项中进行多选。由于复选框可以一次选择两个以上的选项，因此可以将多个复选框组合成一组。复选框除了可以进行多选以外，其他属性与单选按钮是一样的。

复选框的“属性”面板如图 6-74 所示。

图 6-74　复选框的“属性”面板

任务实施

6.3.1　使用单选按钮和复选框制作“服务调查”板块

首先利用模板生成“旅游调查”页面，操作步骤如下。

1）新建页面。按下快捷键【Ctrl+N】。打开“新建文档”对话框，选择“模板中的页”项，可以看到在本站点内，有一个名为“Travel”的模板。勾选上“当模板改变时更新页面”复选框，再单击【创建】按钮，如图 6-75 所示。

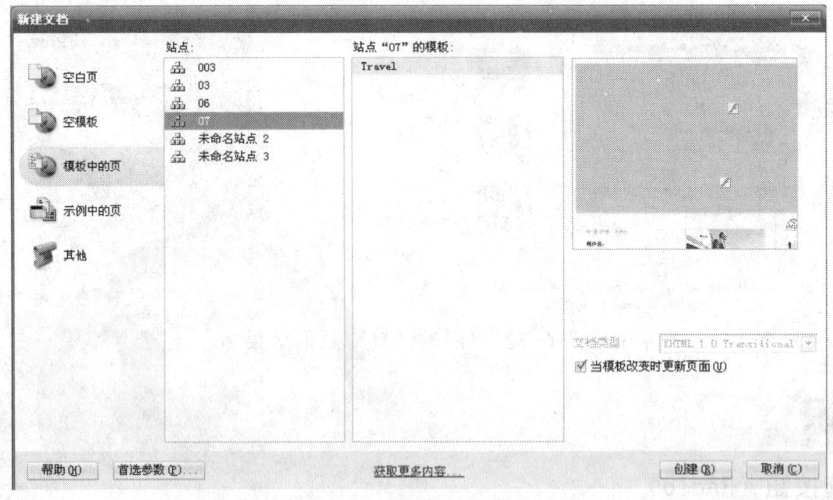

图 6-75　利用模板创建页面

2）保存新建的网页，并命名为“sub2.html”。

3）输入板块标题。单击“left”区域，然后按【Delete】键删除内容。插入两行一列宽 100%的表格。将光标移动到表格第 1 行，输入“服务调查”，并在“属性”面板中设置文本样式。为了保持整个网站风格的统一，文本样式设置应与首页中板块标题保持一致，如图 6-76 所示。

4）插入表单。将光标移动到第 2 行单元格中，在菜单栏中选择【插入记录】→【表单】→【表单】命令。将光标移动到单元格中出现的红色虚线框中，插入九行一列宽 270 像素的表格。

5）输入文字。在表格中分别输入如图 6-77 所示的文字内容，并在“属性”面板中设置文本样式。

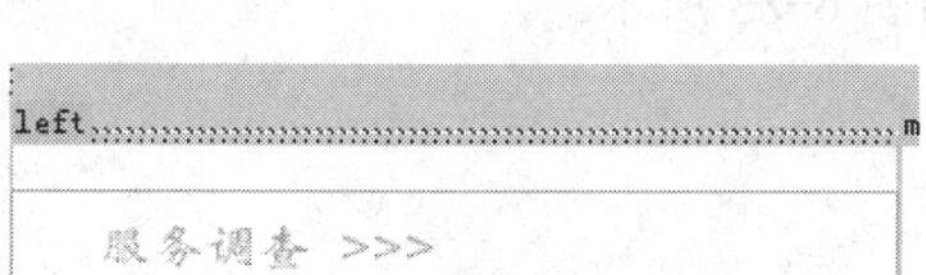

图 6-76　输入标题

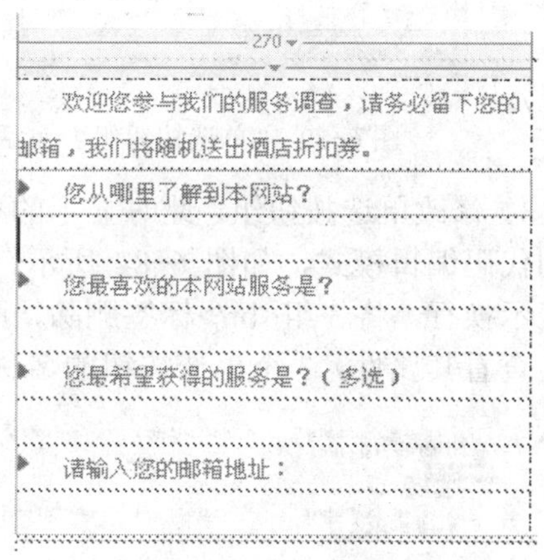

图 6-77　输入文字

单选按钮和单选按钮组都可以用来实现单选功能，如果要实现单选功能，则单选按钮需要修改按钮名称。单选按钮组的排列比较单一，横向排列时需要在代码中修改设置。在实际应用中可以根据各自特点进行选择。

1）插入单选按钮。将光标移动到第 3 行单元格中，在菜单栏中选择【插入记录】→【表单】→【单选按钮】命令，用同样的方法添加其他单选按钮。按【F12】键预览页面，如图 6-78 所示。单击单选按钮，发现无法实现单选功能。在 Dreamweaver 中分别查看 3 个单选按钮的“属性”面板，发现单选按钮的名称和选定值分别为“radio”、“radio2”、“radio3”，将 3 个单选按钮的名称都修改成“radio”，如图 6-79 所示。再按【F12】键预览，查看单选功能是否实现。此处需要注意，单选按钮的名称虽然需要一致，但是选定值不能一致，否则传递到服务器后无法判断是对哪项进行了选择。

图 6-78　插入单选按钮

图 6-79　单选按钮属性设置

2）插入单选按钮组。如果同一名称的单选按钮比较多，逐个修改名称比较麻烦，也可以使用单选按钮组来完成。将光标移动到表格第 5 行单元格中，在菜单栏中选择【插入记录】→【表单】→【单选按钮组】命令。此时会弹出“单选按钮组”对话框，增加并修改

“标签”和“值”属性，再单击【确定】按钮，如图 6-80、图 6-81 所示。

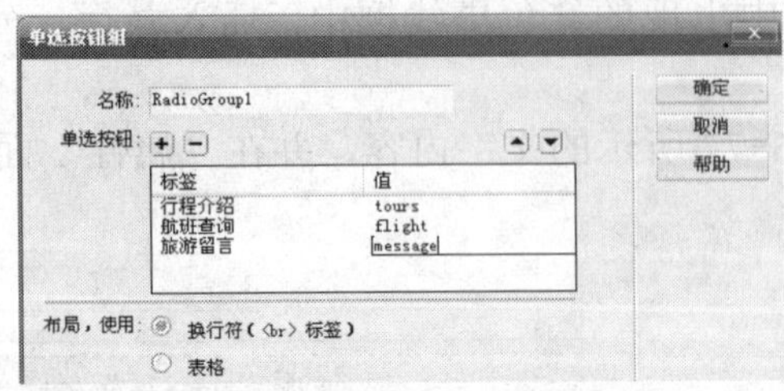

图 6-80 “单选按钮组”对话框

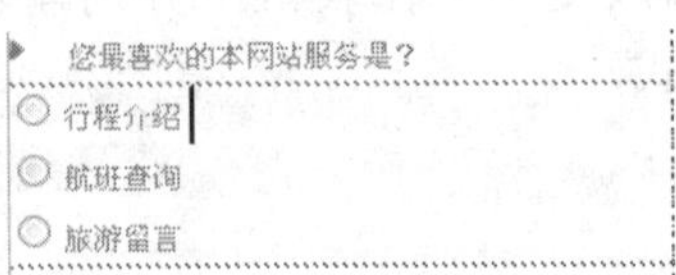

图 6-81 单选按钮组效果

3）修改单选按钮组。此时显示的单选按钮组与前面设置的单选按钮排列有所不同，切换到代码编辑模式，如图 6-82 所示，可以看到每个单选按钮后都有一个
标签，该标签表示换行，将 3 组
标签删除，则可以让显示效果与前一单选相同。单击每个单选按钮，查看其属性，3 个单选按钮的名称都一样，如图 6-83 所示。

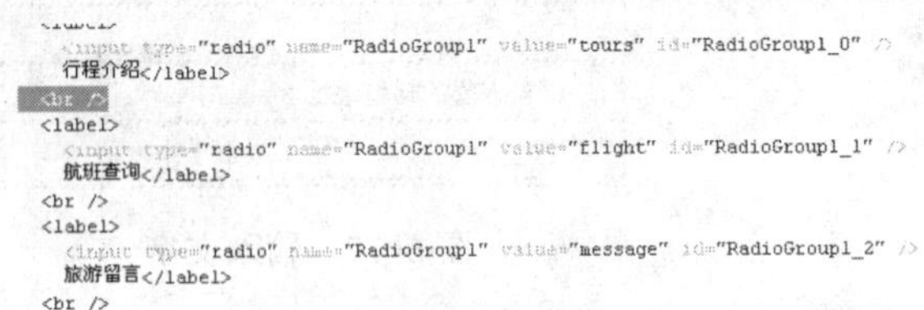

图 6-82 代码编辑模式

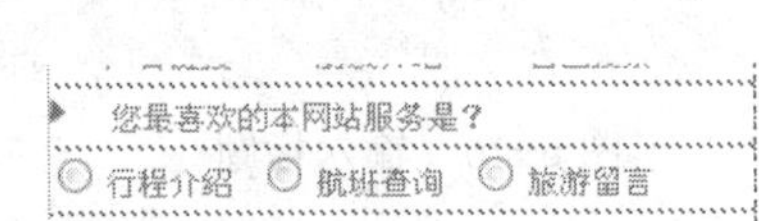

图 6-83 修改后效果

4）插入复选框。将光标移动到第 7 行单元格中，在菜单栏中选择【插入记录】→【表单】→【复选框】命令，用同样的方法添加其他复选框，如图 6-84 所示。

5）插入文本字段和【提交】按钮。将光标移动到第 9 行单元格中，在菜单栏中选择【插入记录】→【表单】→【文本字段】命令，设置文本字段属性。再插入【提交】按钮，如图 6-85 所示。

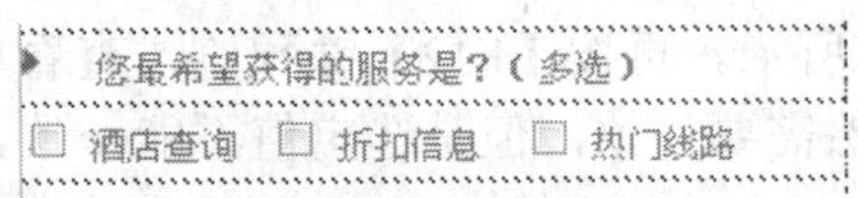

图 6-84 插入复选框

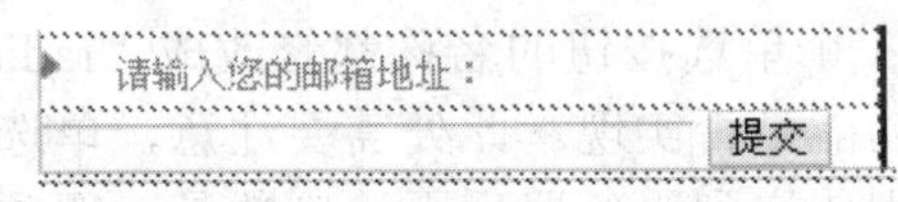

图 6-85 插入文本字段和【提交】按钮

6.3.2 利用 CSS 样式美化页面

首先为页面的中间部分设计“热门活动”板块，插入相应的图片和文本，效果如图 6-86 所示。

1）输入板块标题。单击“middle”区域，然后按【Delete】键删除内容。插入两行一列宽 100%的表格。将光标移动到表格第 1 行，输入“热门活动”，并在“属性”面板中设置文本样式。为了保持整个网站风格的统一，文本样式设置应与各板块标题保持一致。

2）插入图片。将光标移动到第 2 行单元格中，插入三行两列宽 270 像素的表格，为第 1 列单元格设置 70 像素的宽，并分别插入图片“to_5.jpg”、“to_3.jpg”、“to_6.jpg”，

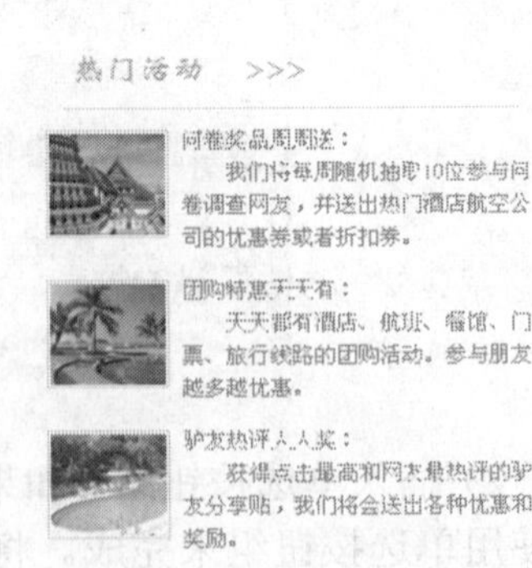

图 6-86 热门活动板块效果

如图 6-87 所示。

3）插入文本。在第 2 列的单元格分别插入对应的文字内容，并在“属性”面板中设置其属性，如图 6-88 所示。

图 6-87　插入图片

图 6-88　插入文本

美观的网页除了图片漂亮，文字美观也是非常重要的。如果文字是堆放在一起，文字与文字间没有适当的间距，那就显得页面过于局促。在文字的“属性”面板中，只能够改变文字的颜色、大小、对齐方式等，但是无法设置文字在单元格内上下左右所间隔的位置。利用 CSS 样式则可以对此进行设置。如果反复使用同样的属性样式对文本进行设置时，也可以用到 CSS 样式，减少重复工作。例如标题“热门活动”的属性样式在首页、“机票查询”页面和本页面都反复使用过，也可以对此类标题设置统一的样式，效果比较如图 6-89 所示。

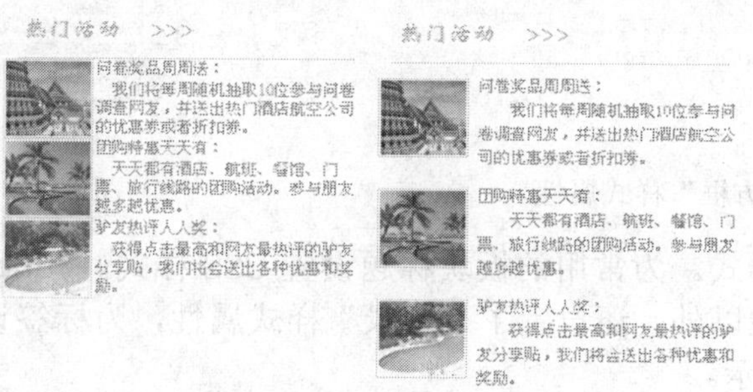

图 6-89　效果比较

1）新建 CSS 样式。在“CSS 样式”面板中，单击【新建】按钮，新建名为“mid”的 CSS 样式，如图 6-90 所示。

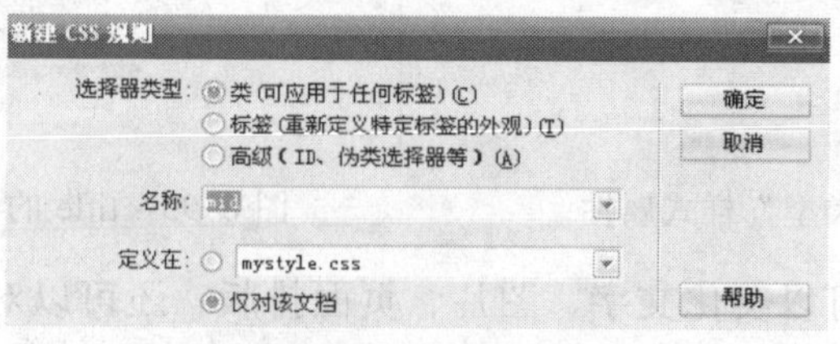

图 6-90　新建 CSS 样式

2）设置CSS样式的“类型”。在“类型”项中设置文字的基本属性，如图6-91所示。

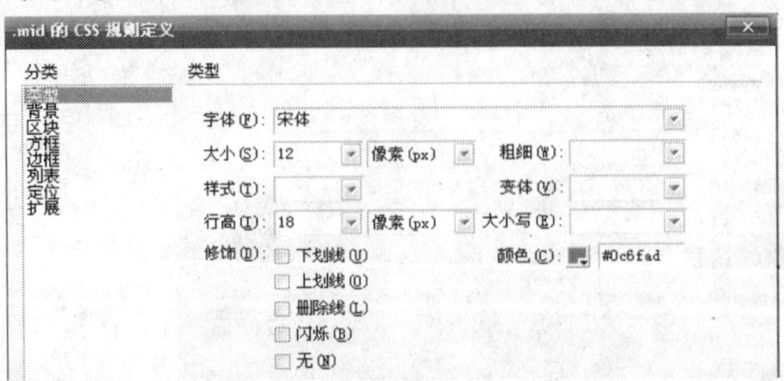

图6-91 “类型”样式属性

3）设置CSS样式的“方框”。在“方框”项中，设置方框的高和填充。此样式属性一般只在样式应用于<td>单元格标签和<div>标签时才有效，如果应用于<p>、<span>等标签时无法实现。“高”可以设置<td>和<div>的高度，“填充”则是设置在<td>和<div>的四周边缘填充上空白部分，如图6-92所示。

4）应用“mid”样式。在第3步中介绍了“mid”样式由于设置了“方框”样式属性，所以在应用该样式时是针对于<td>或者<div>。选择第1段文本内容所在的单元格<td>标签，在“属性”面板的“样式”下拉菜单中选择“mid”。用同样的方法为第2段、第3段文本单元格设置“mid”样式，如图6-93所示。

图6-92 “方框”样式属性

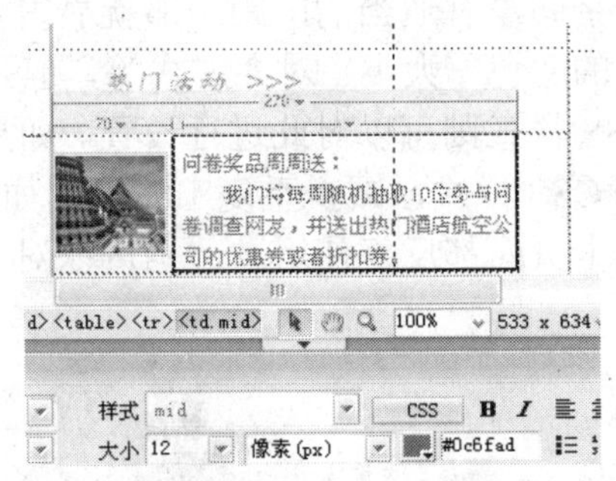

图6-93 应用“mid”样式

5）新建“title”样式。为常用的板块标题设置CSS样式。“title”样式除了设置“类型”、“方框”样式属性以外，还设置了“背景”样式属性，为标签设置了一个背景图像，如图6-94～图6-96所示。

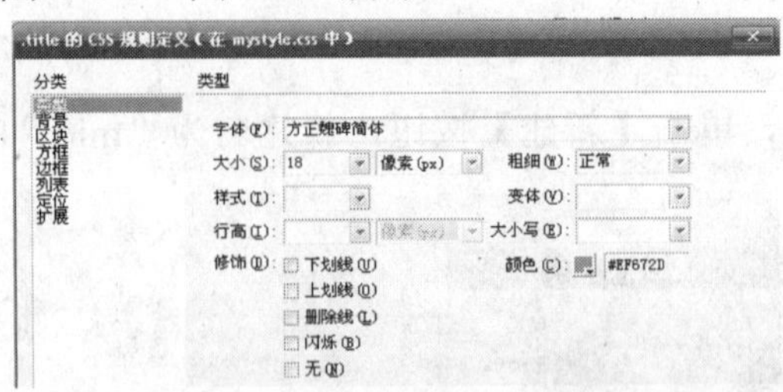

图6-94 title的“类型”样式属性

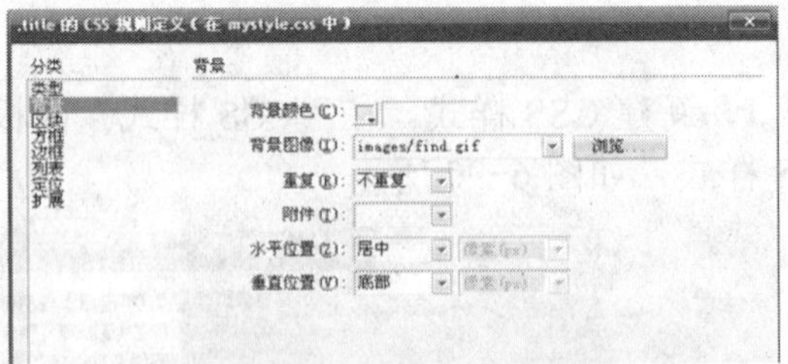

图6-95 title的“背景”样式属性

利用CSS样式除了可以美化文字、图片、页面排版，还可以对表单进行美化。一般使用背景、方框、边框等CSS样式对表单进行设置，效果比较如图6-97所示。

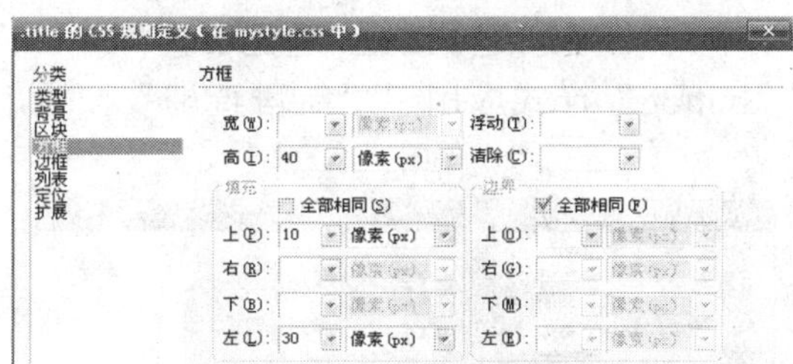

图 6-96 title 的“方框”样式属性

图 6-97 效果比较

1）新建文本字段的 CSS 样式。在“CSS 样式”面板中，单击【新建】按钮，新建名为“textfield”的 CSS 样式对文本字段进行美化。将“textfield”样式应用于 4 个文本字段，其属性设置如图 6-98～图 6-100 所示。

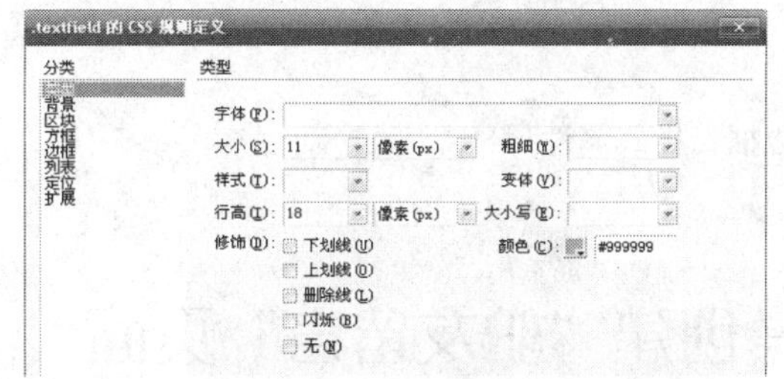

图 6-98 textfield 的“类型”样式属性

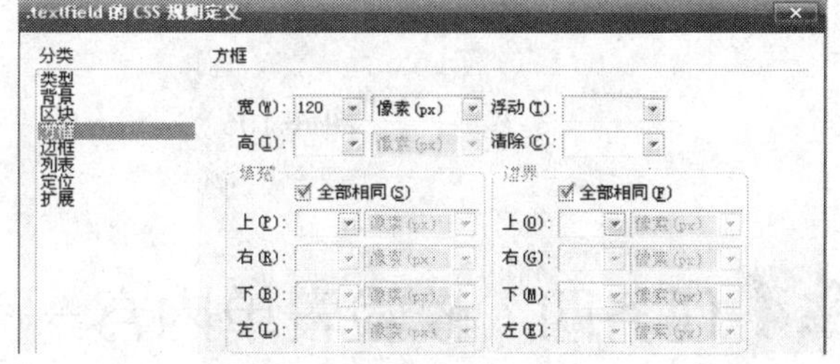

图 6-99 textfield 的“方框”样式属性

图 6-100 textfield 的“边框”样式属性

2）新建列表/菜单的 CSS 样式。在“CSS 样式”面板中，单击【新建】按钮，新建名为“menu”的 CSS 样式对列表/菜单进行美化。将 menu 样式应用于 3 个菜单，其属性设置如图 6-101～图 6-103 所示。

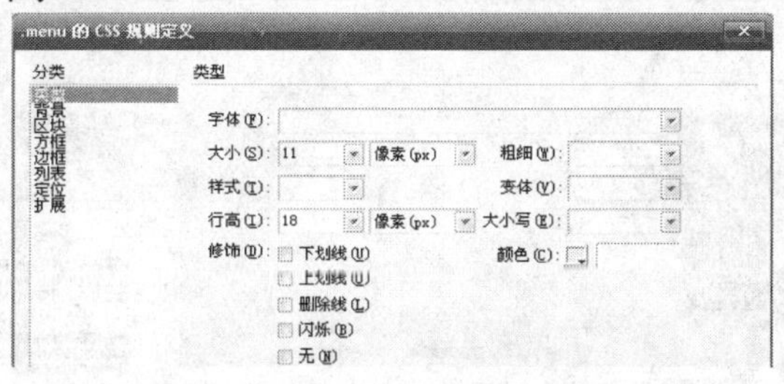

图 6-101 menu 的“类型”样式属性

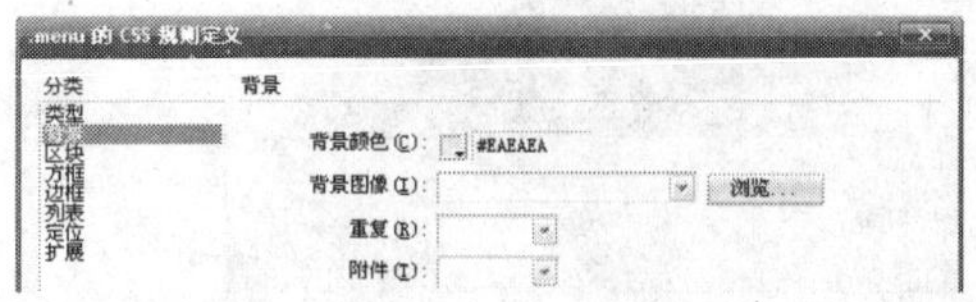

图 6-102 menu 的“背景”样式属性

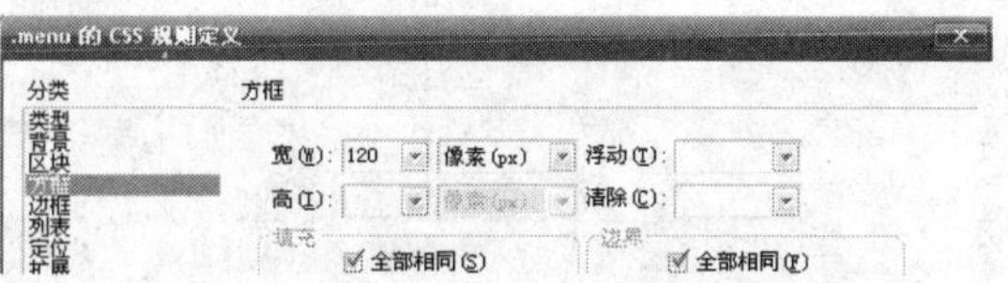

图 6-103 menu 的“方框”样式属性

3）新建按钮的CSS样式。在“CSS样式”面板中，单击【新建】按钮，新建名为“button”的CSS样式对【航班查询】按钮进行美化。将“button”样式应用于“航班查询”按钮，其属性设置如图6-104～图6-106所示。

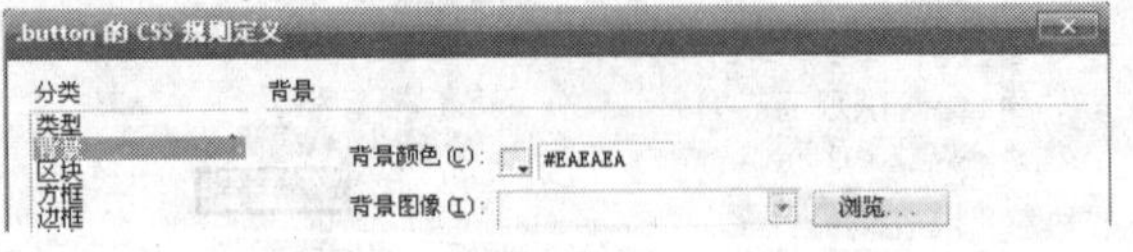

图6-104　button的“背景”样式属性

图6-105　button的“方框”样式属性

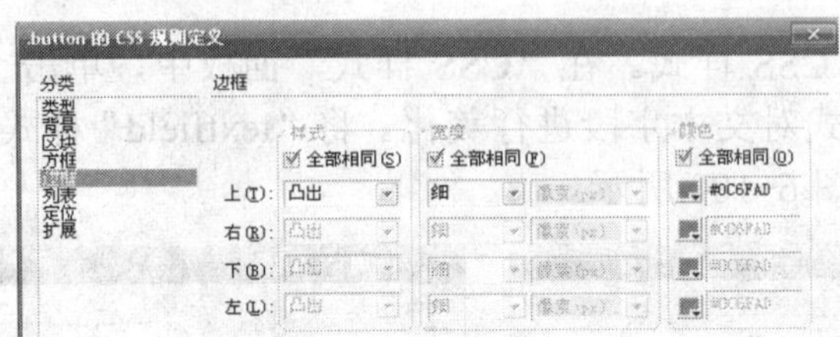

图6-106　button的“边框”样式属性

6.4 任务四　校验表单内容——创建“驴友留言”页面

任务分析

用户在页面的表单中输入内容时，可能会漏填或者填写格式不对。这时需要对表单进行校验，提醒用户填写不规范的地方。常用的表单校验可以使用VbScript代码、JavaScript代码或者利用Dreamweaver添加表单检查行为实现，效果如图6-107所示。

图6-107　“驴友留言”页面效果

相关知识

1. 文本区域（Textarea）

文本区域是可以进行多行输入的表单要素，是网页文件中插入较长文本时使用的表单形式。使用文本区域就可以在网页文件中先显示其中的一部分内容来节省空间，同时用户想要看未显示部分的内容时可以通过滚动条来完成。网页中最常见的则是加入会员时显示的“服务条款”。

文本区域可以通过选择菜单栏中的【插入记录】→【表单】→【文本区域】命令进行添加，也可以利用在任务一中介绍的添加文本字段，然后修改文本字段的类型实现多行文本字段的添加。

文本区域的“属性”面板和多行文本字段的“属性”面板一致，只有默认的名称不同。多行文本字段默认名是“textfield”，文本域是“textarea”，如图 6-108 所示。

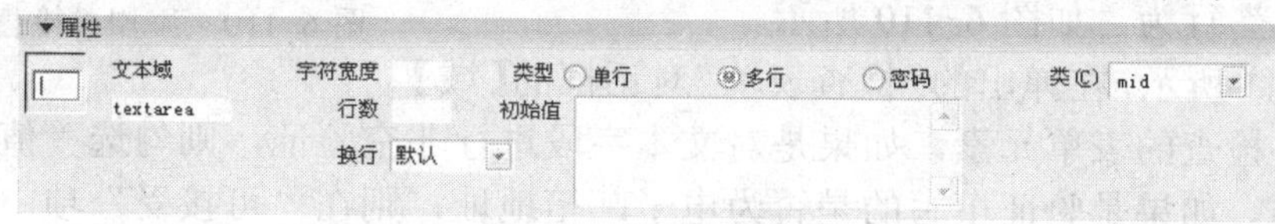

图 6-108　文本区域的“属性”面板

2. 文件域（Filefield）

利用文件域可以在表单文档中制作文件附加项目。选择系统内的文件进行添加后，单击【提交】按钮时就会和表单内容一起提交。文件域主要使用在公告栏中添加文件或者图像一起上传的时候。

文件域可以通过选择菜单栏中的【插入记录】→【表单】→【文件域】命令进行添加。

3. 表单校验

在一个成熟的 Web 应用系统中，经常会使用表单来获取用户的一些信息，如注册信息、在线调查、意见反馈等。为了防止垃圾信息，甚至是空信息条目被收集，对于有些信息项目，需要开发人员按照实际要求进行检验和过滤，如果填写不正确就需要提醒用户进行再次填写，包括字符非空检查、字符长度检查、密码一致检查、邮箱填写格式检查等，这些都是通过表单校验完成。文本字段、文本域是利用校验最多的表单元素。

常用的表单校验可以使用 VbScript 代码、JavaScript 代码或者利用 Dreamweaver 添加表单检查行为实现。其中 JavaScript 语言对表单进行校验只需要客户端就可以实现，调试和使用都非常便捷，它可以通知用户并且就不会将这些错误的表单传给服务器以节省时间。

JavaScript 是一种基于对象和事件驱动并具有安全性能的脚本语言。在网页制作中，一般使用 JavaScript 语言实现网页中的动态交互和网页特效。在网页中最常见的插入脚本程序的方式是使用<script>标签，把 JavaScript 脚本插入到<script>…</script>标签之间，并将标签置于网页上的<head>部分或者<body>部分，如图 6-109 所示。

```
<head>
<title>无标题文档</title>
<script language="javascript">
在此编写Javascript代码
</script>
</head>
```

图 6-109　JavaScript 一般语法形式

JavaScript 脚本插入到了页面中，但是在什么时候执行这些脚本是需要进行单独设定的（如本任务中在<form>标签内插入的“onsubmit= "

return Checkreg(); " ")。

JavaScript 所执行的命令都是针对于页面对象的，这些对象都是有唯一的名称，所以在插入 JavaScript 脚本语言之前，需要先确定所需进行表单检查的表单和表单元素的名称（如本任务中表单名是"form1"，表单元素名分别是"textfield1"、"textfield2"、"textfield3"和"textarea"）。

利用Dreamweaver添加检查表单行为实际上也是在页面中添加 JavaScript 代码，只是这些代码是由 Dreamweaver 内固定生成的，可以选择的功能有限。添加表单检查行为可以不需要手工添加或者修改任何代码，也是初学者比较容易掌握的一种方法。

选择需要进行表单检查的表单，在"行为"面板中添加"检查表单"行为，如图 6-110 所示。

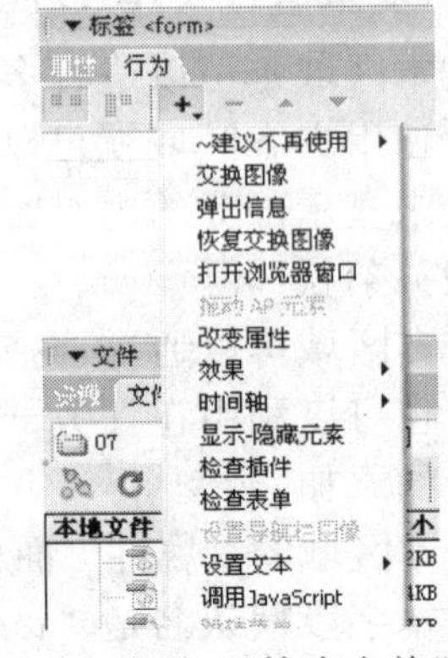

图 6-110　添加"检查表单"行为

如图 6-111 所示，在弹出的"检查表单"对话框的【域】项中选择需要检查的表单元素，如果是对文本字段进行非空验证，则勾选"值"项中"必需的"复选框。如果是验证填写的是否为电子邮箱地址，则在"可接受"项中选择"电子邮件地址"。如果是验证是否为数字或者指定的数字范围，则可以在"可接受"项中选择其余对应项。

设定完毕单击【确定】按钮后，在"行为"面板中即可看到所添加的检查表单行为，如图 6-112 所示。

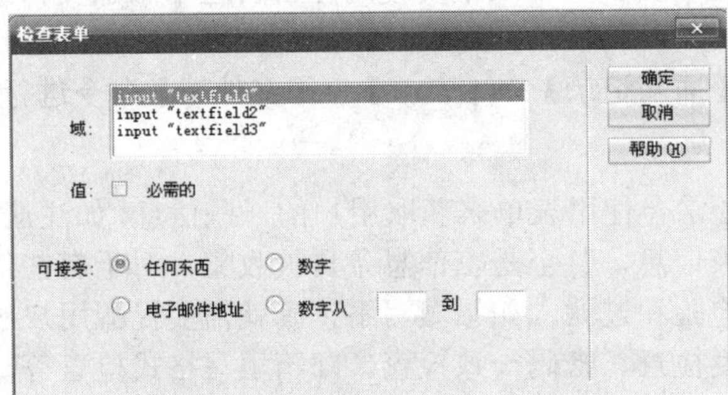

图 6-111　"检查表单"对话框

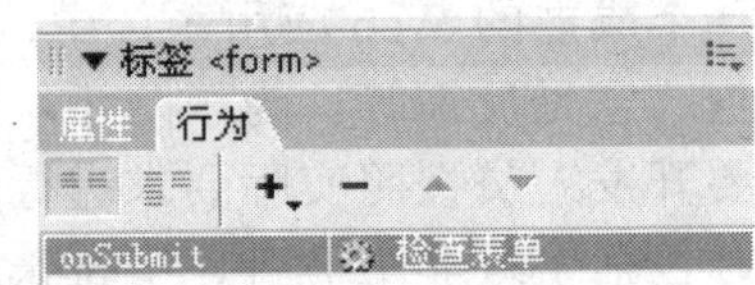

图 6-112　完成检查表单行为

任务实施

6.4.1　制作"驴友留言"板块

首先利用模板生成"驴友留言"页面，操作步骤如下。

1）新建页面。按下快捷键【Ctrl+N】，打开"新建文档"对话框，选择"模板中的页"项，可以看到在本站点内，有一个名为"Travel"的模板。勾选"当模板改变时更新页面"复选框，再单击【创建】按钮。

2）保存新建的网页，并命名为"sub3.html"。

3）输入板块标题。单击"left"区域，然后按【Delete】键删除内容。插入两行一列宽

100%的表格。将光标移动到表格第 1 行，输入“驴友留言”，并在“属性”面板中设置文本样式。

完成如图 6-113 所示“驴友留言”板块。该板块主要是图文混排，利用前面介绍的利用 CSS 样式设计文本排版，操作步骤如下。

图 6-113 “驴友留言”板块

1）插入表格。在第 2 行单元格中插入三行两列 270 像素宽的表格。

2）插入图片。设置第 1 列单元格宽为 110 像素，分别在第 1 列的 3 个单元格中插入图片“b1.gif”、“b2.gif”、“b3.gif”。

3）插入文字。在第 2 列的三个单元格中输入对应的文字，换行可以通过
标签完成。在“代码”视图中需要换行的文字后添加
标签即可，如图 6-114 所示。

```
欧洲攻略：<br />
希腊爱情海诸岛<br />
小蚊子    2011-5-8
```

图 6-114　添加
标签

4）设置并应用单元格 CSS。此处还需设置“边框”样式属性，如图 6-115～图 6-117 所示。

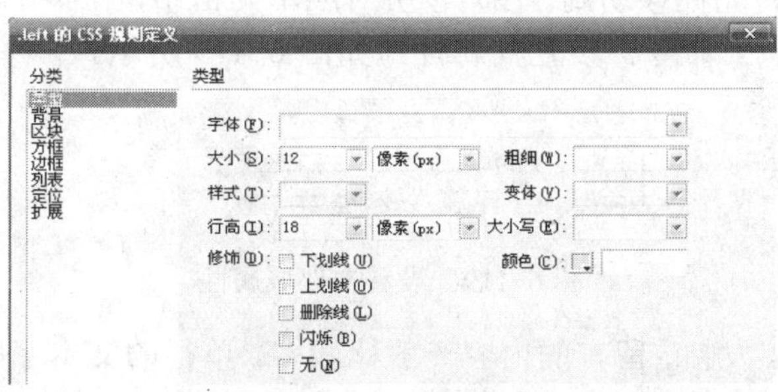

图 6-115 “类型”样式属性

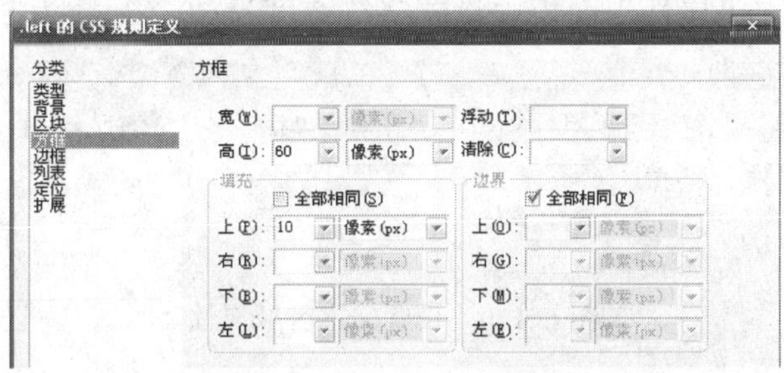

图 6-116 “方框”样式属性

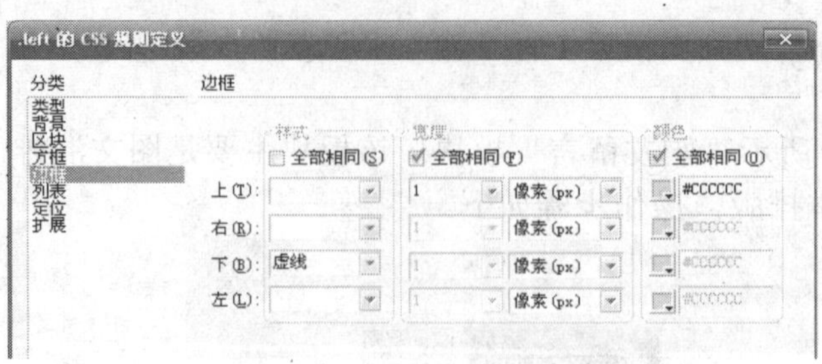

图 6-117 “边框”样式属性

6.4.2 利用表单制作“我的分享”板块

首先利用表单制作如图 6-118 所示的“我的分享”板块，操作步骤如下。

1）输入板块标题。单击“middle”区域，然后按【Delete】键删除内容。插入两行一列宽 100%的表格。将光标移动到表格第 1 行，输入“我的分享”，并在“属性”面板中设置文本样式。

2）插入表单。将光标移动到第 2 行单元格中，在菜单栏中选择【插入记录】→【表单】→【表单】命令。将光标移动到单元格中出现的红色虚线框中，插入六行两列宽 270 像素的表格，将第 1 列单元格设置 60 像素宽。在第 1 列单元格输入文本内容，并在“属性”面板设置其属性。

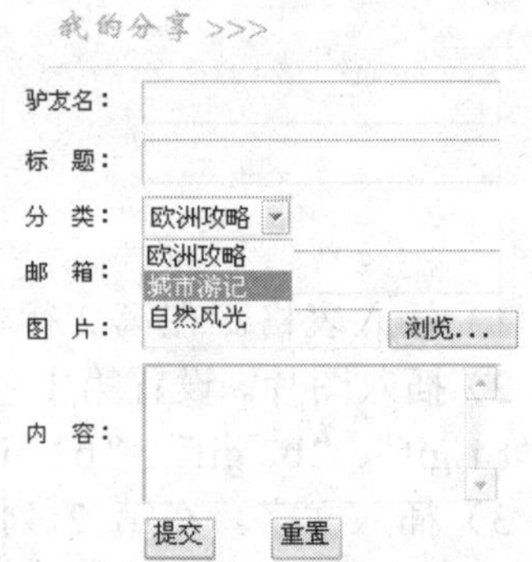

图 6-118 “我的分享”板块

3）插入文本字段和下拉菜单。在“驴友名”、“标题”、“分类”和“邮箱”所对应的单元格插入对应的文本字段和下拉菜单。

4）插入文件域。将光标移动到“图片”所对应单元格中，在菜单栏中选择【插入记录】→【表单】→【文件域】命令，设置其属性，如图 6-119 所示。

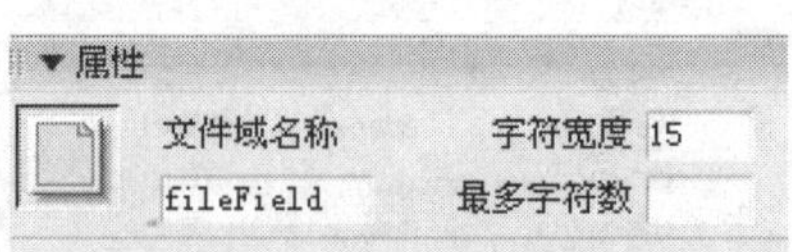

图 6-119 设置文件域属性

5）插入文本区域。发帖、留言的内容一般比较多，单行的文本字段往往满足不了要求，利用文本区域可以一次性输入较多文本内容。在菜单栏中选择【插入记录】→【表单】→【文本区域】命令，在“属性”面板中设置字符宽度为 20，行数为 5，如图 6-120 所示。

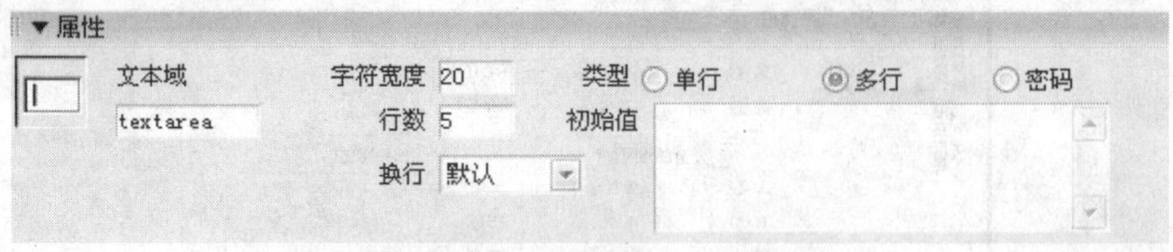

图 6-120 设置文本区域属性

再利用脚本语言校验表单。由于本书只介绍静态页面，JavaScript 对表单验证可以在客户端完成，所以这里采用 JavaScript 对表单进行非空验证、字符长短验证和特定符号有无的验证。

1）设置表单行为。切换到代码编辑状态，找到制作“我的分享”时所插入的表单“form1”，在<form>标签中加入属性“onsubmit=" return Checkreg(); "”，此属性表示在表单中提交表单时，返回 Checkreg()函数（Checkreg()函数名可以自己定义，但是要注意大小写和不要使用关键字），如图 6-121 所示。

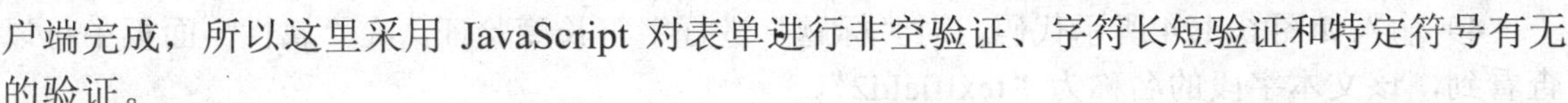

```
<form id="form1" name="form1" method="post" action="" onsubmit="return Checkreg();">
```

图 6-121 设置表单行为

2）对“驴友名”进行非空验证。在“属性”面板中可以查看到，该文本字段的名称为“textfield”。在<head>…</head>标签中输入如图 6-122 所示代码。

其中，<script language="javascript">…</script>表明此处使用的是 JavaScript 语言。

function Checkreg() {…}是指出此段内是 Checkreg()函数（此处的函数名要与步骤一中设置的返回函数名一致）。

if (document.form1.textfield.value.length ==0){…}是一个条件语句，表示如果页面中的“form1”表单的“textfield”字段中的值的长度为 0 时，执行{…}内的命令。

alert("请输入用户名。");表示弹出提示框，并显示“请输入用户名。”

document.form1.textfield.focus();表示鼠标的光标回到“form1”表单的“textfield”字段内。

```
<script language="javascript">
function Checkreg()
{
    if (document.form1.textfield.value.length ==0) {
        alert("请输入用户名。");
        document.form1.textfield.focus();
        return false;
    }

}
</script>
```

图 6-122 表单的非空验证

3）预览效果。按【F12】键，在“驴友名”未填任何内容的情况下，单击【提交】按钮，此时弹出如图 6-123 所示提示框。

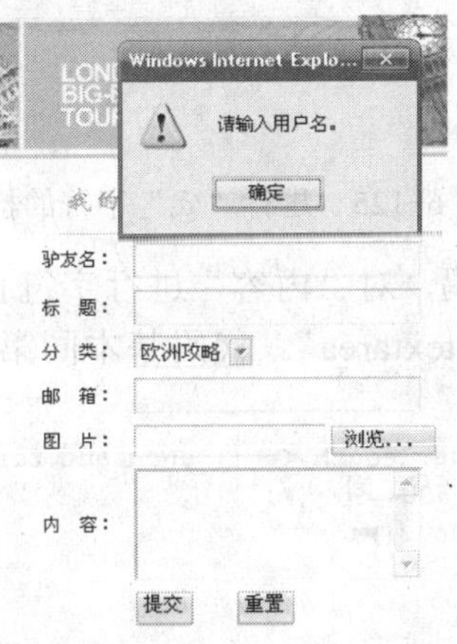

图 6-123 提示输入用户名

4）输入如图 6-124 所示代码，对“标题”进行字符长度验证。在“属性”面板中可以查看到，该文本字段的名称为“textfield2”。

此段代码是包含在 function Checkreg() {…}的函数内，接着第 2 步中的 if (document.form1.textfield.value.length ==0){…}条件语句之后的另外一个条件语句。这两个条件语句的作用都是类似的，如果还需增加对本表单的其他表单元素的验证条件，也可以继续排列下去。但是对一个表单即<form>…</form>标签的验证一般是在同一个 function 函数内完成的。

if (document.form1.textfield2.value.length <5 || document.form1.textfield2.value.length >20){…}也是一个条件语句，但是此处有 2 个条件用“||”进行了划分，表示当 2 个条件只要一个条件成立时，执行{…}的命令。第 1 个条件是：页面中的“form1”表单的“textfield2”字段中的值的长度小于 5；第 2 个条件是：页面中的“form1”表单中的“textfield2”字段中的值的长度大于 20。这两个条件就限制了在“标题”（textfield2）表单中输入的文字数量是 5～20，否则就会弹出提示框。

```
if (document.form1.textfield2.value.length <5 || document.form1.textfield2.value.length >20) {
    alert("请输入留言标题,长度在5-20之间。");
    document.form1.textfield2.focus();
    return false;
}
```

图 6-124　进行字符长度检查

5）输入如图 6-125 所示代码，对“邮箱”验证是否包含@符号。在“属性”面板中可以查看到，该文本字段的名称为“textfield3”。

此处的条件语句中也包含了两个条件，两个条件用“||”进行了划分，表示当两个条件只要一个条件成立时，执行{…}的命令。第 1 个条件是：页面中的“form1”表单的“textfield3”字段中是否存在“@”符号；第 2 个条件是：页面中的“form1”表单的“textfield3”字段中的值的长度小于 5。这个两个条件就限制了在“邮箱”（textfield3）表单中输入的字符要有“@”符号，并且字符数量是 5 个以上，否则就会弹出提示框。

这种方法是最简单的对邮箱的校验方法。一个完整的邮箱校验还需要扩充更多的功能，比如在“@”符号后还必须包括“.”，“@”后字符数量的限定等。

```
if (document.form1.textfield3.value.indexOf("@") == -1 ||document.form1.textfield3.value <5) {
    alert("请填写正确的邮箱地址。");
    document.form1.textfield3.focus();
    return false;
}
```

图 6-125　进行“@”字符的检查

6）输入如图 6-126 所示代码，对“内容”进行字符长度验证。在“属性”面板中可以查看到，该文本区域的名称为“textarea”。代码基本同第 4 步中相同，只有文本区域的名称有所不同。

```
if (document.form1.textarea.value.length <6 || document.form1.textarea.value.length >500) {
    alert("请输入留言内容，长度在6~500之间。");
    document.form1.textfield4.focus();
    return false;
}
```

图 6-126　进行字符长度检查

6.5 拓展训练 为“我的个人网站”增加会员登录、会员注册和会员留言页面

设计要求

一个完善的交流型网站一般都具有会员注册、登录和留言功能。这些功能都是需要表单来实现。根据“我的个人网站”的内容和针对性的用户，设计一组简单实用的会员注册登录页面，并设计一个符合网站主题的留言页面。

设计思路

完善的交流型网站都有会员注册、登录和留言功能。

会员登录设计较为简单，一般只有用户名和密码两项。只需要一个表单包含两组文本字段和【提交】按钮即可。

会员注册页面则需要根据网站的访问对象进行设计，一般包括用户名、密码、确认密码、真实姓名（可选）、出生日期（可选）、性别（可选）、提示问题（可选）、答案（可选）、照片上传（可选）等。其中出生日期和提示问题一般使用列表/菜单制作、性别使用单选按钮制作、照片上传使用文件域制作。

会员留言页面则需要至少包括标题、正文内容等。

参考效果

参考效果如图 6-127、图 6-128 所示。

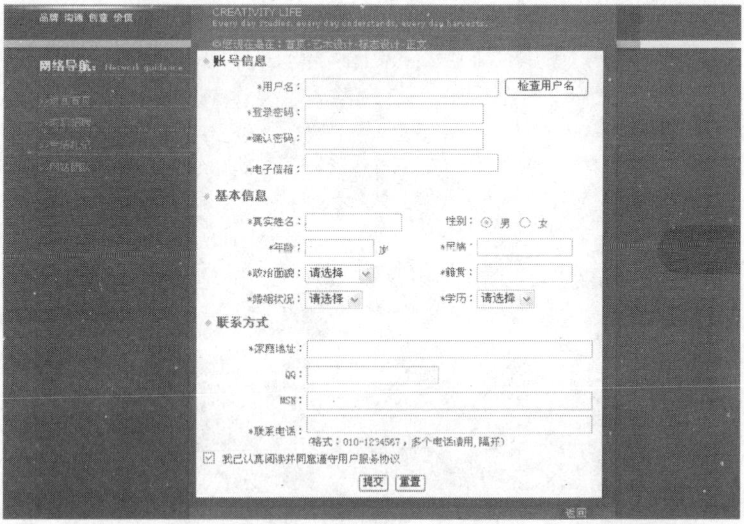

图 6-127 会员注册页面

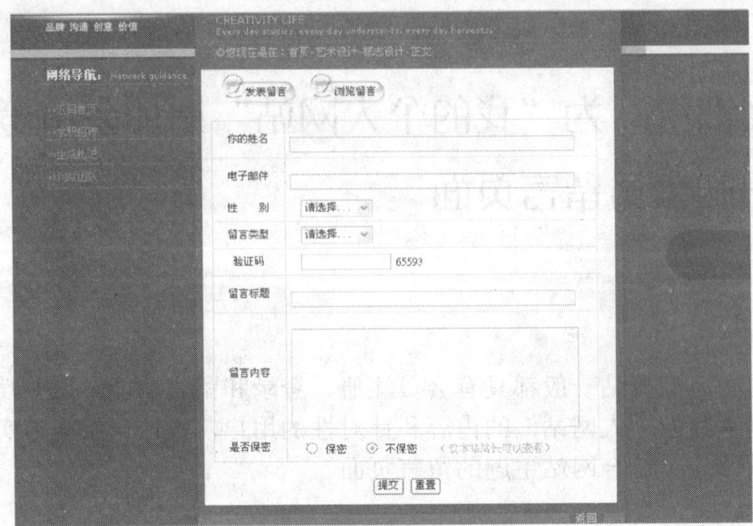

图 6-128　会员留言页面

模块七

设计完整网站

模块 教学目标

一个完整的网站通常包括多个页面，每个页面既要保证整体风格的统一，还要实现其自身独特的功能。本模块主要是设计并制作一个完整的网站，结合前几大模块的知识，从首页的设计、模板的创建、特效的添加等几个方面介绍网站的制作过程。

7.1 任务一　网站的配色方案与版式设计——创建“羽翔科技”页面

任务分析

通过设计并规划如图 7-1 所示的“羽翔科技”网站页面，了解如何对网站进行前期规划、确定网页风格的常规方法以及常规的配色方案及版式设计方案。

图 7-1　布局整体效果

相关知识

1．网站的前期规划

（1）网站的整体定位

网站的整体定位包括确定网页的主题及构成方式等。首先要对网页建设的目的性、面向的群体、页面主要内容及更新与否进行评估。例如，大型购物网站面对的是广大消费者，页面主要包括商品的图片文本信息，需要便捷、快速的查询方式，拥有安全经济高效的付款方式，页面的内容信息更新非常活跃。本案例中的“羽翱科技”则是一个信息技术服务企业的网站，面对的是需要信息技术服务的企业，页面主要包括服务的范围、成功案例、相关专业新闻等。

（2）站点结构设计

在决定了网页的内容和所针对的访问者之后，需要决定菜单内容。主要是考虑将设计多少个菜单，各菜单是否还有子菜单，如果有子菜单则需要多少。一般来说，中小规模的网站一般菜单是 5～10 个（新闻类网站的菜单会更多一些），菜单过多则不利于访问者查询和识别。如果网站信息过多则可以使用“主菜单>子菜单>子菜单”的形式细分，但是子菜单级别过多的时候，访问者需要单击多次才能找到所需信息，会造成诸多不便。

例如，中国移动动感地带的网页，一共有 9 个主菜单，只有两级子菜单，如图 7-2 所示。

图 7-2　动感地带网页

2. 确定网站风格

（1）设计站点的整体色彩

网站的风格包括站点的整体色彩、网站的版式结构及文本的字体和大小等，这些其实没有固定的公式或者规则，设计者需要通过各种分析来最终确定。

在选择网页色彩时，除了考虑网站本身的特点外还要遵循一定的艺术规律，从而设计出精美的网页。

1）色彩的鲜明性。如果一个网站的色彩鲜明，很容易引人注意，会给浏览者耳目一新的感觉。

2）色彩的独特性。要有与众不同的色彩，网页的用色必须要有独特的风格，这样才能给浏览者留下深刻的印象。

3）色彩的艺术性。网站设计是一种艺术活动，因此必须遵循艺术规律。按照内容决定形式的原则，在考虑网站本身特点的同时，大胆进行艺术创新，设计出既符合网站要求，又具有一定艺术特色的网站。

4）色彩搭配的合理性。色彩要根据主题来确定，不同的主题选用不同的色彩。例如，用蓝色体现科技型网站的专业，用粉红色体现女性网站的柔情等。

一般来说，针对儿童的网页颜色丰富活泼，常使用黄/橙/红/绿等颜色对比搭配。

如果是面对女性的购物网页，则一般颜色柔和粉嫩，常使用粉/红/黄/橙等相似色搭配。大部分的公司企业网站一般颜色较为简洁大方，蓝色系、黑白灰色系、红白色系等较为常见。

如果页面颜色过于单调，则可以在局部使用对比较大的颜色起到适当的强调作用。如图 7-3 所示是国外某时尚品牌的网页，整体颜色为黑白灰，局部使用了对比较大的黄色区域，既醒目又别具一格。

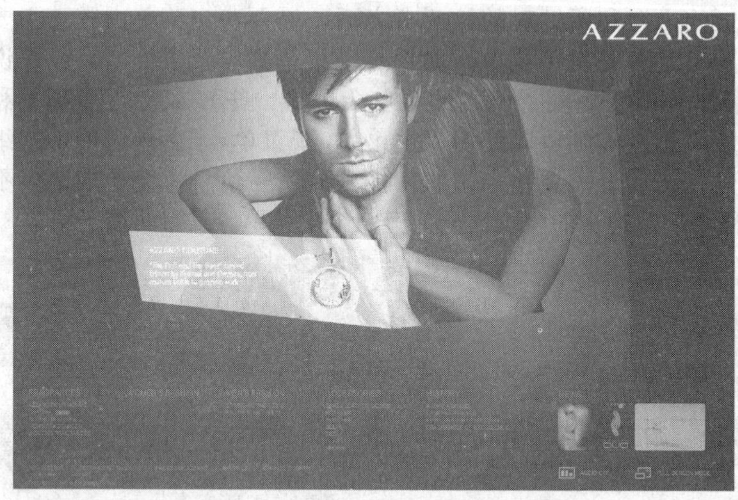

图 7-3　时尚网页

（2）网站版式设计

网站的布局设计在模块五中已经介绍过，在这里再强调一下网页版式设计的基本原则和一些注意事项。网站版式设计通过文字和图形空间组合，表达出和谐与美。文字和图形的合理搭配，才能使整个网站赏心悦目。一般的版面设计原则有平衡、对比、连贯和留白。

如果页面是平衡的，当用户浏览这个页面的时候就会感觉它们是一个整体，目光的跳转也会很自然。如果说平衡搭起了一个稳定的页面框架，那么对比就是这个框架中的动态点缀。这里所说的动态并不是说要真的让元素动起来，而是要有“变化”。可以变化的因素包括大小、颜色、字体、重心、形状、纹理等。前面谈到了对比，对比离不开变化，然而如果对比太多，变化也会太多，页面就会显得零乱，所以网页也需要连贯。在一个成功的页面设计中，有很多要素是必须保持一致的，这些要素通常包括：页面的上下、左右，页面与页面中间要保持布局一致；字体的大小、颜色应当基本保持一致；导航栏应当保持完全一样。国画中“画鱼不画水”的妙处就是留白。留白可以让访问者有更大的想象空间，就好像一个没有过多摆设的房间一样。上上下下、里里外外都塞得满满当当是很糟糕的设计，所以在设计页面时，在每个栏目框架的边缘都需要留有一定的空间，避免显得过于拥挤。

如图 7-4 所示是一个国外的旅游网站，页面内容左右分配均衡，上图下字的设计让重点突出。页头部分采用了云朵形状的图片展示，周边的小圈让图若隐若现，既别致又让人充满期待。导航栏和文字部分的设计都保证了页面的连贯和统一，大量的留白让页面观赏起来显得轻松愉悦。

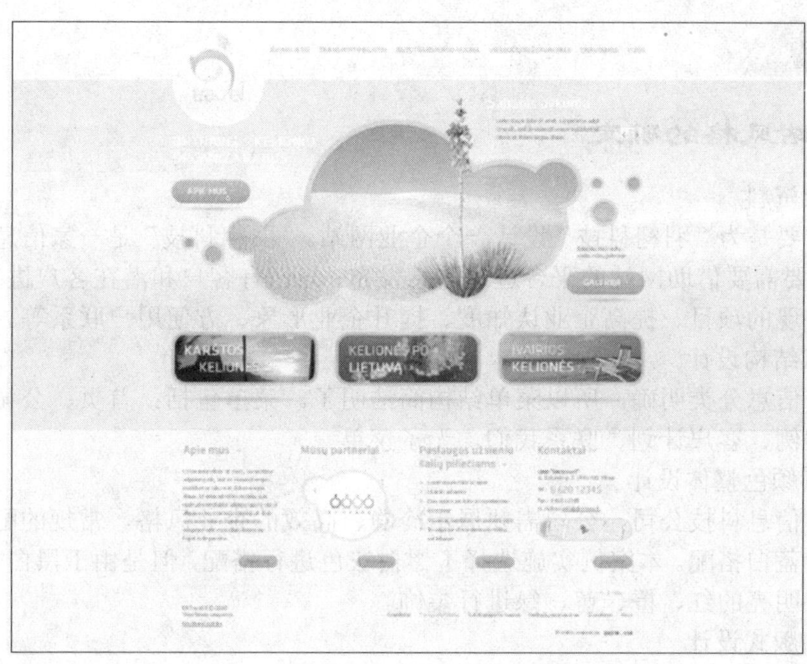

图 7-4　旅游网站

（3）文本的字体和大小

文本的字体和大小是初学者容易忽略的地方，然而就是这些细节的设计往往会让页面呈现出耳目一新的感觉。由于访问者使用的浏览器不同，中文网页的正文文本一般是宋体、黑体或楷体，但是标题、导航栏的文字一般可以是图片或者动画，那么可以选择应用的字体就非常丰富。如果用 Dreamweaver 设计制作页面，默认的中文字一般是宋体、14 像素，这种字体及大小一般用于新闻网页、购物网站等大多数网页。然而时尚类型网站更偏爱于 12 像素大小的字，显得页面时尚精致。卡通类型的网站的重点一般是在图片，文字仅仅是点缀，所以使用的字号更大，而且字体也会比较丰富，如图 7-5 所示。

图 7-5　雪糕网站

任务实施

7.1.1 网站风格的确定

（1）背景资料

本模块主要是为“羽翱科技”设计一个企业网站。“羽翱科技”是一家信息技术服务的公司，企业主要需要借助网站的平台进行信息发布、与已有客户和潜在客户进行信息沟通、展示已成功实现的项目、提高企业认知度、提升企业形象、方便用户联系等。

（2）站点结构设计

企业发布信息分类明确，所以菜单结构简洁明了。菜单包括：首页、公司介绍、服务范围、成功案例、客户计划、联系我们，无子菜单。

（3）站点颜色整体设计

该公司为信息科技公司，公司需要展示冷静、高效的企业风格。常规的配色可以选择黑白灰色或者蓝白搭配。本案例实施选择了黑白灰色进行搭配，但是由于黑白灰过于单调，在局部选择了明亮的红、橙、蓝、绿进行装饰。

（4）网站版式设计

网站首页采用的是“T”字形布局，从上至下依次是导航栏、Flash 动画、页面主要内容块、版权信息。其中，页面的主要内容块是左右结构，左侧放置企业介绍及新闻动态，右侧放置几大常用板块。

7.1.2 网站版式设计

（1）构造结构

确定了网站风格后，首先来构造一下网页的结构。打开 Photoshop，新建一个宽为 850 像素的文档，将前期的构思简单地进行划分。网页的宽度是根据显示器的主流分辨率而确定的，以显示器的主流分辨率为 1024 像素宽为例，网页宽度一般大于 800 像素，小于 1000 像素。这样设计的网页既不会两侧余留位置过多而显得单薄，也不会太宽导致页面右侧部分区域无法正常显示。在实际操作中需要根据主要浏览者的显示器分辨率进行调整，大致效果如图 7-6 所示。

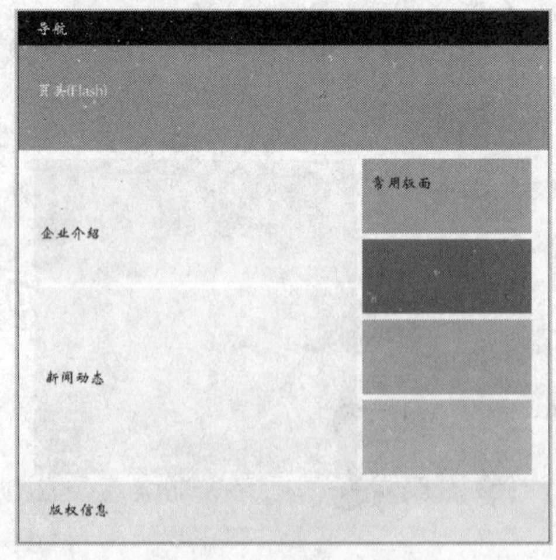

图 7-6　版式设计

（2）板块尺寸的确定

在本例中，同类型的区块划分是一样大的，如 4 个常用版面，但是不同类型的区块大小有所不同，如企业介绍和新闻动态。导航栏的宽为 100%，高为 50 像素；页头（Flash 动画）宽为 100%，高为 200 像素；版权信息宽为 100%，高为 80 像素。一个常用版面尺寸为 270×120 像素，企业介绍尺寸为 520×200 像素，新闻动态尺寸为 520×300 像素。一般主要内容块在规划放置时，上、下、左、右都有一定区域的留白。

7.1.3　页面的立体感及细节处理

（1）导航的修饰

本案例设计的导航菜单为：首页、公司介绍、服务范围、成功案例、客户计划、联系我们。导航的按钮采用圆角矩形以示区分，使页面更富有立体感。在 Photoshop 中先绘制一个矩形，选择菜单栏中的【选择】→【修改】→【平滑】命令，取样半径设置为 5 像素，即可绘制出圆角的矩形，如图 7-7 所示。

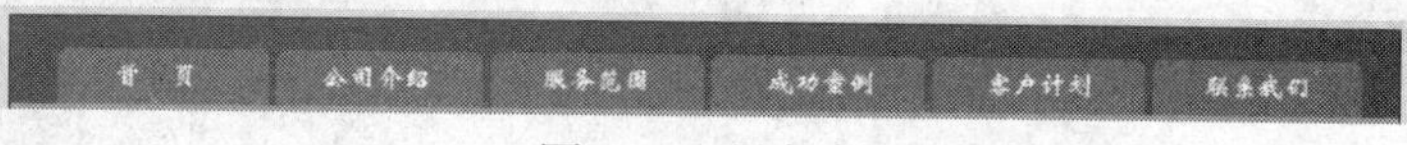

图 7-7　导航栏

（2）页头部分

页头部分一般包含企业 LOGO、企业标语、图片等内容。背景采用渐变色，增加层次感，如图 7-8 所示。

图 7-8　页头部分

（3）公司介绍板块

此处设置背景为圆角矩形，浅灰色背景，既有突出的作用也可以增加页面的变化，如图 7-9 所示。

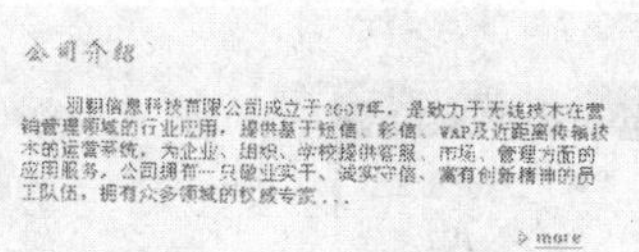

图 7-9　局部板块设计

（4）新闻动态版块

此处利用线条分割标题和内容，简洁实用。图片也是采用了圆角处理，如图 7-10 所示。

图 7-10　局部板块设计

（5）常用版块

先绘制圆角矩形。然后创建一个新的图层，绘制一半大小的矩形，填充为白色，透明度为15%。区域颜色过于厚重时，将区块进行颜色的细微变化，可以使得页面更加富有层次感。图标的加入可以让页面更加生动，如图 7-11 所示。

图 7-11　局部板块设计

（6）版权信息

版权信息一般包括备案登记号、企业网址、公司版权信息等。本例中还将导航也增加到了此处，以便于在浏览到页面底部时，可以更快捷地找到菜单链接，如图 7-12 所示。

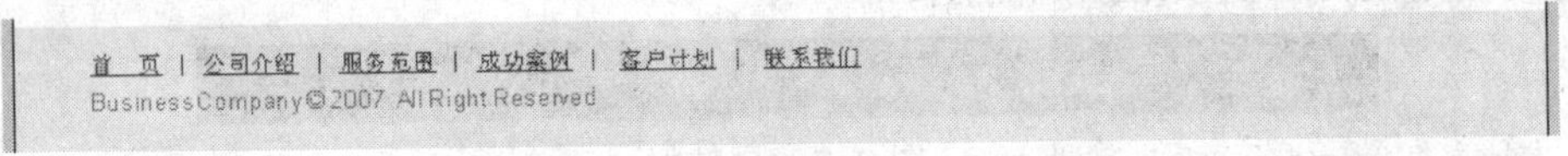

图 7-12　版权信息设计

7.1.4 Flash 动画及图片的运用

（1）Flash 动画

利用 Flash 动画可以丰富页面效果。对于页头部分的 Flash 动画，有的是采用多图循环播放，有的是局部动画效果。本案例采用的局部动画和 LOGO 文字动态显示相结合。

（2）图片运用

本案例中新闻动态采用的是照片，右侧常用板块区域使用的图标则是一些简单的图标。以其中一个图标为例，制作步骤如下：

1）绘制一个正方形，作为图形的阴影区域，并填充墨绿色，设置调整边缘的参数，如图 7-13 所示。

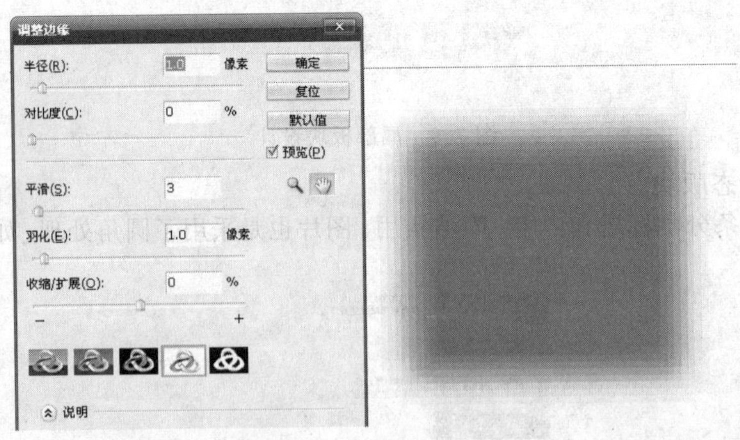

图 7-13　调整边缘参数

2）继续调整边缘参数，参数如图 7-14 所示，并填充浅绿到白色的渐变。

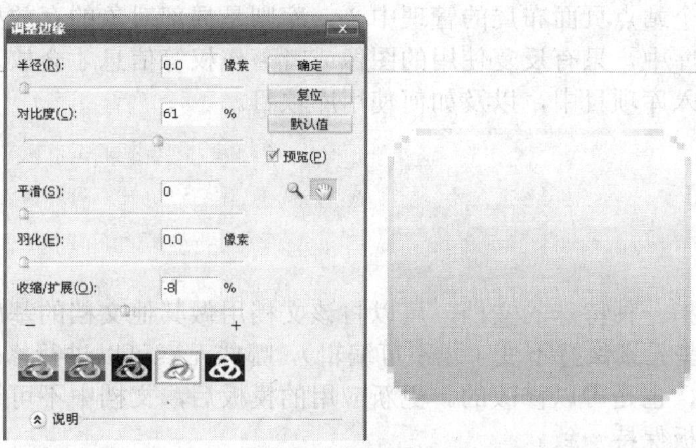

图 7-14　设置渐变

3）继续调整边缘，并填充白色。这里多次采用调整边缘并填充不同的颜色是为了增加图形的立体感。

4）用画笔工具在图形的中上部分绘制一条直线，将图形分成上下两个区域，如图 7-15 所示。

5）新建图层，选择图形的上部分区域填充浅绿色，绘制一个五角星，同样填充浅绿色，如图 7-16 所示。

6）用“钢笔工具”绘制如图 7-17 所示区域，填充白色，透明度为 50%，该区域是为了增加图形的立体效果所绘制的高光区域。

图 7-15　绘制直线

图 7-16　绘制五角星

图 7-17　绘制高光区域

7）将步骤 6 绘制的形状复制一份，添加“图层蒙版”，设置渐变效果，进一步增加左上角的高光效果。

7.2 任务二　使用模板和库——创建“羽翱科技”页面的模板

任务分析

一个网站有多个页面，当这些页面的布局要求基本一致时，使用模板是最好的方法。模板是网页中“固定的”页面布局。在本任务中将利用已有的页面创建模板，利用模板来制作新的页面，通过修改模板来实现对多个页面的更新以及断开页面与模板的关系。

如果模板是整个站点页面布局的管理中心，库则是局部对象的存放处。但不是所有的局部对象都会放入库中，只有反复使用的图像或者著作权等信息才会放入库中。本任务将介绍如何将图片插入库项目中，以及如何使用库项目。

相关知识

1．模板

所谓模板，是指一种特殊的文档，可以将该文档用做其他文档的基础。在创建模板的时候，可以指定哪些元素保持不变（即不可编辑），哪些元素可以进行修改。即使模板已经被用来创建文档了，也是可以修改的。更新应用的模板后，文档中不可编辑的区域就会自动更新，继续与模板保持一致。

模板提供了一种建立同一类型网页基本框架的方法，在模板中有一些内容不需要修改，如导航条、标题等。在创建模板的时候，可以指定这些区域为固定区域，另外一些区域可以根据需要重新输入内容，在创建模板的时候，可以指定这些区域为可编辑区域。这样在基于这个模板创建的文档中，所有文档的固定区域是相同的，而可编辑区域中的内容则是不同的。此外，模板还支持行为，然而应用了模板的文档的被锁定区域没有属于自己的行为，行为只能应用于文档中的可编辑区域。

模板中有些区域是不能编辑的，称为锁定区；有些区域是可以编辑的，称为可编辑区。可以通过编辑可编辑区的内容，得到与模板相似但又有所不同的新网页。使用模板创建网页的最大好处是：当修改模板时，所有使用该模板创建的网页可以一次性自动更新，这就大大提高了网页更新维护的效率。

创建了模板后，站点内会自动生成一个名为“Templates”的文件夹，模板文件就会自动存入该文件夹内。模板文件的扩展名是“dwt”，与普通网页文件的扩展名“html”有所区别。

2．库

如果说模板是固定一些重复的文档内容或设计的一种方式，那么库就是保持总是反复出现的图像或著作权信息等内容的一种存放处。

库的“属性”面板如图 7-18 所示。

图 7-18　库的“属性”面板

单击【打开】按钮，可以修改库项目的路径。单击【从源文件中分离】按钮，可以切断所选库项目和源代码之间的关系，这样操作以后可以在网页文件上修改原来为库项目的部分，但是分离后的页面不会进行更新。单击【重新创建】按钮，可以以当前所选的项目来覆盖原来的库项目，如果不小心误删了库项目的时候，通过该方法可以重建库项目。

库项目会保存在另一个名为“Library”的文件夹内。如果本地站点没有“Library”文件夹，Dreamweaver 会自动生成。库文件的扩展名为“lbi”。

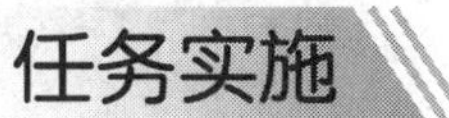

7.2.1　将已有网页生成模板

利用现有的文档制作模板，需要导入预先制作的 HTML 文档，保存为模板形式，具体操作步骤如下。

1）新建站点，将本章素材文件放入站点内，打开 index.html，选择菜单栏中的【文件】→【另存为模板】命令，如图 7-19 所示。

2）打开“另存模板”对话框后，在“站点”下拉列表中出现当前的本地站的名称。在“另存为”文本框中输入模板的名称“temp”，单击【保存】按钮，如图 7-20 所示。

3）这时会弹出是否更新链接的提示框。由于模板文档的保存位置并不是 index.html 文档所在的文件夹，因此应该要更新图像或 Flash 动画等插入在网页文件中的各种链接。然后单击按钮【是】，如图 7-21 所示。

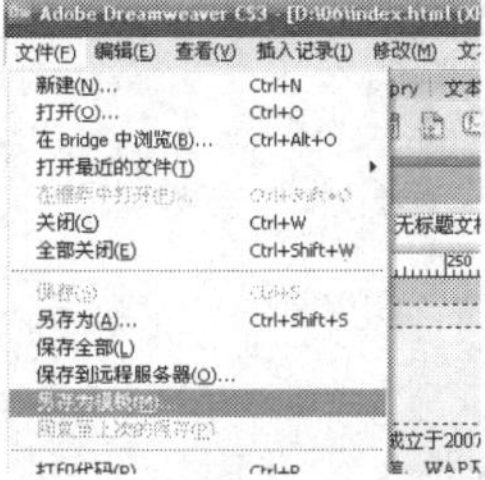

图 7-19　另存为模板

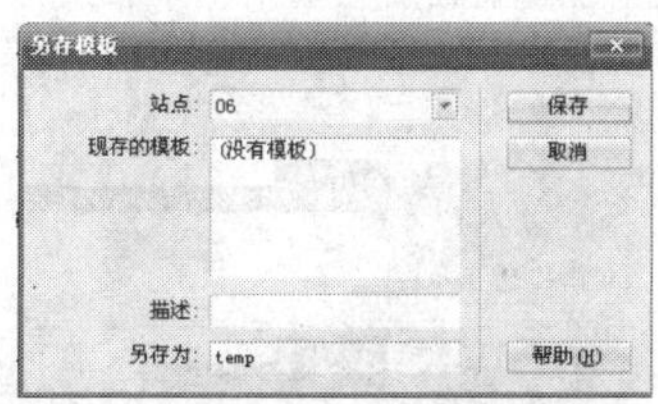

图 7-20　“另存模板”对话框

图 7-21　更新链接

4）此时在标题栏中显示的是“temp.dwt”，这表示当前文档为模板文档。如图 7-22 所示，在“文件”面板中出现了刚刚创建的“Templates”文件夹，文件夹内包含了“temp.dwt”的模板。

模板创建后，还需要设置可编辑区域，操作步骤如下。

1)在页面左侧区域选择需要进行编辑的区域，在标签选择器上选择<div>标签，如图 7-23 所示。

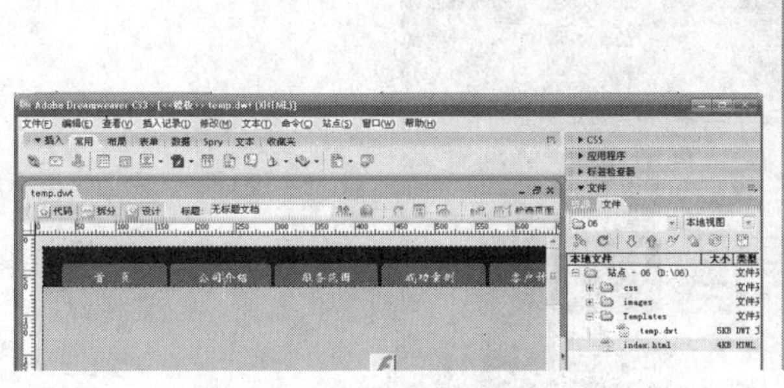

图 7-22　“Templates”文件夹

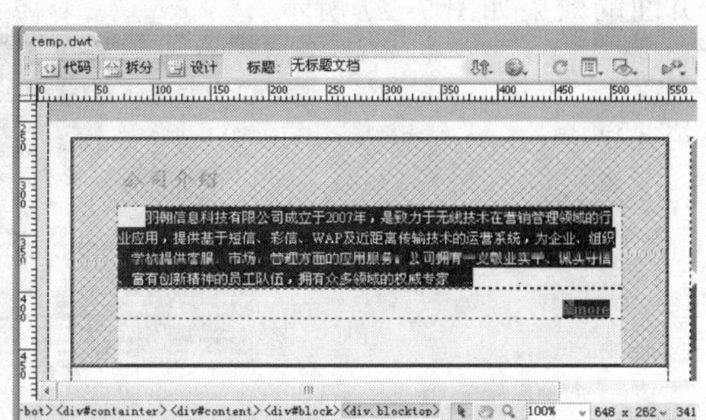

图 7-23　选择可编辑区域

2）单击鼠标右键，选择【模板】→【新建可编辑区域】命令。当弹出“新建可编辑区域”对话框时，设置名称为“lefttop”，即该区域是命名为“lefttop”的可编辑区域，而且该区域是可以进行修改的，如图 7-24、图 7-25 所示。

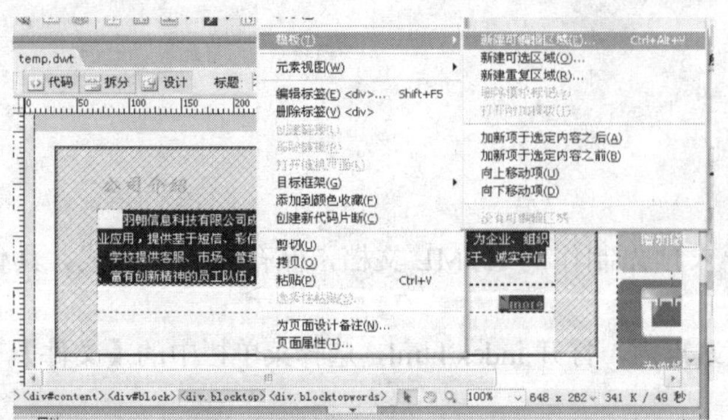

图 7-24 新建可编辑区域

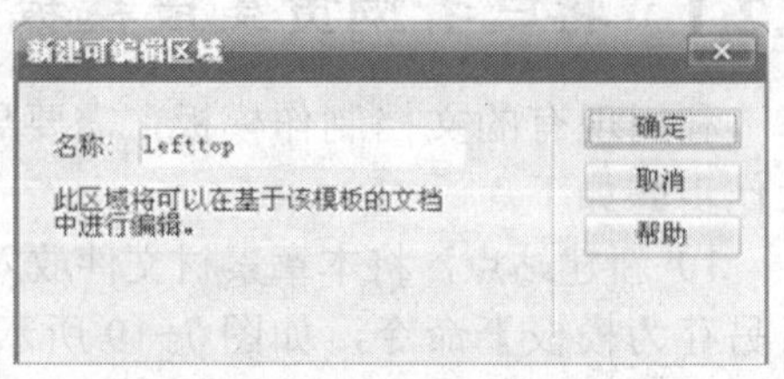

图 7-25 为可编辑区域命名

3）用同样的方法创建其他可编辑区域。在选择了需要设置的区域，也可以单击“常用”类别中的【模板】图标按钮，设置可编辑区域，如图 7-26 所示。

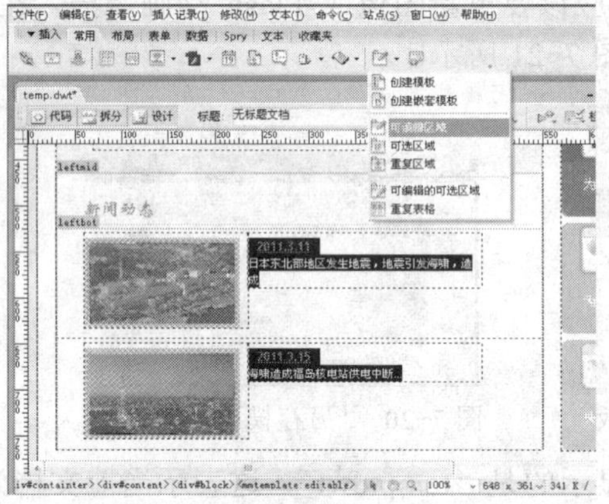
图 7-26 设置可编辑区域

7.2.2 将模板生成新网页和编辑模板

利用模板创建新网页时，不用再操作重复的页面结构设计，而直接用新的内容来更换即可，因此节约了很多操作时间。当然，这样也可以保证网页拥有统一的风格。“公司介绍”页面的效果如图 7-27 所示。

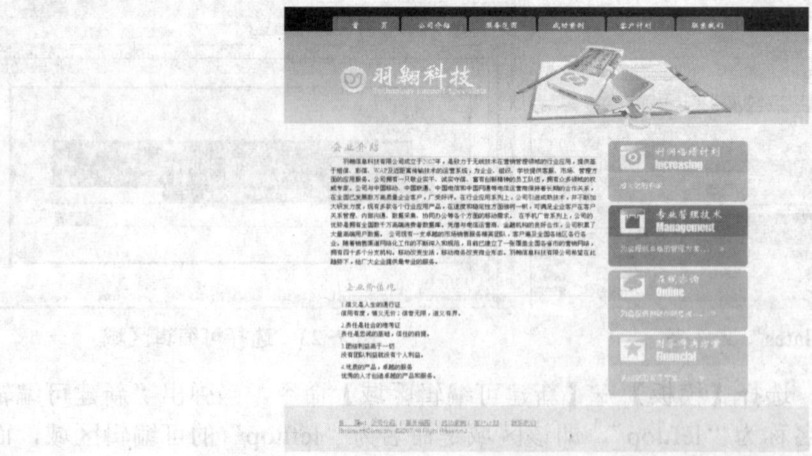
图 7-27 “公司介绍”页面效果

1）按快捷键【Ctrl＋N】，打开“新建文档”对话框，如图 7-28 所示。选择“模板中的页”，可以看到在本站点内，有一个名为“temp”的模板，最右侧是预览效果图。勾选上“当模板改变时更新页面”复选框，以便于修改模板时可以自动更新网页，再单击【创建】按钮。

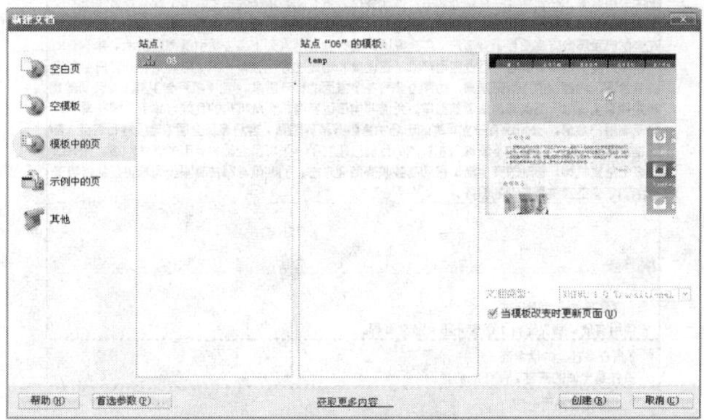

图 7-28　利用模板创建页面

2）保存新建的网页，并命名为“sub1.html”。此时可以观察到当鼠标经过 Flash 动画上方时，指针与以往有所不同，并且无法选择编辑。

3）在以模板为基础制作的文档中，只能修改可编辑区域的内容。若要修改“lefttop”区域中的内容，先单击“lefttop”的区域，然后按【Delete】键删除内容。插入<Div>标签，输入文字内容并设置其属性。正文部分字号为 12 像素，行距为 18 像素，如图 7-29 所示。

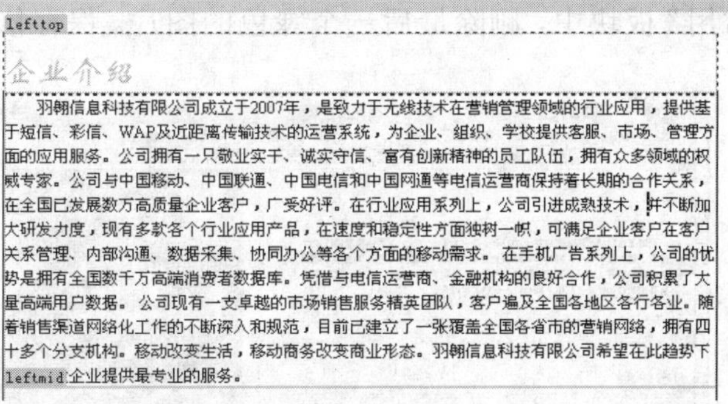

图 7-29　修改可编辑区域

4）如果只是修改“leftmid”区域的背景图片，只需要新建一个 CSS，设置其背景图片为“change1.gif”，高为 60 像素即可，如图 7-30 所示。

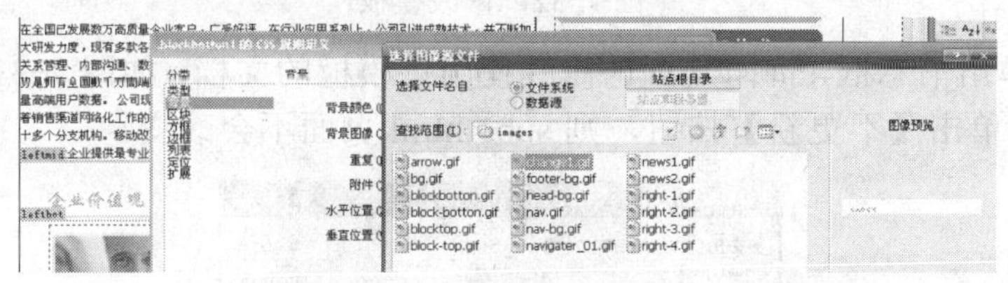

图 7-30　重新设置 CSS

5）用同样的方法修改“leftbot”区域的文字，并设置其属性与前部分正文一样，如图 7-31 所示。

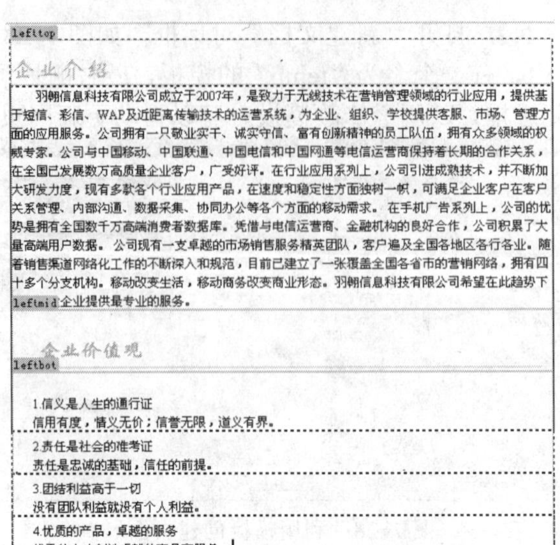

图 7-31　修改后的可编辑区域

刚刚利用了“temp”模板创建了 sub1.html 文档。可以说“temp”模板是 sub1.html 文档的基础。因此，在“temp”模板中修改内容后，其修改的内容也会自动反映在 sub1.html 页面上。

1）为了修改模板，打开在“文件”面板中的“Templates”文件夹中的“temp.dwt”模板。

2）在右侧的“常用”板块中，删除最后一个绿色的图片。保存修改的模板，如图 7-32 所示。

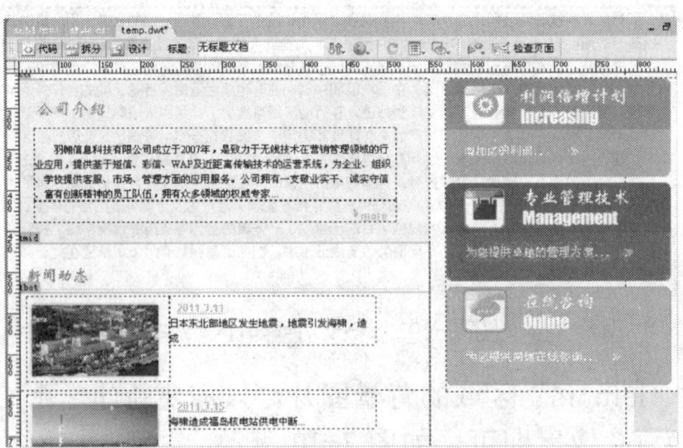

图 7-32　修改模板

3）此时会弹出消息框，询问是否也修改使用该模板的文档，如图 7-33 所示。单击【更新】按钮。如果单击【不更新】按钮，则 sub1.html 页面不会改变。

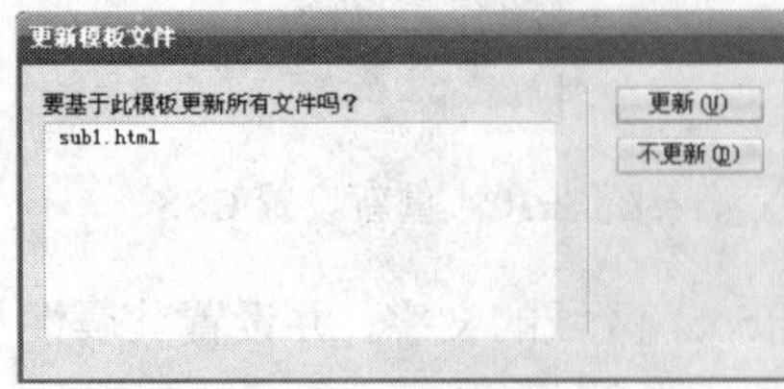

图 7-33　更新模板文件

4）打开 sub1.html，确认一下是否自动进行了修改，更新后的效果如图 7-34 所示。

修改文档的一部分时，有时模板会起到妨碍作用。这时可以解除应用在文档上的模板，即使用“从模板中分离”操作，步骤如下。

1）打开利用模板创建的文档 sub1.html。选择菜单栏中的【修改】→【模板】→【从模板中分离】命令，如图 7-35 所示。

2）此时页面就已经切换成可修改所有部分的一般文档。从模板中分离后，页面不会再自动应用修改后的模板内容。

图 7-34　更新后的页面效果

图 7-35　设置页面从模板分离

7.2.3　用库项目制作网页

创建库项目比制作模板更加容易。如果是已经插入在文档窗口中的对象，就只要选择该对象后再单击【新建库项目】按钮即可。

1）打开 index.html 文档。选择在右侧的常用板块中的最后一个绿色的图片。打开“文件”面板的“资源”标签，在面板的左侧一列图标按钮中，单击【库】按钮。此时，“库”面板还是空的，如图 7-36 所示。

图 7-36　打开“库”面板

2）单击“库”面板右下方的【新建库项目】按钮。此时会提示“Untitled”的名称，如图 7-37 所示。将其更改为“right4”，会弹出“更新文件”对话框，单击【更新】按钮，如图 7-38 所示。

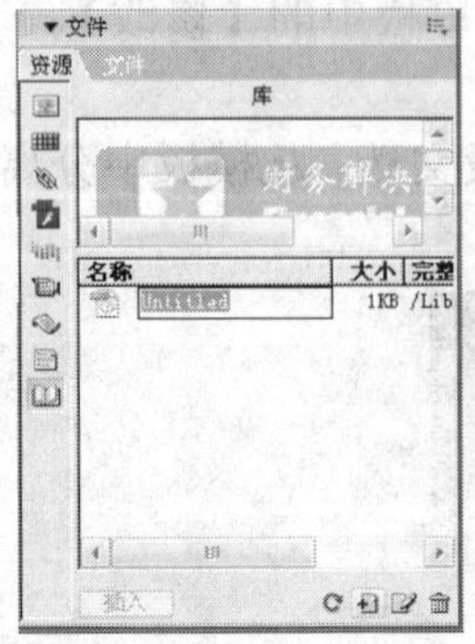
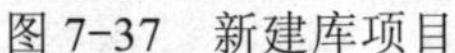

图 7-37　新建库项目

图 7-38　更新文件

库项目只要制作一次，就可以在网页的任何文档上随意进行应用。

1）打开从模板中分离后的 sub1.html 页面。将光标放置于蓝色图片后，单击【插入】按钮，如图 7-39 所示。

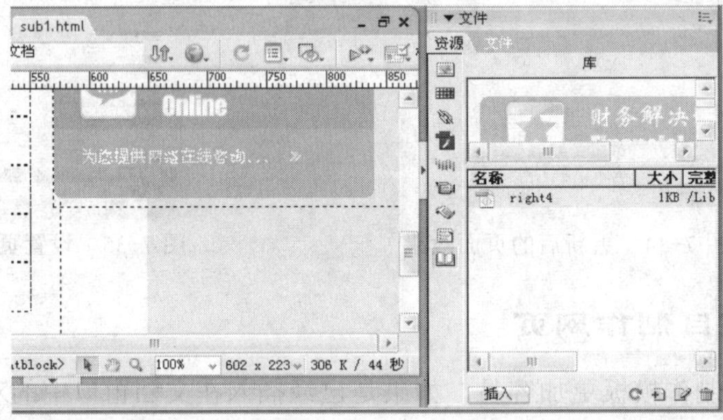

图 7-39　插入库项目

2）预览插入库项目的页面。

7.3 任务三　使用网页特效——为“羽翱科技”各网页增加特效

任务分析

只有文字和图片的页面显得过于单调，适当在页面中添加一些特效，可以让页面更为生动。本任务主要介绍 CSS 特效、行为特效和时间轴特效的使用。

相关知识

1. 网页特效

网页特效是利用程序代码在网页中实现特殊效果或者特殊功能的一种技术。在网页中添加一些恰当的特效，使页面具有一定的交互性、动态效果，能吸引浏览者的眼球，提高页面的观赏性、趣味性。

2. CSS 的扩展属性

CSS 的特效一般通过“扩展”样式属性进行设置，其中包括过滤器、分页和光标选项，其中大部分效果只支持 IE 4.0 及以上版本。

“扩展”样式属性的设置参数如图 7-40 所示。

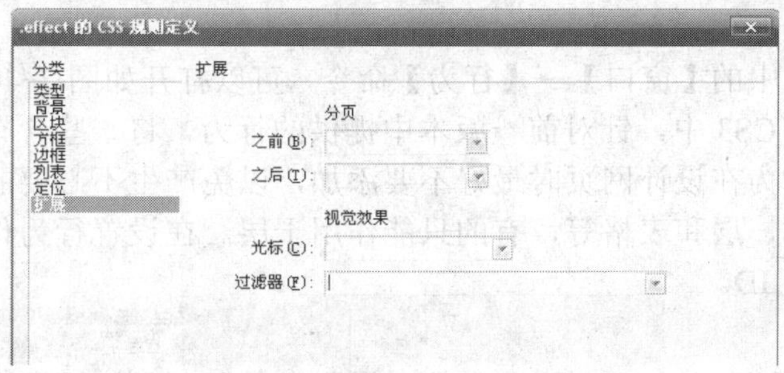

图 7-40　CSS“扩展”样式属性参数

- 分页：在打印期间在样式所控制的对象之前或者之后强行分页，选择要在弹出式中设置的选项。
- 光标：是光标显示属性的设置。当鼠标或者指针位于样式所控制的对象上时改变鼠标或者指针的图像。光标属性如图 7-41 所示。

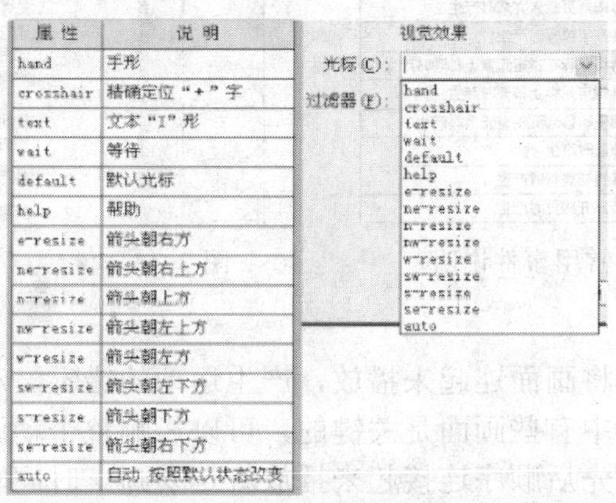

属 性	说 明
hand	手形
crosshair	精确定位“+”字
text	文本“I”形
wait	等待
default	默认光标
help	帮助
e-resize	箭头朝右方
ne-resize	箭头朝右上方
n-resize	箭头朝上方
nw-resize	箭头朝左上方
w-resize	箭头朝左方
sw-resize	箭头朝左下方
s-resize	箭头朝下方
se-resize	箭头朝右下方
auto	自动 按照默认状态改变

图 7-41　光标属性说明

- 过滤器：又称 CSS 滤镜，对样式所控制的对象应用特殊效果。滤镜说明如图 7-42 所示。

3．行为

Dreamweaver 的行为是指仅通过几次单击来自动生成 JavaScript 源代码的功能。Dreamweaver 提供了二十几种行为，这些行为能够实现为网页添加注入播放音乐、显示/隐藏、弹出消息和打开新浏览器窗口等功能。

一个行为是由一个事件（Event）所触发的动作（Action）。事件是浏览器产生的有效信息，也就是访问者对网页所做的事情。例如，单击某个图像、鼠标经过指定对象等，浏览器便会生成相应的 onClick 和 onMouseOver 等事件。常用事件说明如图 7-43 所示。任何动作都需要一个事件激活，动作是一段已编辑好的 JavaScript 代码。由于行为代码是客户端 JavaScript 代码，运行于浏览器中，而不是服务器上，因此它不占用服务器资源。

滤 镜	说 明
Alpha	透明的渐进效果
BlendTrans	淡入淡出效果
Blur	风吹模糊的效果
Chroma	指定颜色透明
DropShadow	阴影效果
FlipH	水平翻转
FlipV	垂直翻转
Glow	边缘光晕效果
Gray	彩色图片变灰度图
Invert	底片的效果
Light	模拟光源效果
Mask	矩形遮罩效果
RevealTrans	动态效果
Shadow	轮廓阴影效果
Wave	波浪扭曲变形效果
Xray	X光照片效果

图 7-42 滤镜说明

通过选择菜单栏中的【窗口】→【行为】命令，可以打开如图 7-44 所示的“行为”面板。在 Dreamweaver CS3 中，针对前一版本中提供的行为，将一些含有隐患的行为列为建议不再使用。这些行为在设计网页时最好不要添加，以免产生不必要的隐患。行为中有的能作用于图像、文本、层和表格等，有的只能作用于层。在设置行为作用的对象时，应先给对象设置名称或者 ID。

事 件	说 明
OnClick	当访问者在指定的元素上单击时产生
onDblClick	当访问者在指定的元素上双击时产生
onKeyDown	当按下任意键的同时产生
onKeyPress	当按下和松开任意键时产生
onKeyUp	当按下的键松开时产生
onLoad	当一图像或网页载入完成时产生
onMouseDown	当访问者按下鼠标时产生
onMouseMove	当访问者将鼠标在指定元素上移动时产生
onMouseOut	当鼠标从指定元素上移开时产生
onMouseOver	当鼠标第一次移动到指定元素时产生
onMouseUp	当鼠标弹起时产生
onSubmit	当访问者提交表格时产生
onUnload	当访问者离开网页时产生

图 7-43 常用事件说明

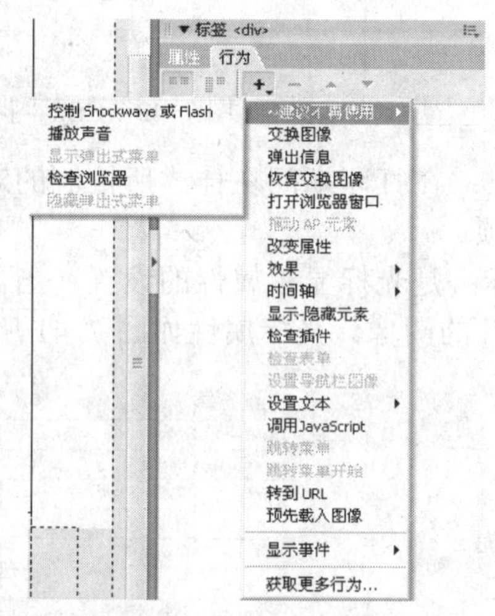

图 7-44 “行为”面板

4．时间轴

动画的实现原理就是将画面连起来播放，产生运动的错觉。动画的基本单位是一个画面，也叫做帧。而在动画中有些画面是关键的，可以影响整个动画的，这样的帧叫做关键帧。很多的画面按照时间先后顺序连接起来播放就是动画。时间轴就是用来排列画面的顺序的。时间轴由通道组成，每一个通道里面放一个要运动的物体。关键帧用圆点表示，还有一个播放头，播放头所指的位置就是动画当前所在的帧。

选择菜单栏中的【窗口】→【时间轴】命令，可以调出“时间轴”面板，如图 7-45

所示。可以通过“时间轴”下拉菜单查看其他时间轴情况。“Fps”（帧每秒）用于设置对象播放的速度，数值越大表示播放越快。

图 7-45　时间轴面板

任务实施

7.3.1　利用 CSS 制作特效

首先利用 CSS 滤镜设置图片特效。如图 7-46 所示，左侧第 1 张是未设置特效的图片，第 2 张设置了灰度图滤镜，第 3 张设置了渐变透明度，最后一张设置了 X 光照片效果。

  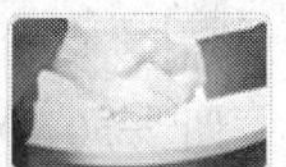 

图 7-46　特效比较

1）打开 sub05.html，插入同样的图片 4 张，如图 7-47 所示。

图 7-47　插入图片

2）设置灰度。如图 7-48 所示，在“CSS 规则定义”对话框的“分类”栏中选择“扩展”项，在“过滤器”下拉列表中选择“Gray”，此特效可以让彩色图片变成灰度图片。同时还设置了“光标”效果。

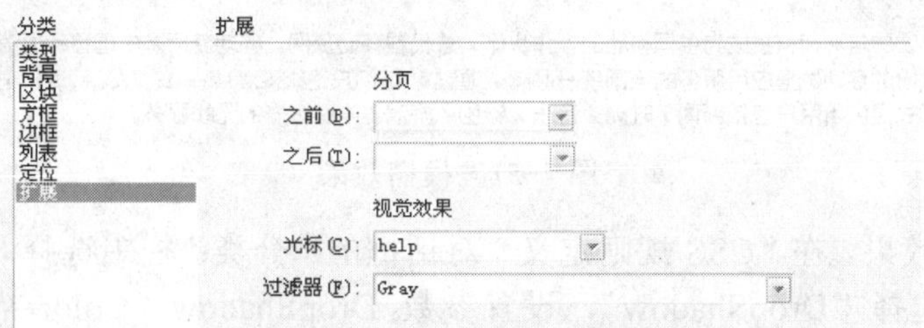

图 7-48　Gray 滤镜设置

3）设置透明度渐变。如图 7-49 所示，在“CSS 规则定义”对话框的“分类”栏中选择“扩展”项，在“过滤器”下拉列表中选择“Alpha”，设置参数 Alpha（Opacity=10，FinishOpacity=100，Style=2，StartX=3，StartY=3，FinishX=50，FinishY=50）。其中，Opacity 和 FinishOpacity 分别表示渐变开始和结束的透明度；Style 是渐变类型，0 表示没有渐变，1 是线性渐变，2 是圆形渐变，3 是矩形辐射；StartX 和 StartY 是渐变开始的坐标；FinishX 和 FinishY 是渐变结束的坐标。

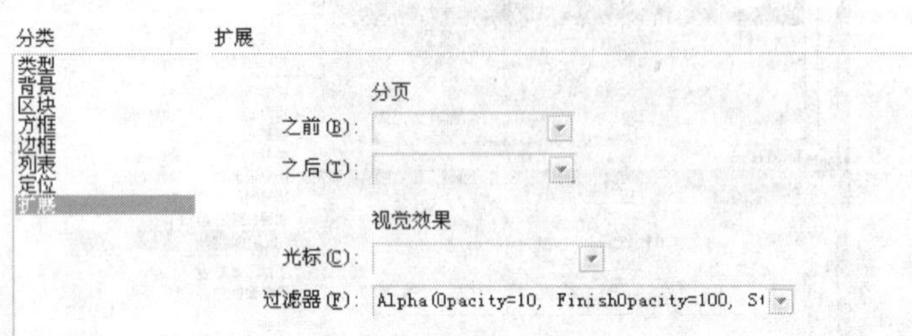

图 7-49　Alpha 滤镜设置

4）设置 X 光照片效果。如图 7-50 所示，在“CSS 规则定义”对话框的“分类”栏中选择“扩展”项，在“过滤器”下拉列表中选择“Xray”。

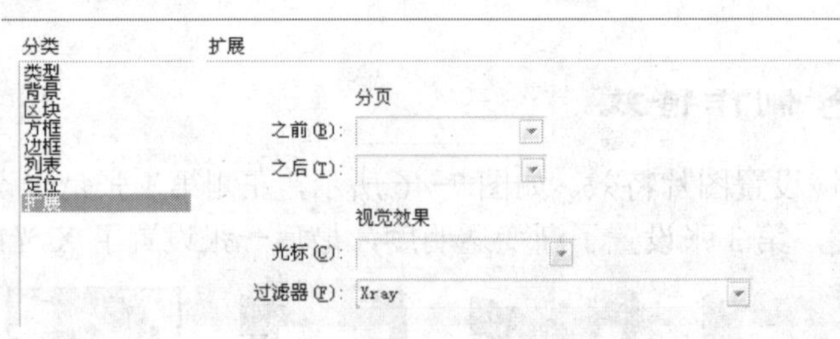

图 7-50　Xray 滤镜设置

CSS 除了可以为图片设置特效，还经常用来给文字添加特效。文字特效和图片特效所使用的滤镜很多时候是通用的。一般这些 CSS 样式都可以用在<div>、<label>、<a>和<td>标签上，从实践来说，效果最好的是用在<td>标签上，有时候用在<div>标签上的特效无法作用于文字上。

1）打开 sub3.html 文件，新建 CSS 样式。在“扩展”样式属性的“过滤器”下拉列表中选择“Blur”，设置参数 Blur（Direction=135，Strength=8），实现风吹模糊效果。其中，Direction 是设置模糊方向（可选 0、45、90、135、180、225、270、315）；Strength 是代表有多少像素的宽度将受到模糊影响。将设置好的 CSS 样式应用于第 1 个小标题，效果如图 7-51 所示。

代理移动梦网
2007年羽翱科技成为中国移动的合作伙伴，总代理移动梦网。移动梦网是中国移动通信集团公司推出的移动数据应用服务的全国统一品牌，通过WAP门户,包括SMS, MMS, JAVA, IVR等多种互动形式提供给用户包括新闻，时尚，音乐，铃图，游戏等丰富多彩的无线服务。

图 7-51　模糊效果

2）设置阴影效果。在“CSS 规则定义”对话框的“分类”栏中选择“扩展”项，在“过滤器”列表框中选择“DropShadow”，设置参数 DropShadow（Color=#ff0000，OffX=2，OffY=2，Positive=1）。其中，Color 表示投射阴影的颜色；OffX 和 OffY 分别表示在 X 方

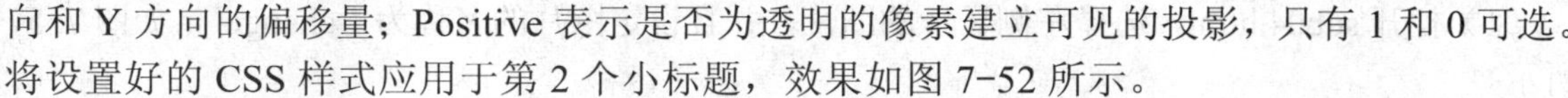

向和 Y 方向的偏移量；Positive 表示是否为透明的像素建立可见的投影，只有 1 和 0 可选。将设置好的 CSS 样式应用于第 2 个小标题，效果如图 7-52 所示。

企业无线通

企业无线通是一套专为品牌客户定制的，功能强大的一站式客户关系管理系统。充分满足现在企业对无线客服、品牌呵护、市场调查、有奖活动、互动营销、数据采集、移动办公等代移动商务应用的需求，让品牌客户轻松地搭建起自己的移动应用服务平台。

图 7-52　阴影效果

3）设置轮廓阴影效果。在“CSS 规则定义”对话框的“分类”栏中选择“扩展”项，在“过滤器”列表框中选择“Shadow”，设置参数 Shadow（Color=#ff0000，Direction=90）。其中，Color 表示投射阴影的颜色；Direction 是设置投影的方向。将设置好的 CSS 样式应用于第 3 个小标题，效果如图 7-53 所示。

无线会议通

企业无线通是一套专为品牌客户定制的，功能强大的一站式无线会议管理系统。充分满足现在企业对短信客服、品牌呵护、市场调查、有奖活动、互动营销、数据采集、移动办公等代移动商务应用的需求，让品牌客户轻松地搭建起自己的移动应用服务平台。

图 7-53　轮廓阴影效果

4）设置边缘光晕效果。在“CSS 规则定义”对话框的“分类”栏中选择“扩展”项，在“过滤器”列表框中选择“Glow”，设置参数 Glow（Color=red，Strength=3）。其中，Color 表示发光的颜色；Strength 是设置发光的强度（1～225）。将设置好的 CSS 样式应用于第 4 个小标题，效果如图 7-54 所示。

手机网站建设

羽翱科技为无线网站提供信息浏览、图铃下载等基本功能，为客户的品牌宣传提供无限载体，并为无限网站提供客户调查。无限利用自己作为梦网的代理者向手机用户推荐客户的网站，并且为客户的网站使用者提供游戏、互动等功能。

图 7-54　边缘光晕效果

5）设置波浪扭曲效果。在“CSS 规则定义”对话框的“分类”栏中选择“扩展”项，在“过滤器”下拉列表中选择“Wave”，设置参数 Wave（Add=t，Freq=2，Lightstrength=2，Phrase=0，Strength=2）。其中，Add 表示是否按正弦波显示（可选 1 或 0）；Freq 指生成的波浪频率；Lightstrength 用来使生成的波纹增强光的效果（0～100）；Phrase 用来设置正弦波开始的偏移量（0～100，占波长的百分比）Strength 设置表示波浪产生的强度。将设置好的 CSS 样式应用于最后一个小标题，效果如图 7-55 所示。

提供个性化解决方案

羽翱科技为客户提供个性化的解决方案，例如：羽翱科技为可口可乐宣传时，制造快速传播的机会，迅速提升品牌价值；在为百事可乐宣传时，羽翱借助一个主题来引导消费者购买，增加产品销量。

图 7-55　波浪扭曲效果

7.3.2　使用行为制作特效

（1）为页面设置交换图像

如图 7-56 所示，左侧是打开页面后的效果，右侧是鼠标滑过图片后，产生的交换图像效果。

1）打开 sub04.html，选择左侧显示的图片，并且设定图片的名称为“change”，如图 7-57 所示。

图 7-56　交换图像效果

图 7-57　设置图片名称

2）打开“行为”面板，选择【交换图像】命令，弹出“交换图像”对话框，如图 7-58 所示。在“图像”选框中选择“图像"change"”，在“设定原始档为”栏中设置所需要交换显示的图像路径。勾选“预先载入图像”和“鼠标滑开时恢复图像”复选框。最后单击【确定】按钮。

3）如图 7-59 所示，此时在“行为”面板中出现了两条行为。第 1 条行为是当鼠标从图片上移走时，恢复原来的图片。第 2 条行为是当鼠标滑过图像时，图像发生交换。

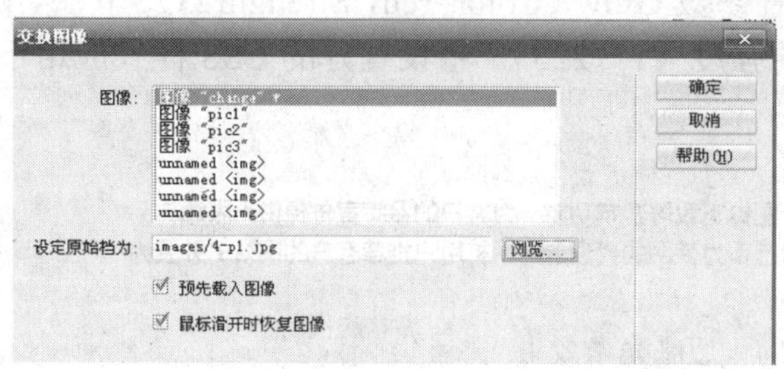

图 7-58　“交换图像”对话框

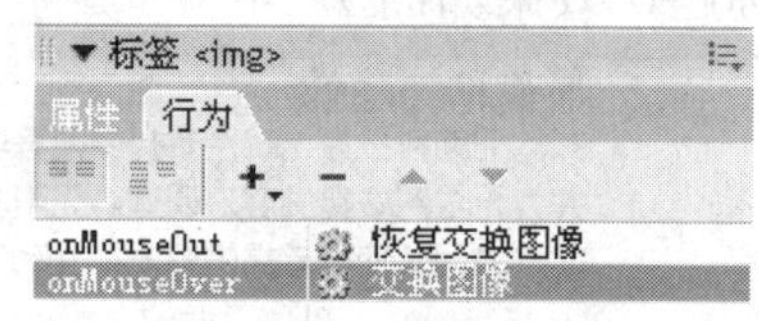

图 7-59　“交换图像”行为

（2）设置效果

在“行为”面板中，“效果”行为包括增大/收缩、挤压、显示/渐隐、晃动、滑动、遮帘、高亮颜色等。这些行为经常用于制作按钮、菜单和图片的特效。如图 7-60 所示，左侧是未设置特效时的效果，中间是设置了晃动特效，右侧是设置了显示/渐隐特效。

1）如图 7-61 所示，打开 sub04.html，选择所示图片，分别为这 3 张图片命名为“pic1”、“pic2”、“pic3”。

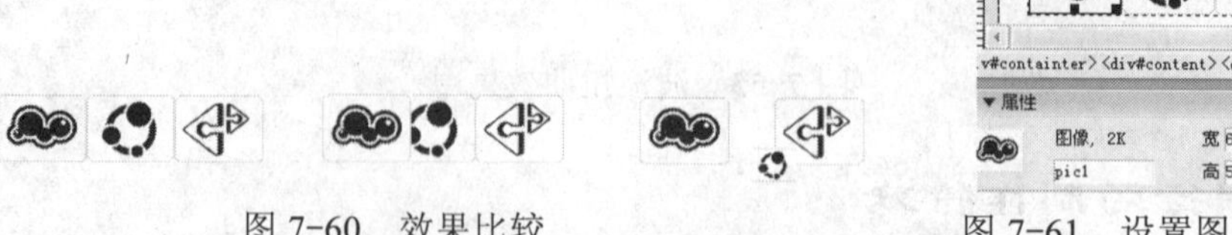

图 7-60　效果比较

图 7-61　设置图片名称

2）选择“pic1”，打开“行为”面板，选择【效果】→【晃动】命令。弹出“晃动”对话框，单击【确定】按钮。如果开始没有选择“pic1”对象，也可以在“目标元素”中进行选择，如图 7-62 所示。

3）此时在“行为”面板中出现了 1 条行为，表示当鼠标单击的时候，晃动图片。如果需要修改事件，可以单击“onClick”然后在下拉菜单中进行选择修改，如图 7-63 所示。

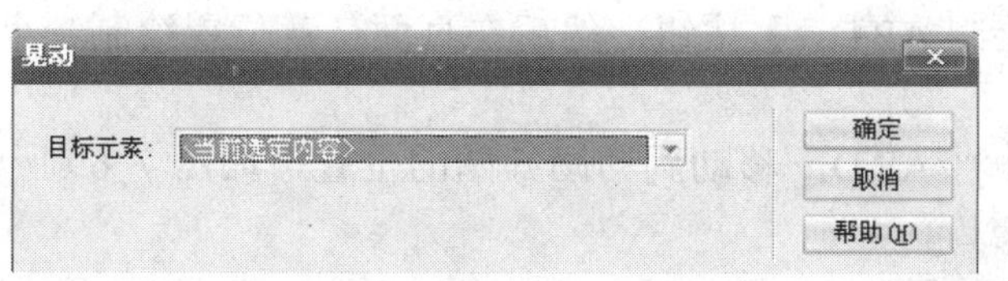

图 7-62　“晃动”对话框

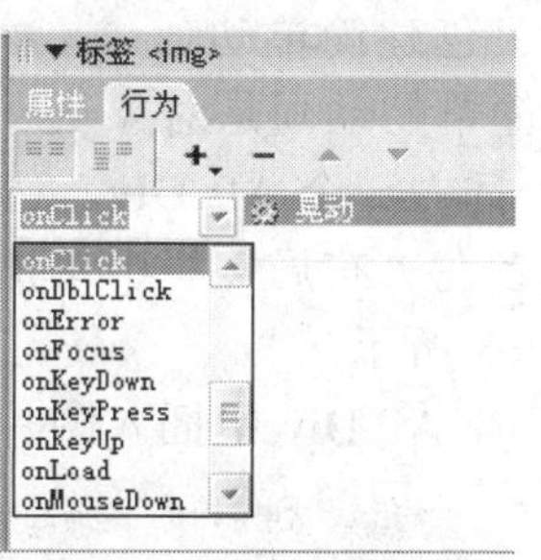

图 7-63　修改行为的事件

4）选择“pic2”，打开“行为”面板，选择【效果】→【增大/收缩】命令。弹出如图 7-64 所示的“增大/收缩”对话框。“效果持续时间”用来设置增大/收缩特效展示的时间，单位为毫秒（1 秒=1000 毫秒）。“效果”是设置是出现增大还是收缩特效。“收缩自”和“收缩到”是表示对象收缩特效开始和结束的尺寸，单位可以是像素或者百分比。第 2 个“收缩到”是设置对象收缩的方向。勾选“切换效果”复选框，单击【确定】按钮。

（3）设置弹出信息

在“行为”面板中，“弹出信息”行为可以设置弹出的消息框。消息框是具有文本消息的小窗口，用于给用户传达错误时以及显示欢迎词等。当单击了“pic3”时，弹出如图 7-65 所示的消息框。

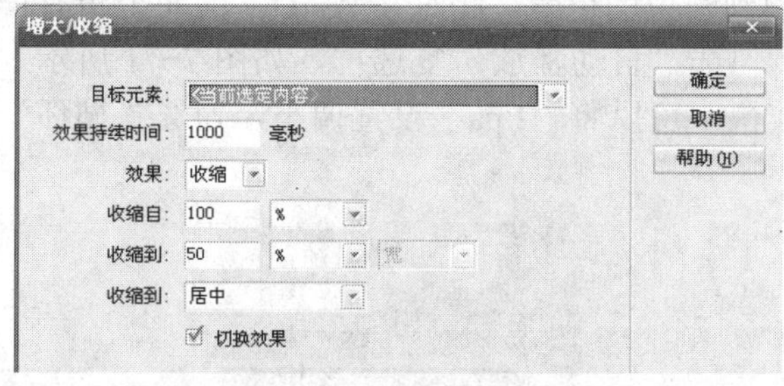

图 7-64　“增大/收缩”对话框

图 7-65　弹出信息框特效

1）选择“pic3”，打开“行为”面板，选择“弹出信息”命令。弹出“晃动”对话框，在“消息”文本框中输入需要显示的信息内容，单击【确定】按钮，如图 7-66 所示。

2）如图 7-67 所示，此时在“行为”面板中出现了 1 条行为，该行为表示当鼠标单击图片的时候弹出信息。

图 7-66　“弹出信息”对话框

图 7-67　“弹出信息”行为

7.3.3 使用时间轴制作特效

（1）创建简单动画

最简单的动画是对象从一个位置移动到另一个位置，这里只需要 2 个关键帧即可完成。

1）插入一个 AP Div。选择菜单栏中的【插入记录】→【布局对象】→【AP Div】命令，或者在“布局”栏中单击【绘制 AP Div】按钮，然后在页面任意位置绘制一个矩形，如图 7-68 所示。

2）在 AP Div 中插入图片，并将 AP Div 移动到动画开始的位置，如图 7-69 所示。

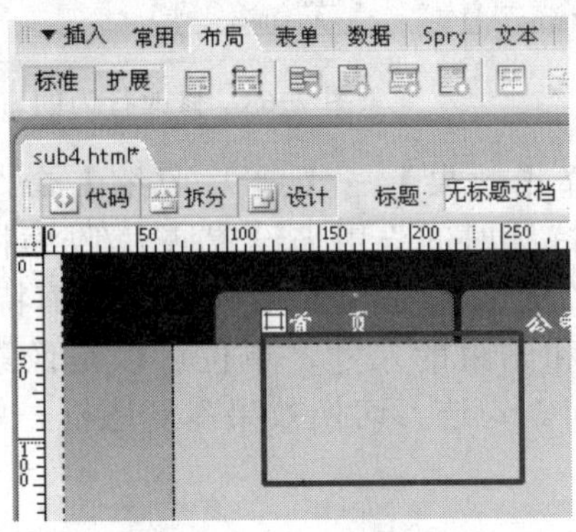

图 7-68 插入 AP Div

图 7-69 插入图片

3）选择 AP Div，在时间轴的第 1 帧处单击鼠标右键，选择【添加对象】命令，如图 7-70 所示。时间轴上的圆点表示的是关键帧。

4）选择最后的关键帧，将 AP Div 移动到结束的位置。此时在 AP Div 的左上角有一条直线，该直线记录着 AP Div 的运动路径。勾选“自动播放”复选框，如图 7-71 所示。按【F12】键预览效果，如果移动的速度比较快，可以将“Fps”设置调小，勾选“循环”复选框则可以进行循环播放。

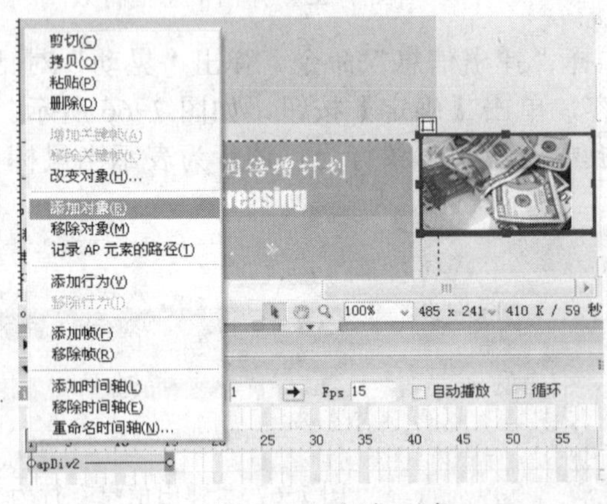

图 7-70 添加对象

图 7-71 设置结束关键帧效果

（2）增加关键帧

刚刚制作的动画只有 2 个关键帧，效果过于单调。通过在时间轴上增加更多的关键帧，可以让 AP Div 的移动更加丰富和多变。

1）插入一个关键帧。在原关键帧的中间位置单击鼠标右键，选择【增加关键帧】命令，如图 7-72 所示。

2）选择该新添加的关键帧，再次移动 AP Div 的位置。用同样的方法添加多个关键帧，可以创建更复杂的动画效果，如图 7-73 所示。最后的关键帧默认是停留在第 15 帧处，如果需要增加动画的帧，直接在时间轴上选择最后一帧，并在通道上进行拖放。若要为其他对象也增加时间轴特效，即可重复上述步骤，继续在时间轴上添加对象。

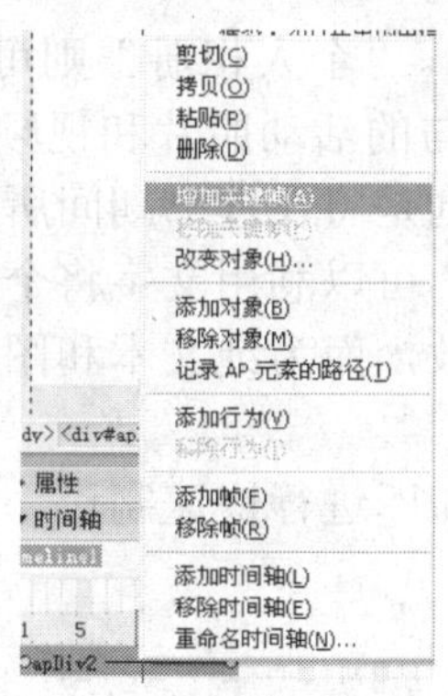

图 7-72 增加关键帧

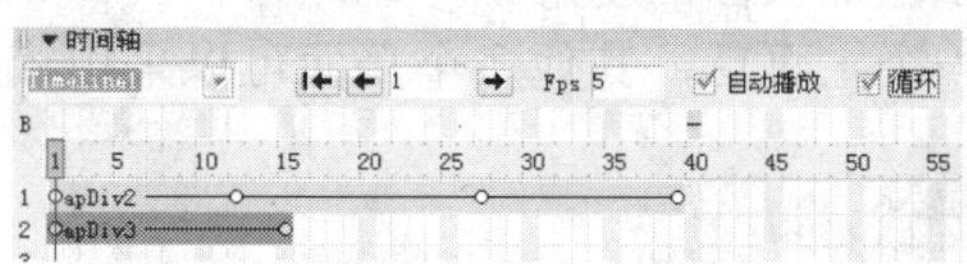

图 7-73 添加新的对象

3）为时间轴添加行为。选择最后一个关键帧，打开“行为”面板，选择【时间轴】→【停止时间轴】命令。弹出“停止时间轴”对话框，单击【确定】按钮，如图 7-74 所示。

4）在“行为”面板上，可以看到增加了一条停止时间轴的行为，如图 7-75 所示。

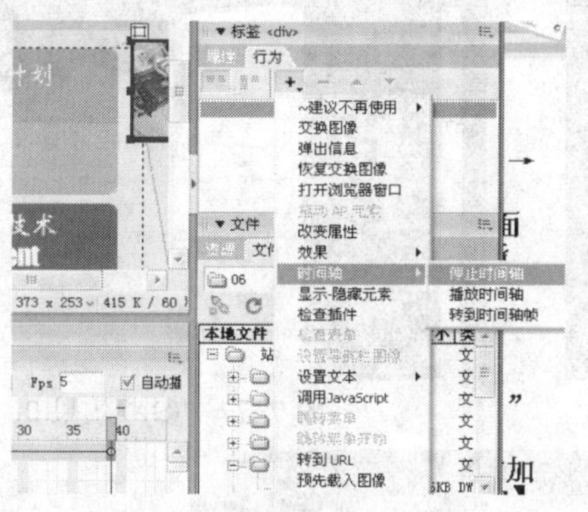

图 7-74 在时间轴上添加行为

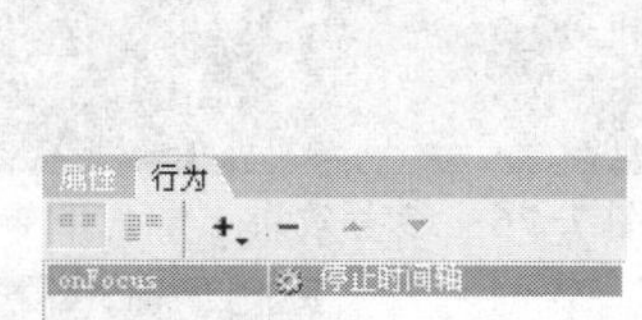

图 7-75 “停止时间轴”行为

7.4 拓展训练 为“我的个人网站”各网页增加特效并进行整体风格调整

设计要求

综合前几次拓展训练所制作的页面，既有文本图片页面，也有视频音乐网页，虽然丰富多彩，但是如果都同时放到一个网站中会显得过于混乱。利用本模块所介绍的知识，重新整合设计出一个完整的风格统一的个人网站，并且利用一些网页特效为页面添加动感效果。

设计思路

个人网站是一个展示自我宣传自我的平台。网站的设计风格应该与个人的性格特点相关联，斯文宁静的人可以选择清新自然的风格，活泼外向的人则可以选择明亮的颜色，个性鲜明的人则可以尝试强烈反差的混搭。

根据个人的特点，大概菜单设置为：个人介绍、个人相册、活动展示、学业作品、心情故事等。

其中，“个人介绍”主要是文字为主，搭配少量图片。“个人相册”则可以利用 Flash 展示大量的图片并搭配背景音乐。“活动展示”可以将参与的活动照片和视频进行归纳，体现广泛的兴趣爱好和丰富多彩的业余生活。“学业作品”则是将在读书期间所制作的作品以图片、文字、动画或者音频的形式进行展示。“心情故事”可以利用文字将个人更完整的进行展示。如果页面中使用了大量视频则不宜加入过多特效，而为纯文本和图文混搭的页面添加特效则可以增加页面的动感。

设计完成一个主页后，其他多个页面可以采用模板和库进行快速制作。

参考效果

页面参考效果如图 7-76～图 7-78 所示。

图 7-76　参考效果 1

图 7-77　参考效果 2

图 7-78　参考效果 3